“十四五”职业教育国家规划教材

网络系统
建设与运维 初级
微课版 | 第2版

华为技术有限公司 | 编著

叶礼兵 | 主编 吴粤湘 王苏南 董月秋 | 副主编

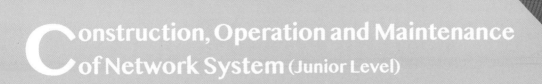

Construction, Operation and Maintenance of Network System (Junior Level)

人民邮电出版社
北 京

图书在版编目（CIP）数据

网络系统建设与运维：初级：微课版 / 华为技术
有限公司编著；叶礼兵主编. -- 2版. -- 北京：人民
邮电出版社，2024.5
　华为"1+X"职业技能等级证书配套系列教材
　ISBN 978-7-115-63745-1

　Ⅰ. ①网… Ⅱ. ①华… ②叶… Ⅲ. ①计算机网络—
网络系统—教材 Ⅳ. ①TP393.03

　中国国家版本馆CIP数据核字(2024)第035020号

内 容 提 要

　　本书是网络系统建设与运维初级教材。全书共 6 章，包括网络系统通用操作安全、布线工程、网络系统硬件、网络系统基础知识、网络系统基础操作和网络系统基础运维。

　　本书可作为"1+X"证书制度试点工作中的网络系统建设与运维职业技能等级证书的教学和培训用书，也适合作为应用型本科院校、职业院校、技师院校的教材，同时还可供从事网络技术开发、网络管理和维护、网络系统集成等工作的技术人员参考。

◆ 编　　著　华为技术有限公司
　　主　　编　叶礼兵
　　副 主 编　吴粤湘　王苏南　董月秋
　　责任编辑　王照玉
　　责任印制　王　郁　焦志炜

◆ 人民邮电出版社出版发行　　北京市丰台区成寿寺路 11 号
　　邮编　100164　电子邮件　315@ptpress.com.cn
　　网址　https://www.ptpress.com.cn
　　山东华立印务有限公司印刷

◆ 开本：787×1092　1/16
　　印张：14.5　　　　　　　　　　2024 年 5 月第 2 版
　　字数：418 千字　　　　　　　　2025 年 7 月山东第 5 次印刷

定价：59.80 元

读者服务热线：(010)81055256　印装质量热线：(010)81055316
反盗版热线：(010)81055315

华为"1+X"职业技能等级证书配套系列教材 编写委员会

前言

"1+X"证书制度是《国家职业教育改革实施方案》确定的一项重要改革举措，是职业教育领域的一项重要制度的设计创新。面向职业院校和应用型本科院校开展"1+X"证书制度试点工作是落实《国家职业教育改革实施方案》的重要内容之一。为了使《网络系统建设与运维职业技能等级标准》顺利落实，帮助读者通过网络系统建设与运维认证考试，华为技术有限公司组织编写了网络系统建设与运维（初级、中级和高级）教材。整套教材的编写遵循网络系统建设与运维的专业人才职业素养养成和专业技能积累规律，在设计时融入职业能力、职业素养和工匠精神。

本书在编写过程中力求做到学科教育和党的二十大精神有机融合。华为技术有限公司无论是在核心技术领域还是在整体市场营收能力方面，都保持在全球科技公司前列，也助力我国建成了目前全球最大的5G网络。

作为全球领先的ICT（Information Communication Technology，信息与通信技术）基础设施和智能终端提供商，华为技术有限公司的产品已经涉及数通、安全、无线、存储、云计算、智能计算和人工智能等诸多方面。本书以《网络系统建设与运维职业技能等级标准（初级）》为编写依据，以华为网络设备（路由器、交换机、无线控制器和无线接入点）为平台，以网络工程项目为依托，从行业的实际需求出发组织全部内容。本书的特色如下。

（1）在编写思路上，本书遵循网络技能人才的成长规律，网络知识传授、网络技能积累和职业素养增强并重，通过从网络技术理论阐述到应用场景分析再到项目案例设计和实施的完整过程，读者既能充分准备"1+X"证书考试，又能积累项目经验，达到学习知识和培养能力的目的，为适应未来的工作岗位奠定坚实的基础。

（2）在目标设计上，本书以"1+X"证书考试和企业网络实际需求为导向，以培养读者的网络设计能力、网络设备的配置和调试能力、分析和解决问题的能力以及创新能力为目标，讲求实用。

（3）在内容选取上，本书以《网络系统建设与运维职业技能等级标准》为编写依据，集先进性、科学性和实用性于一体，尽可能覆盖新的和实用的网络技术。

（4）在内容表现形式上，本书用简单和精炼的语言讲解网络技术理论知识，通过详尽的实验手册分层、分步骤地讲解网络技术，结合实际操作帮助读者巩固和深化所学的网络技术原理，并且对实验结果和现象加以汇总和注释。

（5）在内容编排上，本书充分融合课程思政理念，注重理论知识讲解的同时，结合真实工作场景和现场案例来助力读者形成积极的职业目标，培养良好的职业素养，树立正确的道德观和价值观，最终实现育人和育才并行的教学目标。

本书作为教学用书的参考学时为46～66学时，各章及课程考评的参考学时如下表所示。

课程内容	参考学时
第1章　网络系统通用操作安全	4
第2章　布线工程	6～8
第3章　网络系统硬件	10～14
第4章　网络系统基础知识	4～8
第5章　网络系统基础操作	10～14
第6章　网络系统基础运维	10～14
课程考评	2～4
学时总计	46～66

本书由华为技术有限公司组织编写，深圳职业技术大学的叶礼兵、吴粤湘、王苏南和董月秋负责撰写本书的具体内容，叶礼兵负责统稿，华为技术有限公司的袁长龙、卢玥玥、刘鹏为本书的编写提供了技术支持并审校全书。

由于编者水平和经验有限，书中不妥及疏漏之处在所难免，恳请读者批评指正。读者可登录人邮教育社区（www.ryjiaoyu.com）下载本书相关资源。

编　者
2024年3月

微课视频索引

目录

第1章

网络系统通用操作安全

　　安全生产是指生产过程要符合安全规范，保证人员的安全和健康，保证企业生产正常、有序进行，防止人员伤亡和财产损失。因为安全无小事，安全事故会对个人和家庭造成巨大的伤害，影响企业的经营生产，严重时也会影响社会和国家的稳定发展。因此，安全生产是我国的一项非常重要的政策，也是开展所有生产活动首先要考虑的方面。

　　网络设备的安装、操作和维护属于安全生产的范畴。网络设备的相关操作既要遵守一般安全生产的规范，又要遵守网络设备特有的安全规范。本章将首先介绍通用安全规范，包括操作人员需要具备的安全防范意识和安全处理知识；然后介绍网络设备操作安全规范，包括电气安全规范、电池安全规范、辐射安全规范和其他安全规范。

学习目标

① 理解通用安全规范。
② 掌握网络设备操作电气安全规范。
③ 掌握网络设备操作电池安全规范。

④ 掌握网络设备操作辐射安全规范。
⑤ 掌握其他相关的安全规范。

能力目标

① 能够正确地穿戴防护用品。
② 能够安全地使用电源系统。

③ 能够识别与理解安全标志。

素质目标

① 形成科学严谨的学习态度。
② 树立学生的操作安全意识。

③ 培养学生严谨的工作作风。

1.1 通用安全规范

　　对网络设备进行安装、操作和维护时必须遵守相关的规范，否则轻则导致设备被损坏无法正常工作，重则导致人员伤亡。要实现安全生产，首先要具有安全防范意识，其次要具备相应的安全处理知识，本节将介绍相应的内容。

V1-1

1. 安全防范意识

　　参与网络系统建设与运维的人员，要认真学习和贯彻《中华人民共和国安全生产法》，坚持"安全第一，预防为主"的方针，牢固树立"安全重于泰山"的意识，认真学习相关的安全操作知识，遵守相关的安全操作规范，预防和减少工程事故和人员伤亡事故的发生。

2. 安全处理知识

在实际生产操作过程中，安全永远是首先要考虑的方面，必须严格按照相关的规范进行生产操作。下面介绍常规安全操作中需要掌握的知识。

（1）负责安装、操作、维护设备的人员，必须在经过严格培训、获得相应的上岗资质、了解各种安全注意事项、掌握正确的方法之后，方可安装、操作和维护设备。

（2）安装、操作、维护设备时应遵守当地法律和规范，同时要遵守以下要求。

① 只允许有资质的专业人员和已培训人员安装、操作、维护设备。

② 只允许有资质的专业人员拆除安全设施和检修设备。

③ 操作人员应及时向负责人汇报可能导致安全问题的故障或错误。

④ 对设备进行操作的人员，包括操作人员、已培训人员、专业人员应该有当地要求的特种操作资质。

（3）在操作过程中，如发现可能导致人身或设备受到伤害时，对设备进行操作的人员应立即终止操作，向项目负责人进行报告，并采取行之有效的保护措施。

（4）严禁在雷电、雨、雪、大风等恶劣天气安装和操作室外设备（包括但不限于搬运设备、安装机柜等），以及连接通向室外的电缆。

（5）安装、操作和维护设备时，严禁佩戴手表、手链、手镯、戒指、项链等易导电的物体。

（6）安装、操作和维护设备过程中必须采取安全防护措施，如佩戴绝缘手套、穿安全服、戴安全帽、穿安全鞋等，如图1-1所示。

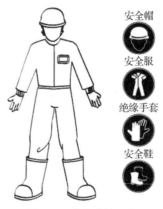

图1-1 安全防护用品

（7）安装、操作和维护设备时必须按照指导书中的步骤进行。

（8）接触任何导体表面或端子之前应使用电压表测量接触点的电压，确认无触电危险。

（9）应确保所有槽位有单板或者假面板。防止单板上危险电压裸露在外，保证风道正常，控制电磁干扰，并且避免背板、底板、单板上有灰尘或其他异物。

（10）设备安装完成后，使用人员应按照指导书要求对设备进行例行检查和维护，及时更换故障部件，以保障设备安全运行。

（11）设备安装完成后，应清除设备区域的包装材料，如纸箱、泡沫材料、塑料制品、扎线带等。

（12）如发生火灾，应按下火警警铃并撤离建筑物或设备区域，拨打火警电话。任何情况下，严禁再次进入发生火灾的建筑物。

上面的介绍中涉及几个相关的概念，分别解释如下。

（1）专业人员：拥有培训能力或操作设备经验丰富，清楚设备安装、操作、维护过程中潜在的各种危险和危险量级的人员。

（2）已培训人员：经过相应的技术培训并且具有必要经验的人员，能意识到在进行某项操作时可能产生的危险，并能采取措施将自身及其他人员的危险降至最低限度。

（3）使用人员：除已培训人员、专业人员以外的任何人员，包括操作人员、客户、可能接触到设备的普通人等。

1.2 网络设备安全操作

由于网络设备的特点，技术人员虽然具备安全处理知识，但在进行网络设备的安装、操作和维护时，还是会遇到一些具体的安全问题，包括电气安全、电池安全、辐射安全、机械安全和维护安全等方面的问题，技术人员需要掌握不同场合下安全操作的详细规则。

1.2.1 电气安全

电气安全是网络设备系统安全中的一个重要内容。电气操作中的任何一个微小的不规范操作都可能导致人员伤亡、设备损毁等严重事故，造成惨痛的后果。因此，在设备安装过程中必须严格遵守相关的电气安全规范。

V1-2

1. 接地要求

接地包括工作接地和保护接地，其中工作接地是指电气装置（如变压器或发电机）的电源中性点接地。工作接地的作用如下。

（1）减轻因暂态过电压或电气系统中一相接地时，另两相对地电压升高导致的对电气设备绝缘的损害。

（2）当电气装置发生接地故障时，提供接地故障电流通路，使保护电器迅速动作，切断故障电路。

保护接地是指电气装置的外露导电部分接地。保护接地的作用如下。

（1）降低外露导电部分在发生接地故障时的对地电压，即降低接触电压。

（2）提供接地故障电流通路，使保护电器迅速动作，切断故障电路。

在安装、操作和维护网络设备时，应确保保护接地线已按照当地建筑物配电规范可靠接地。对于需接地的设备，在安装时，必须首先安装永久连接的保护地线；在拆除时，必须最后拆除保护地线。对于使用三芯插座的设备，必须确保三芯插座中的接地端子与保护地线连接。

2. 电源系统操作要求

电源系统的供电电压是危险电压，直接接触或通过导电物体间接接触可能会导致触电。而不规范、不正确的操作，可能会引起火灾或触电等意外事故。因此，对于电源系统的操作一定要按照相关的安全规范进行，具体需要注意以下几个方面。

（1）设备前级应匹配过电流保护装置，安装设备前应确认规格是否匹配。

（2）若设备的电源输入方式为永久连接，则应在设备外部装上易于人员接触到的断开装置。

（3）交流（Alternating Current，AC）电源供电的设备，适用于 TN、TT 电源系统。

（4）直流（Direct Current，DC）电源供电的设备，需确保直流电源与交流电源之间做了加强绝缘或双重绝缘。

（5）进行设备电气连接之前，如可能碰到带电部件，必须断开设备前级对应的分断装置。

（6）连接负载（用电设备）线缆或电池线缆之前，必须确认输入电压在设备额定电压范围内。

（7）连接负载（用电设备）线缆或电池线缆之前，必须确认线缆和端子的极性，以防反接。

（8）接通电源之前，必须确保设备已正确进行电气连接。

（9）若设备有多路输入，则应断开设备所有输入后再对设备进行操作。

3．布线要求

合理的布线可以降低设备维护成本，提高设备使用年限。在布线时需要注意以下几个方面。

（1）在电源线现场做线的情况下，除接线部分外，其他位置的电源线绝缘层不可被割破，否则可能导致短路，引起人员受伤或火灾等事故。

（2）线缆在高温环境下使用时可能出现绝缘层老化、破损，线缆与铜排、分流器、熔丝、散热片等发热器件之间应保持足够距离。

（3）信号线与大电流线或高压线应分开绑扎。

（4）用户自备线缆应符合当地标准。

（5）机柜内出风口位置不允许有线缆经过。

（6）如线缆的储存环境温度在 0℃以下，则在敷设布放操作前，必须将线缆移至室温环境下储存 24h 以上。

4．TNV 电路要求

通信网络电压（Telecommunication Network Voltage，TNV）电路是携带通信信号的电路。TNV 电路定义为可触及接触区域受到限制的设备中的电路，对该电路进行适当的设计和保护，可使在正常工作条件下和单一故障条件下，其电压均不会超过规定的限值。一般对于 TNV 电路有以下几点要求。

（1）为避免触电，勿将安全特低电压（Safety Extra-Low Voltage，SELV）电路连接到 TNV 电路上。

（2）雷电天气时勿插拔连接到户外的信号接口。

（3）为了降低发生火灾的风险，必须使用 26AWG 或以上的电话线。美国线规（American Wire Gauge，AWG），是一种区分线缆直径的标准。AWG 前面的数值越大，线缆的直径就越小，具体可以参考相应的手册说明。

5．防静电要求

人体移动时，因衣服摩擦、鞋与地板摩擦或手与普通塑料制品等摩擦，会产生静电磁场，放电前磁场不易消失。所以，在接触设备，如手拿插板、单板、专用集成电路（Application Specific Integrated Circuit，ASIC）芯片等之前，为防止人体静电损坏敏感元器件，必须佩戴防静电手腕带。佩戴防静电手腕带时，应将其另一端良好接地（见图 1-2），并注意以下两点。

图 1-2　佩戴防静电手腕带示意

（1）手持单板时，必须持单板边缘不含元器件的部位，严禁用手触摸芯片。

（2）拆卸下来的单板，必须用防静电包装材料进行包装后储存或运输。

V1-3

1.2.2　电池安全

网络设备通常还会使用到电池。电池的安装、操作和维护需要注意以下几点要求。

（1）不应将电池暴露在高温环境（如日照环境）下或发热设备（如取暖器、微波炉、烤箱或热水器等）的周围，电池过热可能发生爆炸。

（2）不应拆解或改装电池、不应往电池中插入异物、不应将电池浸入水或其他液体中，以免引起电池漏液、过热、起火或爆炸。

（3）如电池在使用或保存过程中有变色、变形、异常发热等异常现象，应停止使用并更换电池。

（4）进行电池安装、维护等操作前，应佩戴护目镜、橡胶手套、穿防护服，预防电解液外溢造成的伤害。如电池漏液，勿使皮肤或眼睛接触到漏出的液体，若不慎接触，应立即用大量清水冲洗并到医院进行处理。

（5）在搬运电池的过程中，应按照电池要求的方向搬运，严禁倒置、倾斜。

（6）进行电池安装、维护等操作时，电池回路应保持断开状态。

（7）更换电池时，必须使用同类型或等效类型的电池。若电池更换不当，则可能会导致电池爆炸。

（8）不应将金属导体与电池两极对接或使其接触电池的端点，以免电池短路，导致电池过热爆炸而造成伤害。

（9）应按当地法规处理电池，不可将电池作为生活垃圾处理，处置不当可能会导致电池爆炸。

（10）不应摔、挤压或刺穿电池。避免让电池遭受外部大的压力，导致电池内部短路和过热。

（11）不应使用已经损坏的电池。

（12）不应让儿童或宠物吞咬电池，以免对其造成伤害或导致电池爆炸。

由于不同厂家的电池存在差异，因此在安装、操作和维护电池之前，应阅读电池厂家提供的说明书。此外，设备中的电池包括可充电电池和不可充电电池，两种电池的安全要求也有所不同。

1. 可充电电池的安全要求

对于可充电电池，需要对电池短路、易燃气体、电池漏液及电池放亏进行防护。

（1）电池短路防护

由于电池短路会在瞬间产生大电流并释放大量能量，可能造成人身伤害及财产损失，因此在允许的情况下，应该首先断开工作中的电池连接，再进行其他作业。要避免金属等导电物体造成电池短路。

（2）易燃气体防护

铅酸蓄电池在异常工作时会释放易燃气体，摆放铅酸蓄电池的地方应保持通风并做好防火措施。严禁使用未封闭的铅酸蓄电池。铅酸蓄电池应水平摆放、固定，确保排氢措施正常，避免导致燃烧或腐蚀设备。

（3）电池漏液防护

电池温度过高会导致电池变形、损坏及电解液溢出。当电池温度超过 60℃ 时，应检查是否有电解液溢出。在移动漏液电池时，应注意防止电解液可能带来的伤害。一旦发现电解液溢出，可采用碳酸氢钠（$NaHCO_3$）或碳酸钠（Na_2CO_3）进行中和、吸收。

（4）电池放亏防护

在电池连接完成且电源系统通电之前，应保证电池熔丝或空气开关装置（简称空开）处于断开状态，以免系统长期不上电造成电池放亏，从而损坏电池。

除了上面 4 个方面的安全要求外，还需要注意根据电池资料里的力矩拧紧电池线缆或铜排，否则电池螺栓虚接将导致连接压降过大，甚至在电流较大时产生大量热量而将电池烧毁。

2. 不可充电电池的安全要求

设备若使用干电池、不可充电锂电池，则安全要求如下。

（1）如果设备配有不可拆卸的内置电池，则不应自行更换电池，以免损坏电池或设备。如果需要更换电池，可以联系厂商售后服务人员进行更换。

（2）严禁把电池扔到火堆里，以免电池起火和爆炸。

1.2.3 辐射安全

V1-4

　　网络系统中的辐射一般是指电磁辐射，即能量以电磁波形式由辐射源发射到空间，或者能量以电磁波形式在空间传播。电磁辐射包括电离性辐射和非电离性辐射。当电磁波的波长非常小，或者频率非常高时，电磁波的每个光子具有非常高的能量，能够破坏分子间的化学键，这种辐射称为电离性辐射，放射性物质产生的伽马射线、宇宙射线和X射线等都属于电离性辐射；当电磁波的频率比较低时，电磁波的每个光子不能破坏分子间的化学键，这种辐射称为非电离性辐射，如可见光、激光、微波、无线电波等都属于非电离性辐射。这里讨论的电磁辐射指的是非电离性辐射。

　　磁辐射在日常生活中普遍存在，当电磁辐射的能量被控制在一定限度内时，其对人们的身体健康几乎是没有影响的；当电磁辐射的能量超过一定限度之后，就会逐渐出现负面效应，可能会影响人们的身体健康。下面主要介绍电磁辐射的相关安全知识。

1. 电磁场暴露

　　如果设备属于无线发射产品、带无线发射功能的产品，或者高电压设备、设施，就需要考虑其工频电磁场的暴露危害。在架设某些专业设备或设施时，操作人员必须遵循相关的地方法律和规范。当对设备的结构和天线、射频输出规格和参数，或者专业架设设备、设施的场地环境做出任何变动时，都需要对电磁场暴露进行重新评定。

　　（1）电磁场暴露禁区

　　电磁场暴露禁区（超标区域）是指，为避免电磁场导致公众或操作人员暴露，根据相关法规的暴露控制限值所划分的距离设备或设施一定范围的安全区域。应采取适当的措施确保电磁场暴露安全距离，包括但不限于以下方面。

　　① 专业设备或设施站点不应向公众开放，应规划在公众无法接近的区域。

　　② 只有专业人员和已培训人员才能进入专业设备或设施站点。

　　③ 专业人员进入电磁场暴露禁区之前，应先了解辐射超标区域的位置，并在进入前关闭发射源。

　　④ 应在站点内给出明确标志，提醒专业人员其正在前往或可能处于电磁场暴露禁区。

　　⑤ 在站点安装专业设备后，应定期对其进行监测并检查。

　　⑥ 每个电磁场暴露禁区应设置有效的物理屏障和醒目的警告标志。

　　⑦ 在设备结构体外加装隔离装置。

　　（2）基站收发信台安装与使用的安全注意事项

　　基站收发信台（Base Transceiver Station，BTS）经过合适设计，其射频电磁辐射低于相关射频辐射危害标准的限值。因此，在正常工作条件下，BTS不会对公众和工作人员造成危害。然而，有瑕疵的BTS天线或其他缺陷仍可能导致BTS的射频电磁辐射超出标准限值。

　　专业人员安装和操作BTS及其天线时，应遵循如下原则。

　　① 安装和操作BTS及其天线前，应先阅读安全工作建议，并遵守当地的法律和规范。

　　② 在装有BTS及其天线的铁塔、桅杆等位置处，对天线进行近距离安装、维护等操作时，应先联系相关人员关闭发射源。

　　③ 必要时，现场作业人员随身佩戴辐射监控和报警仪器。

　　④ 对于在屋顶安装的天线，要提高天线的高度，超过可能在屋顶工作和生活的人员的高度。

　　⑤ 对于在屋顶安装的天线，要保证发射天线远离人们最有可能出现的区域，如屋顶接入点、电话服务点和供热通风与空调设备等。

⑥ 对于在屋顶安装的定向天线，要将天线置于外围，并且不使天线面对建筑物。

⑦ 大孔径天线可以实现良好的信号覆盖，而小孔径天线则具有较小的视觉影响，因此尽可能平衡好大孔径天线和小孔径天线之间的选择。

⑧ 当在同一地点安装多个公司所属的天线时要特别小心。对于小区或者建筑物管理人员来说，一般倾向于把所有公司的天线都安装在同一地点，但是这样非常容易造成安全隐患，因此需要安装人员非常小心。

⑨ 医院和学校附近的天线站点应采取特殊的安全措施。

（3）其他无线设备使用指导

① 如果无线设备在相关手册中指定了电磁场暴露安全距离，则应遵循相关使用距离要求。

② 如果某些设备由于具有较低的射频发射功率，足够满足电磁场暴露安全要求，则不会限定使用距离。

③ 如果某些设备经过专门的设计，在贴近人体使用时可满足电磁场暴露安全要求，则不会限定使用距离。

（4）高压设备或设施使用指导

只有较高电压（如 100kV 以上）的设备或设施产生的工频电磁场才会对人体有影响，需要按照相关要求进行电磁场暴露评定。

2．激光辐射

激光在当今社会生产和生活中有着广泛的应用。在网络设备中，经常会遇到激光收发器，其主要用于光传输系统及相关的测试工具。由于光通信所使用的激光波长在红外波段，因此光纤或连接器端口会发射肉眼看不到的激光，且功率密度非常高。裸眼直视激光会灼伤眼睛。在进行激光相关的操作时，需要遵守以下操作规范，以避免激光辐射造成损伤。

（1）完成相关培训的授权人员方可进行操作。

（2）在操作激光或光纤时应戴护目镜。

（3）在断开光纤连接器之前应确保关闭光源。

（4）断开光纤连接器后，应使用防尘帽保护所有的光纤连接器。

（5）在不确定光源是否已关闭前，严禁注视裸露的光纤连接器端头，立即为光纤连接器安装防尘帽。

（6）在剪切或熔接光纤前，应确保光纤和光源断开。

（7）通过光功率计测量光功率来确保光源已关闭。

（8）在打开光纤传输系统前门时，注意避免激光辐射。

（9）严禁使用显微镜、放大镜或寸镜等光学仪器观看光纤连接器或光纤连接器端头。

1.2.4 其他安全知识

除了前面介绍的几种操作安全知识外，安全知识还包括机械安全、维护安全和安全标志等方面的知识。

1．机械安全

（1）吊装安全

吊装时要注意以下安全事项。

① 进行吊装作业的人员需经过相关培训，合格后方可上岗。

② 吊装工具需经检验，工具齐全方可进行吊装。

③ 进行吊装作业之前，应确保吊装工具牢固固定在可承重的固定物或墙上。

④ 在吊装过程中，应确保两条缆绳间的夹角不大于 90°，如图 1-3 所示。

V1-5

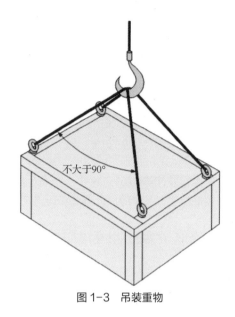

不大于90°

图1-3　吊装重物

（2）梯子使用安全

使用梯子前要注意以下安全事项。

① 先确认梯子是否完好无损，再确认梯子规定的承载重量，严禁超重使用。

② 梯子的倾斜度以75°为宜，可使用角尺测量。使用梯子时应将宽的梯脚朝下或在梯子的底部采取保护措施，以防滑倒。梯子应放在稳固的地方。

使用梯子时要注意以下安全事项。

① 确保身体重心不要偏离梯架的边缘。

② 操作前保持身体平稳。

③ 爬梯的最高高度为距离梯子顶部的第4个横档。

④ 若要爬上屋顶，超出屋檐的梯子的垂直高度至少为1m。

（3）钻孔安全

严禁在机柜上钻孔，不符合要求的钻孔会破坏机柜的电磁屏蔽性能、损伤内部电缆，钻孔所产生的金属屑进入机柜会导致电路板短路。在墙面、地面钻孔时，需要注意以下安全事项。

① 钻孔时应佩戴护目镜和保护手套。

② 钻孔过程中应对设备进行遮挡，严防金属屑掉入设备内部，钻孔后应及时打扫、清理金属屑。

（4）搬运重物安全

① 搬运重物时，应做好承重的准备，避免作业人员被重物压伤；搬运机箱时，应保持后背挺直，平稳移动，以免扭伤。

② 用手搬运设备时，应佩戴保护手套，以免双手被尖角割伤。

③ 移动机箱时，应握住机箱手柄或托住机箱底边，而不应握住机箱内已安装模块（如电源模块、风扇模块或单板）的手柄。

2. 维护安全

对设备进行维护时，以下几点是通常需要注意的安全事项。

① 更换设备上的任何配件或部件前，应佩戴防静电腕带，需确保防静电腕带一端已经接地，另一端与佩戴者的皮肤良好接触。

② 更换部件时，应注意放好部件、螺钉、工具等物体，以免其掉进运行的风扇中而损坏风扇或设备。

③ 更换机柜中的机箱、部件时,将机箱、部件从机柜拉出时,要小心装在机柜中可能不稳固或很重的设备,避免被压伤或砸伤。

下面介绍几种维护场景中需要注意的情况。

(1)更换熔断器准备工作

① 如更换熔断器,新的熔断器应和被更换熔断器的类型和规格相同。

② 在更换面板处熔断器前,要断开设备的电源,否则可能发生触电危险,导致人身伤害。

③ 可更换熔断器一般位于设备的交流或直流电源的输入口或输出口附近的面板处。

④ 可更换熔断器的规格可参考备份熔断器的规格,或参考面板处标准熔断器的规格,使用不同规格的熔断器可能造成设备损伤、人身伤害及财产损失。

(2)更换熔断器

① 如产品单板上的熔断器有丝印熔断器额定值,若需要更换熔断器,则由授权人员根据丝印规格来更换。

② 如产品单板上的熔断器没有丝印熔断器额定值,则严禁现场维护单板熔断器,必须返厂维修。若需要更换熔断器,则由授权人员根据产品物料清单中相应位号的厂家型号与额定值进行更换。

(3)更换配电盒和单板

① 更换配电盒时,应确保前端保护空开已断开,佩戴好绝缘手套。

② 更换单板时严禁用手接触单板上的元器件,以免损坏单板。

③ 对于不使用的槽位,应安装假面板。

(4)更换风扇

抓住风扇模块上的拉手,向外拉出风扇的一部分,务必等风扇完全停止转动后,才可轻轻将风扇模块从机柜中全部拔出,避免扇叶划伤手指。

3. 安全标志说明

(1)激光危险等级标志

激光危险等级标志如图 1-4 和图 1-5 所示,进行光纤操作时,严禁裸眼靠近或直视光纤端口。其他激光操作注意事项参见 1.2.3 节。

图 1-4　CLASS 1 激光危险等级标志

图 1-5　CLASS 1M 激光危险等级标志

(2)设备质量标志

设备质量标志如图 1-6 所示。其中,图 1-6(a)表示可更换/插拔式部件或设备质量超过 18kg 但不超过 32kg,需要 2 个人同时搬抬;图 1-6(b)表示可更换/插拔式部件或设备质量超过 32kg

但不超过 55kg，需要 3 个人同时搬抬；图 1-6（c）表示此部件或设备质量超过 55kg，需要使用叉车搬运或者 4 个人同时搬抬。

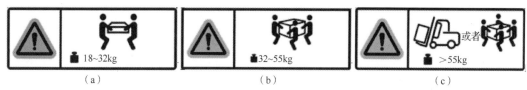

图 1-6 设备质量标志

（3）防尘网定期清扫标志

防尘网定期清扫标志如图 1-7 所示，对于具有此标志的设备，应定期对防尘网进行清扫。

图 1-7 防尘网定期清扫标志

（4）互锁装置警告标志

户外设备的门一般在打开后使用金属支杆固定，防止门意外关闭造成事故；在关门时，需要抬起此支杆。互锁装置警告标志如图 1-8 所示，对于具有此标志的设备，在关门时应抬起支撑门的支杆后再关门。

图 1-8 互锁装置警告标志

（5）高压开盖危险标志

高压开盖危险标志如图 1-9 所示。对于具有此标志的设备，应先阅读安全手册中的所有内容，确保手册的注意事项都已了解后再进行操作。

图 1-9 高压开盖危险标志

本章总结

本章先介绍了通用安全规范，包括需要具备的安全防范意识和安全处理知识；再介绍了网络设备安全操作知识，包括电气安全、电池安全、辐射安全和其他安全知识。

通过本章内容的学习，读者应该掌握通用的安全规范和安全操作知识。

课后练习

1. 在吊装过程中，确保两条缆绳间的夹角（　　　）。

    A．<60°   B．<90°   C．>60°   D．>90°

2. 下面关于电气布线的介绍错误的是（　　　）。

    A．为了节约空间，建议信号线与电流线和高压线等绑扎在一起

    B．用户自备线缆应符合当地标准

    C．机柜内出风口位置不允许有线缆经过

    D．如线缆的储存环境温度在 0℃以下，则在敷设布放操作前，必须将线缆移至室温环境
    下储存 24h 以上

3. 下面关于激光操作的说法错误的是（　　　）。

    A．完成相关培训的授权人员方可进行操作

    B．在操作激光或光纤时应戴护目镜

    C．在断开光纤连接器之前应确保关闭光源

    D．为了仔细观察，建议使用显微镜或者放大镜等光学仪器观看光纤连接器或光纤连接器
    端头

4. 【多选】严禁在雷电、雨、雪、大风等恶劣天气（　　　）。

    A．安装、使用和操作室外设备   B．连接到室外去的电缆

    C．安装、使用和操作室内设备   D．室内作业

5. 【多选】关于可充电电池的操作说法正确的是（　　　）。

    A．要避免短路

    B．电解液溢出时，可用碳酸氢钠进行中和、吸收

    C．运输中可以倒置

    D．安装和维护时，电池回路应保持断开状态

第2章

布线工程

综合布线是一种模块化的、灵活性很高的建筑物内或建筑群之间的信息传输通道。其既能使语音、数据、图像设备和交换设备与其他信息管理系统彼此相连，也能使这些设备与外部相连。综合布线包括建筑物外部网络或电信线路的连接点与应用系统设备之间的所有线缆及相关的连接部件。综合布线可由不同系列和规格的部件组成，包括传输介质、相关连接硬件（如配线架、连接器、插座、插头、适配器等）及电气保护设备等。这些部件可用于构建各种子系统，它们都有各自的具体用途，不仅易于实施，而且能随需求的变化而平稳升级。

我国在 20 世纪 90 年代初引入了综合布线，随着我国大力加强基础设施的建设，其市场需求在不断扩大，庞大的市场需求促进了相关产业的快速发展。特别是 2017 年 4 月 1 日开始实施的《综合布线系统工程设计规范》（GB 50311—2016）和《综合布线系统工程验收规范》（GB/T 50312—2016）这两个国家标准对综合布线系统工程的设计、施工、验收、管理等提出了具体要求和规定，大力促进了综合布线系统在我国的应用和发展。

为了让读者直观、快速地了解综合布线，本章依照布线工程的工作过程，首先介绍标准机柜（架），然后介绍各种通信线缆及常用连接器件，系统布线常用工具、常用仪表及其使用方法，最后介绍设备间子系统的工程技术、标准，以及工程验收的相关内容。

学习目标

① 熟悉各种网络机柜。

② 掌握通信线缆的特点与识别方法。

③ 掌握通信系统常用连接器件。

④ 了解布线工程常用工具及仪表。

⑤ 了解设备间子系统的工程标准、安装技术要求，以及布线工程的验收内容。

能力目标

① 能够识别常见的机柜。

② 能够正确使用光纤工具箱中的工具。

③ 能够灵活运用各种常用仪表。

④ 能够根据实际情况编写验收对照表。

素质目标

① 培养学生的爱国情怀和工匠精神。

② 培养学生踏实的工作态度。

③ 提高学生真实场景的动手能力。

2.1 标准机柜（架）

机柜用来组合安装面板、插件、插箱、电子元器件和机械零件与部件，使其构成一个整体的安装箱。

V2-1

（1）按安装位置分类：室内机柜和室外机柜。

（2）按机柜用途分类：网络机柜、服务器机柜、电源机柜、无源机柜（用来安装光纤配线架、总配线架等）。

（3）按安装方式分类：落地式、壁挂式、抱杆式。

在各类型站点能看到各种类型的网络机柜，随着 ICT 产业的不断进步，网络机柜的功能也越来越强大。网络机柜一般用于楼层配线间、中心机房、监控中心、方舱、室外站等，如图 2-1 所示。

图 2-1　网络机柜

常见网络机柜通常有白色、黑色和灰色 3 种颜色。按照材质分类，其可分为铝型材机柜、冷轧钢板机柜和热轧钢板机柜；按照加工工艺分类，可分为九折型材机柜和十六折型材机柜等。

网络机柜包括顶盖、风扇、安装梁、可拆卸侧门、铝合金框架等，如图 2-2 所示。

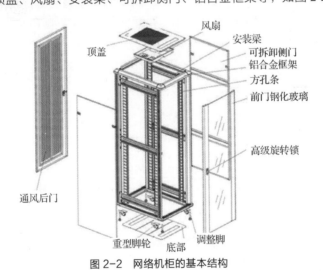

图 2-2　网络机柜的基本结构

2.1.1　标准 U 机柜

1. 认识单位 U

在认识各种类型的网络机柜前，首先要了解描述机柜尺寸的常用单位 U（Unit）。

U 是一种表示服务器外部尺寸（高度或厚度）的单位，详细的尺寸由美国电子工业协会（Electronic Industries Association，EIA）决定。厚度以 4.445cm 为基本单位，1U 即 4.445cm，2U 则为 8.89cm。所谓 "1U 服务器"，就是指外形符合 EIA 标准、厚度为 4.445cm 的服务器，如图 2-3 所示。

图 2-3　1U 服务器

2. 标准 U 机柜介绍

标准 U 机柜广泛应用于计算机网络设备、有线通信器材、无线通信器材、电子设备、无源物料的叠放，具有增强电磁屏蔽、削弱设备工作噪声、减少设备占地面积等功能。一些高档机柜还具备空气过滤功能，能提高精密设备工作环境的质量。

根据 TLA/EIA 标准，一般将内宽为 19 英寸（in）的机柜称为标准机柜，又称"19in 机架"。

机柜外形有 3 个常规指标，分别是宽度、高度、深度。

（1）宽度：标准机柜的宽度有 600mm 和 800mm 两种。服务器机柜宽度以 600mm 为主；网络机柜由于线缆比较多，为了便于两侧布线，因此宽度以 800mm 为主。19in 机柜指内部安装设备宽度为 482.6mm。

（2）高度：标准机柜内设备安装所占高度用一个特殊单位"U"表示，使用标准机柜的设备面板一般按 nU（n 表示数量）的规格制造，容量值在 2～42U。多少个"U"的机柜表示能容纳多少个"U"的设备。考虑到散热问题，服务器之间需要有间距，因此不能满配，如 42U 的机柜一般可容纳 10～20 个标准 1U 服务器。标准机柜的高度范围为 0.7～2.4m，根据柜内设备的数量和统一格调而定。通常厂商可以定制特殊高度的产品，常见的 19in 机柜的高度为 1.6m 或 2m。

标准规定的尺寸：宽度为 19in，高度为 1U 的倍数（1U=1.75in=4.445cm）。

机架安装尺寸应符合标准安装要求，1U 之间有 3 个孔，中孔为中心，2 个远孔间距为 31.75mm，两边安装柱之间的距离为 465.1mm，如图 2-4 所示。

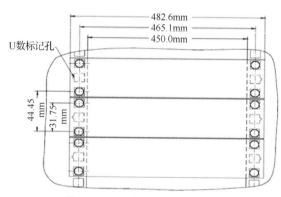

图 2-4　19in 机柜机架安装尺寸

（3）深度：标准 U 机柜的深度范围为 400～800mm，根据柜内设备的尺寸而定。通常厂商也可以定制特殊深度的产品，常见的 19in 机柜的深度为 500mm、600mm 或 800mm。

标准 U 机柜尺寸：内部安装宽度约为 48.26cm，机柜宽度为 600mm。一般情况下，服务器机柜的深度≥800mm，而网络机柜的深度≤800mm。19in 机柜尺寸具体规格如表 2-1 所示。

表 2-1　19in 机柜尺寸具体规格

名称	类型	高×宽×深/mm³
标准机柜	18U	1000×600×600
	24U	1200×600×600
	27U	1400×600×600
	32U	1600×600×600
	37U	1800×600×600
	42U	2000×600×600
服务器机柜	42U	2000×800×800
	37U	1800×800×800
	24U	1200×600×800
	27U	1400×600×800
	32U	1600×600×800
	37U	1800×600×800
	42U	2000×600×800
壁挂式机柜	6U	350×600×450
	9U	500×600×450
	12U	650×600×450
	15U	800×600×450
	18U	1000×600×450

3．服务器机柜

服务器机柜通常是以机架式服务器为标准制作的，有特定的行业标准规格。下面通过与网络机柜进行对比来介绍服务器机柜。

（1）功能与内部组成

① 网络机柜一般是用户安装的，即对面板、插箱、插件、器件或者电子元器件、机械零件等进行安装，使其构成一个统一的整体性的安装箱。根据目前的类型来看，网络机柜的容量一般为 2～42U。

② 服务器机柜是在互联网数据中心（Internet Data Center，IDC）机房内的机柜的统称，一般是安装服务器、不间断电源（Uninterruptible Power Supply，UPS）或者显示器等一系列 19in 标准设备的专用型机柜，用于组合安装插件、面板、电子元器件等，使其构成一个统一的整体性的安装箱。服务器机柜为电子设备的正常工作提供了相应的环境和安全防护能力。

（2）机柜常规尺寸

① 网络机柜宽度一般为 800mm，机柜立柱两边为了方便走线，需要增加布线设备，如垂直走线槽、水平走线槽、走线板等。

② 服务器机柜的常规宽度有 600mm、800mm；高度有 18U、22U、32U、37U、42U 等，如图 2-5 所示；深度有 800mm、900mm、960mm、1000mm、1100mm、1200mm。

（3）承重、散热能力要求

① 由于网络机柜中的设备发热量偏小，且质量比较小，因此对承重和散热方面的能力要求不高，如 850kg 的承重能力、60%的通孔率即可满足需求。

② 由于服务器发热量大，因此服务器机柜对散热能力要求偏高，如前后门通孔率要求为 65%～75%，还要额外增加散热单元。服务器机柜对承重能力要求偏高，如 1300kg 的承重能力。

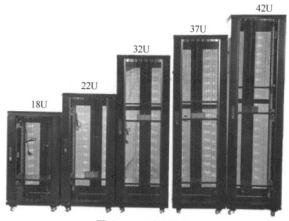

图 2-5　服务器机柜

　　服务器机柜可以配置专用固定托盘、专用滑动托盘、电源插排、脚轮、支撑地脚、理线环、理线器、L 支架、横梁、立梁、风扇单元，机柜框架、上框、下框、前门、后门、左侧门、右侧门可以快速拆装。服务器机柜常见内部布局如图 2-6 所示。

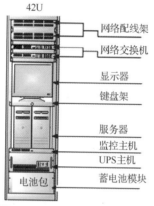

图 2-6　服务器机柜常见内部布局

4. 螺钉配件

　　在机柜中安装网络设备时，常用到 M6×16 机柜专用螺钉配件，其中包括盘头机牙十字螺钉、卡扣螺母、垫片，如图 2-7 所示。

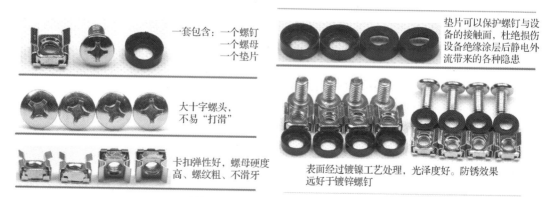

图 2-7　M6×16 机柜专用螺钉配件

2.1.2 配线机柜（架）

配线机柜是为综合布线系统特殊定制的机柜，其特殊之处在于增添了布线系统特有的一些附件。常见的配线机柜如图 2-8 所示。

图 2-8 常见的配线机柜

配线机柜内可根据需要灵活安装数字配线单元、光纤配线单元、电源分配单元、综合布线单元和其他有源/无源设备及附件等，其常见内部布局如图 2-9 所示。

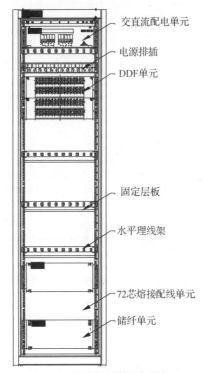

交直流配电单元

电源排插

DDF单元

固定层板

水平理线架

72芯熔接配线单元

储纤单元

图 2-9 配线机柜常见内部布局

配线单元是管理子系统中非常重要的组件，是实现垂直子系统和水平子系统交叉连接的枢纽，是线缆与设备连接的"桥梁"。其优点是方便管理线缆，可减少故障的发生，使布线环境整洁又美观。

下面介绍几款常见的配线架：双绞线配线架、光纤配线架（Optical Distribution Frame，ODE）、数字配线架（Digital Distribution Frame，DDF）、总配线架（Main Distribution Frame，MDF）、分配线架（Intermediate Distribution Frame，IDF）。

1. 双绞线配线架

网络综合布线工程中常用的配线架是双绞线配线架，即 RJ-45 标准配线架。双绞线配线架主要用在局端对前端信息点进行管理的模块化设备中。工作区的电话、计算机、打印机、扫描仪等前端信息点通过普通网络跳线线缆（超五类或者六类线）进入设备间后先进入铜缆电子配线架 B，将线打在铜缆电子配线架 B 的模块上，再用跳线（RJ-45 接口）连接铜缆电子配线架 A 与交换机，如图 2-10 所示。

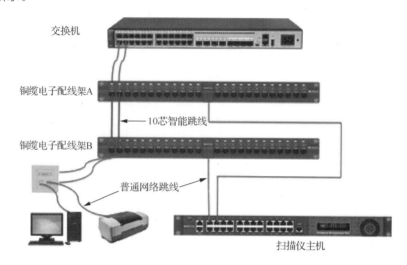

图 2-10　双绞线配线架系统的连接

目前，常见的双绞线配线架是超五类或者六类配线架，也有较新的七类配线架。双绞线配线架的外观如图 2-11 所示。

图 2-11　双绞线配线架的外观

2. 光纤配线架

光纤配线架又分为单元式光纤配线架、抽屉式光纤配线架和模块式光纤配线架 3 种。光纤配线架一般由标识部分、光纤耦合器、光纤固定装置、熔接单元等构成，能方便光纤的跳接、固定和保护。光纤配线架的外观如图 2-12 所示。

3. 数字配线架

数字配线架又称高频配线架，以系统为单位，有 8 系统、10 系统、16 系统、20 系统等。数字配线架能使数字通信设备的数字码流连接成为一个整体，在数字通信中越来越有优越性，传输速率为 2～155 Mbit/s 的信号的输入、输出都可终接在数字配线架上，为配线、调线、转接、扩容带来了很大的灵活性和方便性。数字配线架的外观如图 2-13 所示。

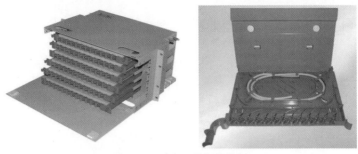

图 2-12　光纤配线架的外观

图 2-13　数字配线架的外观

4．总配线架

总配线架即一侧连接交换机外线，另一侧连接交换机入口和出口的内部线缆的配线架，其外观如图 2-14 所示。总配线架的作用是连接普通线缆、传输低频音频信号或 x 数字用户线（x Digital Subscriber Line，xDSL）信号，并可以测试以上信号，进行过电压、过电流防护，从而保护交换机，且可以通过声光报警通知值班人员。

图 2-14　总配线架的外观

5．分配线架

分配线架是楼中利用星形网络拓扑的二级通信室。分配线架依赖于总配线架，总配线架代表主机房，而分配线架则代表辅机房，即一些较为偏远的分线房间。分配线架和总配线架的区别只在于它们的放置位置不同。

2.1.3　壁挂式机柜

壁挂式机柜又称挂墙式机柜，可通过不同的安装方式固定在墙体上，如图 2-15 所示。壁挂式机柜广泛安装于空间较小的配线间、楼道中。壁挂式机柜因具有体积小、安装和拆卸方便、易于管理和防盗等特点而被广泛选用。壁挂式机柜一般会在后部开 2～4 个挂墙孔，安装人员可利用膨胀螺钉将其固定在墙上或直接将其嵌入墙体内。

图 2-15　壁挂式机柜

壁挂式机柜分为标准挂墙机柜、非标准挂墙机柜和嵌入式挂墙机柜。壁挂式机柜常用规格：高度有 6U、9U、12U、15U，宽度有 530mm、600mm，深度有 450mm、600mm。

2.2　通信线缆

V2-2

在通信网络中，要解决的首要问题是通信线路和信号传输问题。通信分为有线通信和无线通信，有线通信中的信号主要是电信号和光信号，负责传输电信号或光信号的各种线缆就统称为通信线缆。目前，在通信线路中，常用的传输介质有双绞线（Twisted Pair，TP）和光纤。

2.2.1　双绞线

双绞线是综合布线工程中常用的传输介质，由多对具有绝缘保护层的铜导线组成，如图 2-16 所示。与其他传输介质相比，双绞线在传输距离、信道宽度和数据传输速率等方面均有一定限制，但价格较为低廉。

图 2-16　双绞线

1. 双绞线分类

（1）按是否具有屏蔽分类

① 屏蔽双绞线（Shielded Twisted Pair，STP）：在双绞线与外层绝缘封套之间有一个金属屏蔽

层，其结构如图 2-17 所示。屏蔽层可减少辐射，防止信息被窃听，也可阻止外部电磁干扰，这使得屏蔽双绞线比同类的非屏蔽双绞线具有更高的传输速率，但成本较高。

② 非屏蔽双绞线（Unshielded Twisted Pair，UTP）：没有金属屏蔽层，其结构如图 2-18 所示。非屏蔽双绞线成本低、质量小、易弯曲、易安装，应用广泛。

图 2-17　屏蔽双绞线的结构　　　　图 2-18　非屏蔽双绞线的结构

（2）按传输电器性能分类

① 五类线（CAT 5）：最高带宽为 100MHz，最高传输速率为 100Mbit/s，适合语音传输和最高传输速率为 100Mbit/s 的数据传输，主要用于 100BASE-T 和 1000BASE-T 网络，最大网段长度为 100m，采用 RJ 形式的连接器。五类线是较常用的以太网线缆。

② 超五类线（CAT 5e）：衰减小、串扰少，与五类线相比其具有更高的信噪比（Signal to Noise Ratio，SNR）、更小的时延误差，性能得到了很大提高。超五类线主要用于吉比特以太网（Gigabit Ethernet，GbE）。其结构如图 2-19 所示。

③ 六类线（CAT 6）：传输性能远高于超五类线的标准，适合传输速率高于 1Gbit/s 的应用。六类线与超五类线的主要不同点在于，六类线改善了在串扰及回波损耗方面的性能，且有十字骨架。其结构如图 2-20 所示。

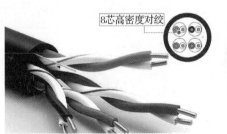

图 2-19　超五类线的结构　　　　图 2-20　六类线的结构

类型数字越大，版本越新，技术越先进，带宽也越大，但价格也越贵。下面介绍不同类型的双绞线标注方法，如果是标准类型，则按 CAT x 方式标注，如常用的五类线和六类线会在线的外皮上标注 CAT 5、CAT 6；如果是改进版，则按 xe 方式标注，如超五类线标注为 CAT 5e，如图 2-21 所示。

图 2-21　不同类型双绞线的标注示例

2005 年以前主要使用五类线和超五类线；自 2006 年以后主要使用超五类线和六类线，也有重要项目使用超六类线和七类线。

2．线序标准

国际上最有影响力的 3 家综合布线组织是美国国家标准协会（American National Standards Institute，ANSI）、美国通信工业协会（Telecommunications Industry Association，TIA）和 EIA。双绞线标准中应用最广的是 ANSI/EIA/TIA-568A（简称 T568A）和 ANSI/EIA/TIA-568B（简称 T568B），它们最大的不同就是芯线序列不同。

T568A 的线序为白绿、绿、白橙、蓝、白蓝、橙、白棕、棕，T568B 的线序为白橙、橙、白绿、蓝、白蓝、绿、白棕、棕，如图 2-22 所示。

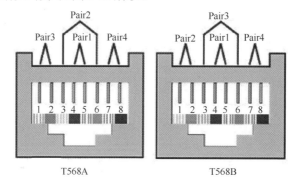

图 2-22　双绞线的色标和线序

3．双绞线的连接方法

双绞线的连接方法分为直连互联法和交叉互联法，因此对应的网线通常称为直连网线和交叉网线。网线 RJ-45 接头排线如图 2-23 所示。

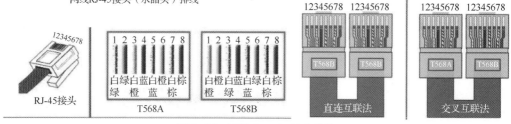

图 2-23　网线 RJ-45 接头排线

（1）直连网线

① 网线水晶头（Registered Jack，RJ）两端都按照 T568B 标准制作。

② 用于不同设备之间的连接，如交换机连接路由器、交换机连接计算机。

（2）交叉网线

① 网线水晶头一端按 T568B 标准制作，另一端按 T568A 标准制作。

② 用于相同设备之间的连接，如计算机连接计算机、交换机连接交换机。

目前，通信设备的 RJ-45 接口大都能自适应，当遇到网线不匹配的情况时，可以自动翻转端口的接收和发射。所以，当前一般只使用直连网线即可。

2.2.2　光缆

1．光纤结构及导光原理

光纤是光导纤维的简称，是一种由玻璃或塑料制成的纤维，可作为光传导工具。通信用光纤是比人的头发稍粗的玻璃丝，外径范围一般为 125～140μm，其外观如图 2-24 所示。

图 2-24　光纤的外观

光纤的基本结构是指光纤层状的构造形式，其由纤芯、包层和涂覆层构成，呈同心圆柱形，如图 2-25 所示。

图 2-25　光纤的基本结构

（1）纤芯：位于中心，主要成分是高纯度的二氧化硅（SiO_2），并有少量的掺杂剂，可通过提高纤芯的光折射率 n_1 来传输光信号；纤芯的直径 d_1 范围一般为 2～50μm。

（2）包层：位于中间层，主要成分也是高纯度的二氧化硅（SiO_2），也有一些掺杂剂，以降低包层的光折射率 n_2，使 $n_1 > n_2$，满足全反射条件，让光信号能约束在纤芯中传输；包层的外径 d_2 一般为 125μm。

（3）涂覆层：位于最外层，由丙烯酸酯、硅橡胶、尼龙构成，以保护光纤不受水汽侵蚀和机械擦伤，同时增加光纤的机械强度与可弯曲性，起到延长光纤使用寿命的作用；涂覆后的光纤外径一般为 1.5mm。

光纤传输光信号的原理是"光的全反射"，如图 2-26 所示。光信号从纤芯射向包层，由于 $n_1 > n_2$，当入射角大于全反射临界角时，按照几何光学全反射原理，光信号在纤芯和包层的交界面会产生全反射，因此把光信号闭锁在光纤内部向前传播。这样就保证了光信号能够在光纤中一直传输下去，即使经过略微弯曲的光纤，光信号也不会射出光纤之外。

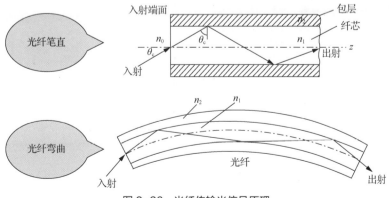

图 2-26　光纤传输光信号原理

2．光纤分类

（1）按传输模式分类

① 单模光纤（Single Mode Fiber）：支持一种模式传输；纤芯直径范围为8～10μm，包层直径为125μm，常用的规格是9/125μm；传输距离在5km以上，适用于长距离传输；光源为激光光源；采用黄色外护套。

② 多模光纤（MultiMode Fiber）：支持多种模式传输；纤芯直径为50μm或62.5μm，包层直径为125μm；适用于短距离传输，常见的应用场景为机房内跳纤；光源为LED光源；采用橙色或水绿色外护套。

单模光纤与多模光纤的对比如图2-27所示。

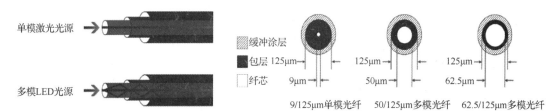

图2-27　单模光纤与多模光纤的对比

（2）按ITU-T定义分类

① G.651光纤（渐变型多模光纤）：主要应用于850nm和1310nm波长的短距离传输。

② G.652光纤（常规单模光纤）：在1310nm波长具有零色散点，在1550nm波长传输损耗最低。

③ G.653光纤（色散位移光纤）：在1550nm波长具有零色散点，在1550nm波长传输损耗最低。

④ G.654光纤（衰减最小光纤）：在1550nm波长处衰减最小，适用于长距离海底传输。

⑤ G.655光纤（非零色散位移光纤）：适用于长距离传输。

3．光缆结构

光缆（Optical Fiber Cable）是为了满足光学特性、机械特性和环境性能指标要求而制成的，是利用置于护套中的一根或多根光纤作为传输介质，并可以单独或成组使用的通信线缆。其外观如图2-28所示。

图2-28　光缆的外观

（1）光缆分类

① 按用途分类：长途光缆、城域光缆、海底光缆和入户光缆。

② 按光纤的种类分类：多模光缆和单模光缆。

③ 按光纤的套塑方法分类：紧套光缆、松套光缆、束管式光缆和带状多芯单元光缆。

④ 按光纤的芯数分类：单芯光缆、双芯光缆、四芯光缆、六芯光缆、八芯光缆、十二芯光缆和二十四芯光缆等。

⑤ 按敷设方式分类：管道光缆、直埋光缆、架空光缆和水底光缆。

⑥ 按使用环境分类：室内光缆和室外光缆。

（2）室内光缆

室内光缆是敷设在建筑物内的光缆。由于室内环境比室外环境要好很多，不需要考虑自然的机械应力和天气因素，因此室内光缆是紧套、干式、阻燃、具有柔韧性的光缆，其外观如图 2-29 所示。

图 2-29　室内光缆的外观

室内光缆按光纤芯数分为室内单芯光缆、室内双芯光缆和室内多芯光缆。

室内光缆根据使用环境和地点可以分为室内主干光缆、室内配线光缆和室内中继光缆。其中，室内主干光缆主要用于提供建筑物内、外之间的通道，室内配线光缆和室内中继光缆则用于向特定的地点传输信息。

室内光缆通常由光纤、加强件和护套组成，其结构如图 2-30 所示。

光纤

加强件
（芳纶纱）

护套
（PVC）

图 2-30　室内光缆的结构

（3）室外光缆

室外光缆要经受风吹日晒和天寒地冻，因此外护层厚，具有耐压、耐腐蚀、抗拉等特性，通常为铠装（金属皮包裹）。

光缆通常由缆芯（一定数量的光纤按照一定方式组成）、加强钢丝、填充物和护套等几部分组成；另外，根据需要还有防水层、缓冲层、绝缘金属导线等部分。图 2-31 所示为一种常见的室外光缆的结构。

松套管中光纤及松套管颜色依次为蓝、橙、绿、棕、灰、白、红、黑、黄、紫、粉红、青绿。光缆全色谱及标志如图 2-32 所示。

4．光缆型号识别

光缆种类繁多，不同光缆的材质、结构、用途也有所差异，为了便于区分和使用，人们对光缆型号进行了统一编码。光缆型号一般由 7 部分组成，即分类代号+加强构件代号+结构特性代号+护套代号+外护层代号+光纤芯数+光纤类型代号，如图 2-33 所示。

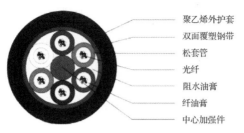

图 2-31　一种常见的室外光缆的结构　　　　图 2-32　光缆全色谱及标志

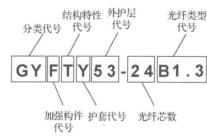

图 2-33　光缆型号

（1）第 1 部分是光缆的分类代号，如表 2-2 所示。

表 2-2　光缆的分类代号

代号	光缆分类	说明
GY	通信用室外（野外）光缆	外护层厚重，耐压性、耐腐蚀性、抗拉性强，适用于室外建筑物之间以及远程网络之间的互联，传输距离较长
GJ	通信用室（局）内光缆	抗弯曲、耐火阻燃、柔韧性强，适用于建筑物内的通信，传输距离较短
GH	通信用海底光缆	不需要挖坑道或用支架支撑，投资少、建设速度快，受自然环境和人类活动的干扰小，保密性好，安全稳定，多用于长距离国际传输
GT	通信用特殊光缆	包含色散位移光纤、非零色散光纤、色散平坦光纤等类型，包括除其他分类外所有特殊用途的光缆
GS	通信用设备内光缆	采用金属重型加强构件的材质及光纤松套包覆结构，适用于设备内布放
MG	煤矿用光缆	有阻燃、防鼠特性，适用于煤矿、金矿、铁矿等矿山场合
GW	通信用无金属光缆	由非金属材料制成，主要用于有强电磁影响和雷电多发等地区
GR	通信用软光缆	外径较小、柔韧性好、易于弯曲，适用于室内或空间较小的场合，可应用于光连接器、光纤到户（Fiber To The Home，FTTH）等领域

（2）第 2 部分是加强构件（加强芯）代号，如表 2-3 所示。

表 2-3　加强构件（加强芯）代号

代号	加强构件	说明
无	金属加强构件	用金属、非金属、金属重型 3 种不同材料对光缆进行加强，即增强光缆的抗拉强度，提高光缆的机能
F	非金属加强构件	
G	金属重型加强构件	

（3）第 3 部分是光缆的结构特性代号。光缆的结构特性应表示出缆芯的主要类型和光缆的派生结构，当光缆有几个结构特性需要注明时，可用组合代号表示，如表 2-4 所示。

表 2-4 光缆的结构特性代号

代号	光缆结构	说明
D	光纤带结构	把光纤放入大套管中，体积小，空间利用率高，可容纳大量光纤，每个光纤单元的接续可一次完成
无	层绞式结构	采用双向层绞技术，全截面阻水，光纤附加衰减接近 0，环境性能优良，适用于长途通信、局间通信及对防潮、防鼠要求较高的场合
S	光纤松套被覆结构	多根光纤以自由状态填充在套管内，有多根光纤、纤膏、PBT 松套层，主要用于室外敷设
J	光纤紧套被覆结构	由光纤和表面的聚氯乙烯（Polyvinyl Chloride，PVC）紧套层形成紧套纤，柔软、易剥离，一般用于室内光缆或特种光缆
X	中心管式结构	将松套管作为缆芯，光缆的加强构件在松套管的周围，直径小、质量小、容易敷设
G	骨架式结构	能够取出所需光纤，与接入光缆进行对接，抗侧压性能好，可以很好地保护光纤
B	扁平结构	纤芯采用软结构，以确保电缆的柔软性；相对厚度薄，体积小，连接简单，拆卸方便，适用于电器设备中的数据传输或动力传输
T	填充式结构	对光纤内部进行填充，保持光缆外形的圆整，起到防火、防水、抗压等作用
Z	阻燃结构	延缓火焰沿着光缆蔓延，使火势不扩大；成本较低，可以避免因光缆着火造成的重大灾害，提高光缆线路的防火水平
C	自承式结构	光纤传输损耗小、色散低，为非金属材料、质量小、敷设方便，抗电磁干扰能力强，具有优良的性能，适用于高压输电线路

（4）第 4 部分是光缆的护套代号，如表 2-5 所示。

表 2-5 光缆的护套代号

代号	光缆护套	说明
L	铝	
G	钢	
Q	铅	
Y	聚乙烯护套	
W	夹带钢丝钢-聚乙烯黏结护套	
A	铝-聚乙烯黏结护套	不同类型的光缆护套材料有所差异，护套用于保护缆芯，使其免受外界机械作用和环境条件的影响
S	钢-聚乙烯黏结护套	
V	PVC 护套	
F	氟塑料	
U	聚氨酯	
E	聚酯弹性体	

（5）第 5 部分是光缆的外护层代号，可以是一位或多位数，如表 2-6 所示。

表2-6 光缆的外护层代号

代号	光缆外护层	说明
0	无外护	
2	双钢带	
3	细圆钢丝	
4	粗圆钢丝	
5	皱纹钢带	
6	双层圆钢丝	在产品最外部加装一层金属保护层，保护内部的效用层在运输和安装时不受损坏
23	绕包钢带铠装聚乙烯护套	
33	细钢丝绕包铠装聚乙烯护套	
53	皱纹钢带纵包铠装聚乙烯护套	
333	双层细钢丝绕包铠装聚乙烯护套	
44	双层粗圆钢丝	

（6）第6部分是光纤芯数，芯数有2、4、6、8、12、24、36、48、72、96、144等。

（7）第7部分是光纤类型代号，如表2-7所示。其中，A表示多模光纤，支持多种模式传输，色散、损耗较大，适用于中短距离和小容量的光纤通信系统；B表示单模光纤，色散小，只能支持一种模式传输，适用于远距离的光纤通信系统。

表2-7 光纤类型代号

代号	光纤类型	对应ITU-T标准
A1a 或 A1	50/125μm 二氧化硅系渐变型多模光纤	G.651
A1b	62.5/125μm 二氧化硅系渐变型多模光纤	G.651
B1.1 或 B1	二氧化硅普通单模光纤	G.652
B1.2	截止波长位移单模光纤	G.654
B1.3	波长段扩展的非色散位移单模光纤	G.652C/D
B2	色散位移单模光纤	G.653
B4	非零色散位移单模光纤	G.655

V2-3

2.3 通信系统常用连接器件

在2.2节我们认识了通信线缆，那么怎样将通信设备和通信线缆连接起来呢？这就需要连接器件。通信连接器属于网络传输介质互联设备，所采用的连接器性能可能影响整个通信系统。通信连接器的型号很多，主要包括电缆连接器件和光缆连接器件。

2.3.1 电缆连接器件

1. 跳线

跳线又称跳接软线。因为跳线一般要在配线架、理线器、交换机之间跳接，路径较多且需弯曲，所以为了方便跳线在复杂路径中布设而不损坏跳线本身，一般期望跳线本身更柔软。用多股细铜丝制作而成的跳线柔软度远远大于用单股硬线制成的"硬跳线"，这是用多股细铜丝制作而成的跳线的优势之一。

跳线主要由线缆导体、水晶头、保护套组成，其外观如图 2-34 所示。

图 2-34　跳线的外观

2. 水晶头

水晶头是一种标准化的电信网络接口，用于传输数据。之所以将其称为水晶头，是因为它的外表晶莹透亮。

水晶头适用于设备间或水平子系统的现场端接，外壳材料采用高密度聚乙烯。每条双绞线两头通过水晶头分别与网卡和集线器（或交换机）相连。

水晶头型号中，字母 RJ 表示已注册的插孔，后面的数字则代表接口标准的序号；xPyC 是指水晶头有 x 个位置（Position）的凹槽和 y 个金属触点（Contact）。

常用的水晶头有两种，一种是 RJ-45 水晶头，另一种是 RJ-11 水晶头。它们都由 PVC 外壳、弹片、芯片等部分组成，其外观如图 2-35 所示。

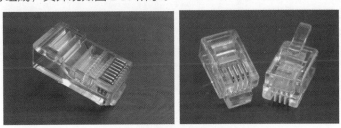

图 2-35　两种水晶头的外观

两种水晶头对应的接口分别是 RJ-45 接口和 RJ-11 接口，如图 2-36 所示。

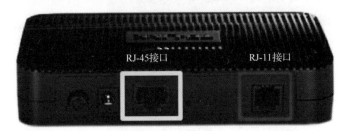

图 2-36　两种接口

（1）RJ-45 水晶头

① RJ-45 水晶头是一种遵循 IEC（60）603-7 连接标准，使用符合国际接插件标准的 8 个凹槽的模块化插孔或插头。RJ-45 水晶头有 8P8C 和 8P4C 两种，其结构如图 2-37 所示。

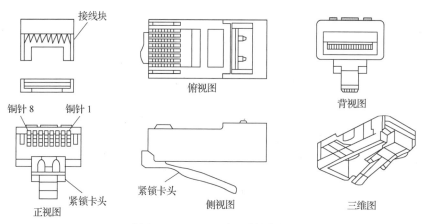

图 2-37　RJ-45 水晶头的结构

② RJ-45 水晶头常在监控项目、机房综合布线等场景中起到传输数据的作用，是以太网中不可缺少的一环，一般用在网线的两端，用来连接各种网络设备，如计算机、路由器、交换机等。

③ RJ-45 水晶头接线时有两种线序标准：T568A 和 T568B。通过采用不同的标准，最后制作成的网线有直通型和交叉型两种。但由于新一代的交换机、网卡等设备都具有自动翻转功能，因此现在大部分网线制作时采用 T568B 标准。

（2）RJ-11 水晶头

① RJ-11 水晶头未采用国际标准，通常是只有 6 个凹槽和 4 个或 2 个针脚的连接器件，即 6P4C 和 6P2C。

② RJ-11 水晶头常用于连接电话和调制解调器，电话线用四芯（4C）水晶头。

③ RJ-11 水晶头在体积上比 RJ-45 水晶头小。RJ-11 和 RJ-45 水晶头在接线标准和应用场景上都有所差异，二者不具有通用性。

（3）其他类型的水晶头

RJ-12 水晶头通常用于语音通信，其有 6 根针脚（6P6C），还衍生出 6 槽 4 针（6P4C）和 6 槽 2 针（6P2C）。

目前，常用水晶头的类型、外观与特点如表 2-8 所示。

表 2-8　常用水晶头的类型、外观与特点

类型	外观	特点
非屏蔽水晶头		普通水晶头，无金属屏蔽层
屏蔽水晶头		带有金属屏蔽层，抗干扰能力优于非屏蔽水晶头

续表

类型	外观	特点
超五类水晶头	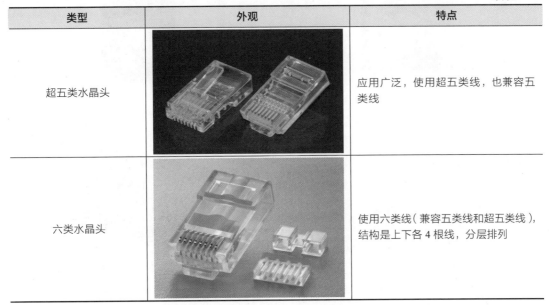	应用广泛，使用超五类线，也兼容五类线
六类水晶头		使用六类线（兼容五类线和超五类线），结构是上下各 4 根线，分层排列

3. 信息插座

《综合布线系统工程设计规范》（GB 50311—2016）的第 7 部分内容为安装工艺要求，对工作区信息插座的安装工艺提出了具体要求。暗装在地面上的信息插座盒应满足防水和抗压要求；暗装或明装在墙体或柱子上的信息插座盒底距地面的高度宜为 300mm，如图 2-38 所示；安装在工作台侧隔板面及临近墙面上的信息插座盒底距地面的高度宜为 1.0m。

图 2-38　安装在墙体上的信息插座

每一个工作区的信息模块（电、光）数量不宜少于 2 个，并能满足各种业务需求。因此，通常情况下，宜采用双口面板底盒，数量应按插座盒面板设置的开口数确定，每一个底盒支持安装的信息点数量不宜多于 2 个。工作区的信息模块应支持不同的终端设备接入，每一个 8 位信息模块通用插座应连接一根 4 对双绞线电缆。

信息插座通常由底盒、面板和信息模块 3 部分组成，一般安装在墙面上，也有桌面型和地面型的，主要是为了方便计算机等设备的移动，并且保持整个布线的美观。

（1）底盒：按材料组成，一般分为金属底盒和塑料底盒；按安装方式，一般分为明装底盒和暗装底盒，如图 2-39 所示。

（2）面板：必须具有防水、抗压和防尘功能，根据《综合布线系统工程设计规范》（GB 50311—2016），信息模块宜采用标准 86 系列面板，如图 2-40 所示。

（a）明装底盒

（b）暗装塑料底盒

（c）暗装金属底盒

图 2-39　底盒

（a）双口面板

（b）地面金属面板

（c）多功能桌面面板

图 2-40　面板

（3）信息模块：综合布线中极其重要的部件，主要通过端接（也称卡接）实现设备区和工作区的物理连接。信息模块固定在面板背面，完成线缆的压接，如图 2-41 所示。

图 2-41　固定在面板背面的信息模块

信息模块按测试性能分为超五类信息模块、六类信息模块、超六类信息模块和七类信息模块，按是否屏蔽分为非屏蔽信息模块和屏蔽信息模块，如图 2-42 所示。

（a）超五类非屏蔽信息模块

（b）超五类屏蔽信息模块

（c）六类信息模块

（d）超六类信息模块

（e）七类信息模块

图 2-42　信息模块

2.3.2 光缆连接器件

光缆连接器件指的是安装在光缆末端，使光缆实现光信号传输的连接器。

1. 光纤接头

光纤接头（Optical Fiber Splice）用于将两根光纤永久地或可分离开地连接在一起，并有保护部件的接续部分。光纤接头是光纤的末端装置，光纤接口是用来连接光纤的物理接口。光纤连接器的常见类型如表 2-9 所示。

表 2-9　光纤连接器的常见类型

接头类型	接口方式	材料	优点	缺点	应用场景	外观
SC	方形卡扣	工程塑料	插拔方便，安装密度高	易被拔掉，高温下接头易损伤	100BASE-FX	SC-APC SC-UPC 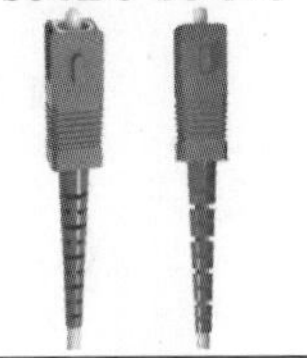
LC	小型长方头插拔	工程塑料	接头尺寸是 FC 的一半，插拔方便，安装密度高	制作相对复杂	高密度的光接口板上、千兆（吉比特）接口	LC-UPC 
FC	圆头螺口	金属	牢靠、防灰尘	安装时需对准卡口后旋紧，密度高时安装不方便	100BASE-FX（逐渐淘汰）	FC/APC FC/UPC 
ST	圆头卡口	金属	安装方便	容易折断	10BASE-F	ST多模 ST-PC 
MT-RJ	卡接式方形，体积与电话插头相当	工程塑料	体积小，一头双纤，收发一体，插入损耗低	国内应用不是很广泛	光纤到桌面的应用、千兆（吉比特）接口	E2000/APC 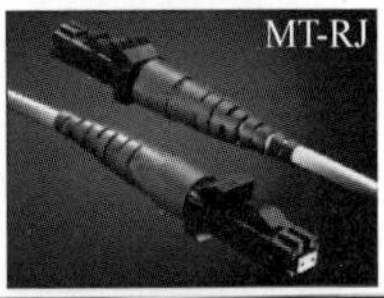 MT-RJ
E2000	滑扣	工程塑料	带弹簧闸门保护，插针不易磨损、污染	国内应用不是很广泛	高密度的千兆（吉比特）光接口板上	

光纤接头截面工艺（研磨工艺）主要有3种：PC接头截面、UPC接头截面和APC接头截面。PC接头截面是平的（实际工艺是微球面研磨抛光），UPC接头截面的信号衰减比PC接头截面要小，APC接头截面呈8°并做微球面研磨抛光。在性能上，这3种接头截面的关系为APC接头截面>UPC接头截面>PC接头截面，其中APC接头截面是绿色的。

接头标注方法：接头类型/截面工艺。例如，"FC/PC"的含义为接头类型是圆形、带螺纹；接头截面工艺是微球面研磨抛光，接头截面为平的。

2. 光纤跳线

光纤跳线（Optical Fiber Patch Cord/Cable）又称光纤连接器，为从设备到光纤布线链路的跳线，应用在光纤通信系统、光纤接入网、光纤数据传输及局域网等领域。光纤跳线在光缆两端都装上连接器插头，用来实现光路活动连接，一端装有插头的称为尾纤。缆芯是光纤；缆芯外是一层薄的塑料外套，用来保护封套。常见的光纤跳线如图2-43所示。

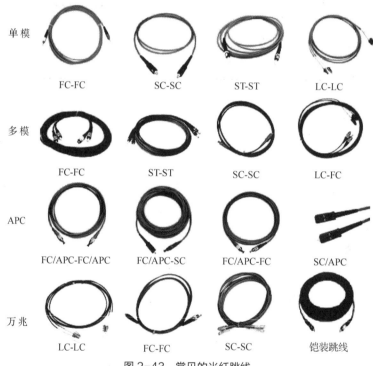

图2-43　常见的光纤跳线

（1）光纤跳线的分类

① 单模光纤跳线：外皮为黄色，传输距离比较长。

② 多模光纤跳线：外皮大多为橙色，也有灰色的，传输距离比较短。

（2）几种常见的光纤跳线

① FC型光纤跳线：跳线插头为FC接头，一般在光纤配线架侧使用，在配线架上用得最多。FC接头一般由电信网络采用，有一个螺帽拧在适配器上，优点是牢靠、防灰尘，缺点是安装时间稍长。

② SC型光纤跳线：跳线插头为SC接头，在路由器、交换机上用得最多，常用于100BASE-FX的连接。SC接头可直接插拔，使用很方便，缺点是容易掉落。

③ ST型光纤跳线：跳线插头为ST接头，常作为10BASE-F的连接器，多用于光纤配线架。

④ LC型光纤跳线：跳线接头与SC接头相似，比SC接头小。LC接头可用于连接小型可插

拔（Small Form Pluggable，SFP）光模块，常用于路由器，在一定程度上可提高光纤配线架中光纤连接器的密度。

⑤ MT-RJ 型光纤跳线：跳线插头为 MT-RJ 接头，双纤收发一体，适用于电信网络和数据网络系统中的室内应用场景。

3. 光纤适配器

光纤适配器（Fiber Optic Adapter）也称光纤连接器、光纤耦合器、法兰盘，是光纤通信系统中使用非常多的光无源器件之一，是光纤与光纤之间进行可拆卸（活动）连接的器件。光纤适配器把光纤的两个端面精密对接起来，以使发射光纤输出的光能量能最大限度地耦合到接收光纤中，并使其由于介入光链路而对系统造成的影响减到最小。在一定程度上，光纤适配器影响了光传输系统的可靠性和各项性能。

常见的光纤适配器如图 2-44 所示。

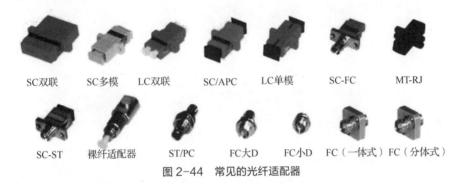

| SC双联 | SC多模 | LC双联 | SC/APC | LC单模 | SC-FC | MT-RJ |

| SC-ST | 裸纤适配器 | ST/PC | FC大D | FC小D | FC（一体式） | FC（分体式） |

图 2-44 常见的光纤适配器

4. 光纤信息插座

光纤信息插座用于插光纤接头，在结构上与双绞线信息插座类似，如图 2-45 所示。

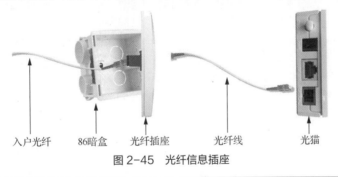

入户光纤　　86暗盒　　光纤插座　　　　光纤线　　　　光猫

图 2-45 光纤信息插座

2.4 系统布线常用工具

在通信网络布线工程中要用到相关的工具。下面以"西元"（西安开元电子实业有限公司）综合布线工具箱（KYGJX-12）和"西元"光纤工具箱（KYGJX-31）为例分别进行说明。

V2-4

2.4.1 通信电缆工具箱

本节以"西元"综合布线工具箱（KYGJX-12）为例，说明通信电缆工具箱的组成，如图 2-46 和图 2-47 所示。

图 2-46 "西元"综合布线工具箱

（a）RJ-45压线钳　　（b）单口打线钳　　（c）钢卷尺　　（d）活动扳手

（e）十字螺钉旋具　　（f）锯弓和锯弓条　　（g）美工刀　　（h）线管剪

（i）钢丝钳　　（j）尖嘴钳　　（k）镊子　　（l）不锈钢角尺

（m）条形水平尺　　（n）弯管器　　（o）计算器　　（p）麻花钻头

（q）M6丝锥　　（r）十字批头　　（s）RJ-45水晶头　　（t）M6×15螺钉

（u）线槽剪　　（v）弯头模具　　（w）旋转网络剥线钳　　（x）丝锥架

图 2-47 "西元"综合布线工具箱配套工具

（1）RJ-45 压线钳：用于压接 RJ-45 水晶头，辅助作用是剥线。

（2）单口打线钳：主要用于跳线架打线。打线时应先进行观察，如观察打线刀头是否良好，再对正模块快速打下，注意用力适当。打线刀头属于易耗品，打线次数不能超过 1000，超过使用次数后需及时更换。

（3）钢卷尺（量程为 2m）：主要用于量取耗材、布线的长度，属于易耗品。

（4）活动扳手（150mm）：主要用于紧固螺母，使用时应调整钳口开合与螺母规格相适应，并且适当用力，防止扳手滑脱。

（5）十字螺钉旋具（150mm）：主要用于十字槽螺钉的拆装，使用时应将螺钉旋具十字卡紧螺钉槽，并且适当用力。

（6）锯弓和锯弓条：主要用于锯切 PVC 管槽。

（7）美工刀：主要用于切割材料或剥开线皮。

（8）线管剪：主要用于剪切 PVC 线管。

（9）钢丝钳（8 寸）：主要用于拔插连接块、夹持线缆等器材、剪断钢丝等。

（10）尖嘴钳（6 寸）：主要用于夹持线缆等器材、剪断线缆等。

（11）镊子：主要用于夹取较小的物品，使用时注意防止尖头伤人。

（12）不锈钢角尺（300mm）：主要用于量取尺寸、绘制直角线等。

（13）条形水平尺（400mm）：主要用于测量线槽、线管布线是否水平等。

（14）弯管器（Φ20mm）：主要用于弯制 PVC 冷弯管。

（15）计算器：主要用于施工过程中的数值计算。

（16）麻花钻头（Φ10mm、Φ8mm、Φ6mm）：主要用于在需要开孔的材料上钻孔，使用时应根据钻孔尺寸选用合适规格的钻头；钻孔时应使钻夹头夹紧钻头，保持电钻垂直于钻孔表面，并且适当用力，防止钻头滑脱。

（17）M6 丝锥：主要用于对螺纹孔过丝。

（18）十字批头：与电动螺钉旋具配合，用于十字槽螺钉的拆装，使用时应确认十字批头安装良好。

（19）RJ-45 水晶头：耗材。

（20）M6×15 螺钉：耗材。

（21）线槽剪：主要用于剪切 PVC 线槽，也适用于剪切软线、牵引线，使用时手应远离刀口，将要切断时注意适当用力。

（22）弯头模具：主要用于锯切一定角度的线管、线槽，使用时将线槽水平放入弯头模具内槽中。

（23）旋转网络剥线钳：主要用于剥取网线外皮，使用时顺时针旋转工具进行剥线。

（24）丝锥架：与丝锥配合，用于对螺纹孔过丝。

2.4.2　通信光缆工具箱

本节以"西元"光纤工具箱（KYGJX-31）为例，说明通信光缆工具箱的组成，如图 2-48 和图 2-49 所示。

（1）束管钳：主要用于剪切光缆中的钢丝。

（2）多用剪（8 寸）：主要用于剪切相对柔软的物件，如牵引线等，不宜用来剪切硬物。

（3）剥皮钳：主要用于剪剥光缆或尾纤的护套，不适合剪切室外光缆中的钢丝。剪剥时要注意剪口的选择。

（4）美工刀：主要用于剪切跳线、双绞线内部牵引线等，不可用来剪切硬物。

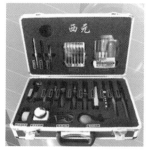

图2-48 "西元"光纤工具箱

（a）束管钳 （b）多用剪 （c）剥皮钳 （d）美工刀

（e）尖嘴钳 （f）钢丝钳 （g）斜口钳 （h）光纤剥线钳

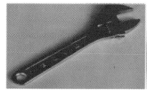

（i）活动扳手 （j）横向开缆刀 （k）清洁球 （l）酒精泵

（m）红光笔 （n）酒精棉球 （o）组合螺钉批 （p）微型螺钉批

图2-49 "西元"光纤工具箱配套工具

（5）尖嘴钳（6寸）：主要用于拉开光缆外皮或夹持小件物品。

（6）钢丝钳（6寸）：主要用于夹持物件，剪断钢丝。

（7）斜口钳（6寸）：主要用于剪切光缆外皮，不适合剪切钢丝。

（8）光纤剥线钳：主要用于剪剥光纤的各层保护套，有3个剪口，可依次剪剥尾纤的外皮、中层保护套和树脂保护膜。剪剥时要注意剪口的选择。

（9）活动扳手（150mm）：用于紧固螺母。

（10）横向开缆刀：用于切割室外光缆的黑色外皮。

（11）清洁球：用于清洁灰尘。

（12）酒精泵：用于盛放酒精，不可倾斜放置，盖子不能打开，以防酒精挥发。

（13）红光笔：用于简单检查光纤的通断。

（14）酒精棉球：用于蘸取酒精擦拭裸纤，平时应保持棉球干燥。

（15）组合螺钉批：组合螺钉旋具，用于紧固相应的螺钉。

（16）微型螺钉批：微型螺钉旋具，用于紧固相应的螺钉。

（17）钢卷尺（2m）：主要用于量取耗材、布线的长度，属于易耗品（图 2-49 中略）。

（18）镊子：主要用于夹取较小的物品，使用时注意防止尖头伤人（图 2-49 中略）。

（19）背带：便于携带工具箱（图 2-49 中略）。

（20）记号笔：用于标记（图 2-49 中略）。

2.5　系统布线常用仪表

在设备安装、布线施工、故障排查、检验测试、工程验收中，都需要用到一些专用的测试仪表。本节简要介绍一些常用仪表，如能手网络测试仪、双绞线网络测试仪、光纤打光笔、光功率计、光时域反射计、光纤熔接机等。

V2-5

2.5.1　能手网络测试仪

能手网络测试仪是一种网线测试仪，适用于比较简单的链路测试，如 8 芯网线和 4 芯电话线的测试。能手网络测试仪分为两个单元：一个是发送单元，即主机，采用一块 9V 叠层电池进行供电，并有电源开关和绿色的电源指示灯；另一个是接收单元，即远端机，由指示灯显示网线连接状态。网线接口是 RJ-45 接口，电话线接口是 RJ-11 接口。能手网络测试仪的外观如图 2-50 所示。

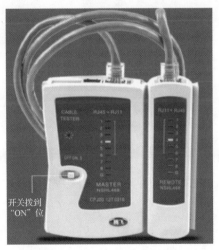

开关拨到
"ON" 位

图 2-50　能手网络测试仪的外观

在测量时，先将测试仪的电源关闭，再将网线的一端接入测试仪主机的网线接口，将另一端接入测试仪远端机的网线接口。打开主机电源，观察主机和远端机两排指示灯上的数字是否同时对称地从 1 到 8 逐个闪亮。若对称闪亮，则代表网线良好；若不对称闪亮或个别灯不亮，则代表网线断开或制作网线头时线芯排列错误。

2.5.2 双绞线网络测试仪

网络测试仪也称专业网络测试仪或网络检测仪，是一种可以检测开放系统互连（Open System Interconnection，OSI）7层模型定义的物理层、数据链路层、网络层运行状况的便携、可视的智能检测设备，主要用于局域网故障检测、维护和综合布线施工中。

随着网络的普及化和复杂化，网络的合理架设和正常运行变得越来越重要，而保障网络的正常运行必须要从两个方面着手：其一，网络施工质量直接影响网络的后续使用，所以施工质量不容忽视，必须严格要求，认真检查，以防患于未然；其二，网络故障的排查至关重要，网络故障会直接影响网络的运行效率，必须追求高效率、短时间排查。因此，网络检测辅助设备在网络施工和网络维护工作中变得越来越重要。网络测试仪的使用可以极大地减少网络管理员排查网络故障（见图2-51）的时间，提高综合布线施工人员的工作效率，加快工程进度，提高工程质量。

网络测试仪厂商既有福禄克、安捷伦、理想等国外公司，也有信而泰、中创信测、奈图尔等国内公司。本节将以福禄克DSX2-5000 CableAnalyzer为例，对网络测试仪进行简要介绍。

根据有线传输介质不同划分，福禄克网络测试仪分为光纤网络测试仪和双绞线网络测试仪，如图2-52所示。因为光纤网络测试仪并不常用，所以通常所说的网络测试仪指的都是双绞线网络测试仪。

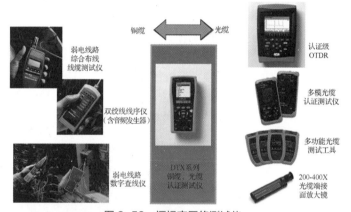

图2-51　使用网络测试仪排查故障　　　图2-52　福禄克网络测试仪

福禄克网络测试仪DSX2-5000 CableAnalyzer（见图2-53）已通过Intertek（ETL）认证，该认证是根据IEC 61935-1标准的Ⅳ级精度和草案Ⅴ级精度规定以及ANSI/TIA-1152标准的Ⅲe级规定进行的。DSX2-5000 CableAnalyzer能够认证CAT 5e、6、6A和Class FA双绞线等标准，支持高达1000MHz的频率范围，能够测试电缆在高频率下的传输性能。CAT 6A和Class FA测试速度无可比拟，且符合更严苛的IEC草案Ⅴ级精度要求。

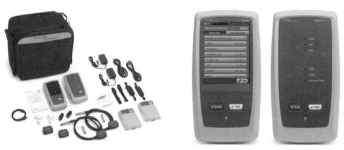

图2-53　DSX2-5000 CableAnalyzer

所需测试的参数与应用的测试标准有关，包括接线图（也称线序图，Wire Map）、环路电阻（Loop Resistance）、阻抗（Impedance）、长度（Length）、传输时延（Propagation Delay）、时延偏离（Delay Skew）、插入损耗（Insertion Lose）/衰减（Attenuation）、回波损耗（RL，@主机、@远端机）、近端串扰（NEXT，@主机、@远端机）、综合近端串扰（PS NEXT，@主机、@远端机）、衰减近端串扰比（ACR-N，@主机、@远端机）、综合衰减近端串扰比（PS ACR-N，@主机、@远端机）、衰减远端串扰比（ACR-F，@主机、@远端机）、综合衰减远端串扰比（PS ACR-F，@主机、@远端机）。

2.5.3　光纤打光笔

V2-6

光纤打光笔又称光纤故障定位仪、光纤故障检测器、可视红光源、通光笔、红光笔、光纤笔、激光笔，如图 2-54 所示。其以 650nm 半导体激光器为发光器件，经恒流源驱动，发射出稳定的红光，与光接口连接后进入多模光纤和单模光纤，实现光纤故障检测功能。

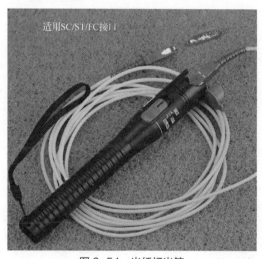

图 2-54　光纤打光笔

光纤打光笔是一款专门为现场施工人员进行光纤寻障、光纤连接器检查、光纤寻迹等设计的笔式红光源。光纤打光笔具有输出功率稳定、检测距离长、结构坚固可靠、使用时间长、功能多样等多种优点，是现场施工人员的理想选择。按最短检测距离划分，光纤打光笔有 5km、10km、15km、20km、25km、30km、35km、40km 等类型，最短检测距离越远，其价格越贵。

2.5.4　光功率计

随着光纤通信技术的迅速发展，光纤通信已经是主要的通信方式。光功率是光纤通信系统中基本的测量参数，是评价光端设备性能、评估光纤传输质量的重要参数之一。光功率计是专门用于测量绝对光功率或通过一段光纤的光功率相对损耗的仪器，广泛应用于通信干线铺设、设备维护、科研和生产当中，如图 2-55 所示。

在光功率测量中，光功率计是重负荷常用表。通过光功率计测量发射端或光网络的绝对功率，能够评价光端设备的性能。光功率计与稳定光源组合使用，能够测量连接损耗，检验连续性，并帮助评估光纤链路传输质量。

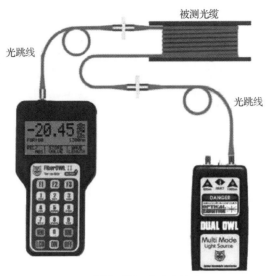

图2-55　光功率计

2.5.5　光时域反射计

光时域反射计（Optical Time-Domain Reflectometer，OTDR）是通过对测量曲线进行分析，了解光纤的均匀性、缺陷、断裂、接头耦合等若干性能的仪器。其根据光的后向散射与菲涅耳反射原理制作而成，利用光在光纤中传播时产生的后向散射光来获取衰减信息，可用于测量光纤衰减、接头损耗，定位光纤故障点，以及了解光纤沿长度的损耗分布情况等，是光缆施工、维护及监测中必不可少的工具，如图2-56所示。

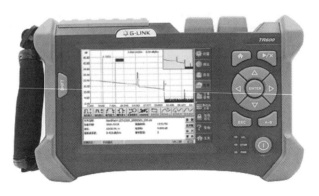

图2-56　光时域反射计

光时域反射计是用于确定光纤与光网络特性的光纤测试仪，其目的是检测、定位与测量光纤链路的任何位置上的事件。光时域反射计的一个主要优点是其能够作为一维的雷达系统，仅测试光纤的一端就能获得完整的光纤特性。光时域反射计的分辨率范围为4～40 cm。

光时域反射计测试是光纤线路检修非常有效的手段，其基本原理是利用导入光与反射光的时间差来测定距离，如此可以准确判定故障的位置。光时域反射计将探测脉冲注入光纤，在反射光的基础上估计光纤长度。光时域反射计测试适用于故障定位，特别适用于确定光缆断开或损坏的位置。光时域反射计测试文档能够为技术人员提供图形化的光纤特性，为网络诊断和网络扩展提供重要数据。

2.5.6　光纤熔接机

光纤熔接机的工作原理是利用高压电弧放电产生的 2000℃以上的高温将两个光纤断面熔化，同时用高精度运动机构平缓推进，让两根光纤融合成一根，以实现光纤模场的耦合。光纤熔接是光纤工程中使用较为广泛的一种接续方式。光纤熔接机主要应用于电信运营商、工程公司和事业单位的光缆线路工程施工，线路维护，应急抢修，光纤器件的生产、测试以及科研院所的研究与教学，如图 2-57 所示。

完成光纤熔接必备的工具为光纤熔接机、切割刀、剥纤钳、酒精泵（含纯度为 99%的工业酒精）、棉球、热缩套管。从剥纤、清洁、切割到最后的熔接，这些工具能帮助用户完成合格的光纤熔接。光纤熔接机工具箱如图 2-58 所示。

图 2-57　光纤熔接机

图 2-58　光纤熔接机工具箱

光纤熔接机的国外品牌主要有日本的藤仓、住友、古河，美国的康未（COMWAY），韩国的易诺（INNO）、黑马、日新等，国内品牌主要有 41 所、灼识、吉隆、瑞研、相和、艾洛克等。

2.6　设备间子系统的工程技术

设备间子系统是一个集中化设备区，用于连接系统公共设备及通过垂直干线子系统连接至管理子系统，如局域网（Local Area Network，LAN）、主机、建筑自动化和保安系统等。

设备间子系统是大楼中数据、语音垂直主干线缆终接的场所，也是建筑群的线缆进入建筑物终接的场所，更是各种数据和语音主机设备及保护设施的安装场所。设备间子系统一般设在建筑物中部或在建筑物的第一、第二层，避免设在顶层或地下室，位置不应远离电梯，且要为以后的扩展留下余地，如图 2-59 所示。建筑群的线缆进入建筑物时应有相应的过电流、过电压保护设施。

V2-7

设备间子系统空间要按 ANSI/TIA/EIA-569 要求设计。设备间子系统空间用于安装电信设备、连接硬件、接头套管等，为接地和连接设施、保护装置提供控制环境，是系统进行管理、控制、维护的场所。设备间子系统所在的空间还有对门窗、天花板、电源、照明、接地的要求。

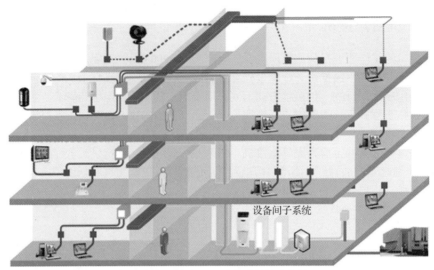

图 2-59　设备间子系统在建筑物中的位置

2.6.1　标准要求

1. 设备间子系统的标准要求

《综合布线系统工程设计规范》（GB 50311—2016）的第 7 部分为安装工艺要求，对设备间的规范进行了具体要求，其中较为常用的包括以下几点。

（1）每栋建筑物内应设置不小于 1 个设备间。

（2）设备间不应设置在厕所、浴室或其他潮湿、易积水区域的正下方或毗邻场所。

（3）设备间应远离粉尘、油烟、有害气体以及存有腐蚀性、易燃、易爆物品的场所。

（4）设备间空间使用面积不应小于 $10m^2$。

（5）设备间内梁下净高不应小于 2.5m。

（6）设备间室内温度应保持在 10～35℃，相对湿度应保持在 20%～80%，并应有良好的通风。

（7）设备间应采用外开双扇防火门。房门净高不应小于 2.0m，净宽不应小于 1.5m。

（8）设备间的水泥地面应高出本层地面不小于 100mm 或设置防水门槛。

（9）设备间应设置不少于 2 个单相交流 220V/10A 电源插座盒，每个电源插座的配电线路均应装设保护器。设备供电电源应另行配置。

2. 设备间内机柜的安装要求

设备间内机柜的安装要求如表 2-10 所示。

表 2-10　设备间内机柜的安装要求

项目	要求
安装位置	应符合设计要求，机柜应离墙 1m，便于安装和施工。所有安装的螺钉不得有松动，保护橡皮垫应安装牢固
底座	安装应牢固，应按设计图的防震要求进行施工
安放	安放应竖直，柜面水平，垂直偏差≤1‰，水平偏差≤3mm，机柜之间缝隙≤1mm
表面	完整，无损伤，螺钉坚固，每平方米表面凹凸度应小于 1mm

项目	要求
接线	接线应符合设计要求，接线端子各种标志应齐全，接线保持良好
配线设备	接地体，保护接地，导线截面、线缆颜色应符合设计要求
接地	应设接地端子，并良好连接楼宇接地端排
线缆预留	对于固定安装的机柜，机柜内不应有预留线。预留线应预留在可以隐蔽的地方，长度为 1～1.5m。 对于可移动的机柜，连入机柜的全部线缆在连入机柜的入口处应至少预留 1m，同时各种线缆的预留长度相互之间的差别应不超过 0.5m
布线	机柜内走线应全部固定，并要求横平竖直

3. 配电要求

设备间供电由大楼市电提供电源，进入设备间专用的配电柜。设备间设置设备专用的 UPS 地板下插座，为了便于维护，在设备间墙面上安装维修插座。其他房间根据设备的数量，安装相应的维修插座。

配电柜除了需满足设备间设备的供电以外，还需留出一定的余量，以备以后的扩容。

4. 设备间安装防雷器要求

依据《建筑物防雷设计规范》（ GB 50057—2010 ）中的有关规定，计算机网络中心设备间电源系统应采用三级防雷设计。

设备间的防雷非常重要，完善的防雷系统不仅能够保护昂贵且重要的网络汇接交换机和服务器等设备，保持网络系统正常运行，还能避免发生人身伤害事件，从而保护人身安全。

5. 设备间接地要求

设备间必须考虑设备接地。直流工作接地电阻一般要求不大于 4Ω，交流工作接地电阻也不应大于 4Ω，防雷保护接地电阻不应大于 10Ω。建筑物内部应设有一套网状接地网络，以保证所有设备共同的参考等电位。为了获得良好的接地状态，推荐采用联合接地方式，即将防雷接地、交流工作接地、直流工作接地等统一接到共用的接地装置上。

2.6.2 安装技术

1. 走线通道的安装施工

设备间内各种桥架、管道等走线通道的敷设应符合以下要求。

（1）横平竖直，水平走向左右偏差应不大于 10mm，高低偏差应不大于 5mm。

（2）走线通道与其他管道共架安装时，走线通道应布置在管架的一侧。

（3）走线通道内线缆垂直敷设时，线缆的上端和每间隔 1.5m 处应固定在通道的支架上；水平敷设时，在线缆的首、尾、转弯及每间隔 3～5m 处进行固定。

（4）布放在电缆桥架上的线缆要绑扎，外观平直整齐，线扣间距均匀，松紧适度。

（5）交流电源线、直流电源线和信号线应分架走线，或在金属线槽中采用金属板隔开。在保证线缆间距的情况下，可以同槽敷设。

（6）线缆应顺直，不宜交叉，在线缆转弯处应绑扎固定。

（7）线缆在机柜内布放时不宜绷紧，应留有适量余量；绑扎线扣间距均匀，松紧适度，布放顺直、整齐，不应交叉缠绕。

（8）超六类线敷设通道填充率不应超过 40%。

2. 线缆端接

设备间有大量的跳线和端接工作，线缆与跳线的端接应符合下列基本要求。

（1）需要交叉连接时，应尽量减少跳线的冗余，保持整齐和美观。

（2）满足线缆的曲率半径要求。

（3）线缆应端接到性能级别一致的连接硬件上。

（4）主干线缆和水平线缆应被端接在不同的配线架上。

（5）双绞线外护套剥除最短。

（6）线对开绞距离不能超过 13mm。

（7）超六类线绑扎不宜过紧。

3．开放式网络桥架的安装施工

（1）地板下安装

设备间桥架必须与建筑物垂直子系统和管理间主桥架连通，在设备间内部，每隔 1.5m 安装一个地面托架或支架，用螺栓和螺母固定。其常见安装方式有托架安装和支架安装，如图 2-60和图 2-61 所示。

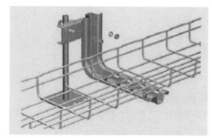

图 2-60　托架安装方式　　　　　　　　图 2-61　支架安装方式

一般情况下可采用支架安装方式，支架与托架的离地高度也可以根据用户现场的实际情况而定，不严格限制，但至少距地 50mm。

（2）天花板安装

在天花板安装桥架时采取吊装安装方式，即通过槽钢支架或者钢筋吊杆，再结合水平托架和M6 螺栓将桥架固定，吊装于机柜上方，将相应的线缆布放到机柜中，通过机柜中的理线器等对其进行绑扎、整理归位，如图 2-62 所示。

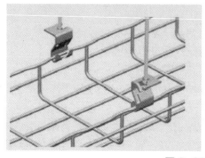

图 2-62　吊装安装方式

（3）特殊安装

① 分层安装桥架方式：分层吊挂安装可以敷设更多线缆，便于维护和管理，使现场美观，如图 2-63 所示。

② 机架支撑桥架安装方式：采用这种安装方式，安装人员不用在天花板上钻孔，而且安装和布线时无须爬上爬下，省时省力，非常方便，如图 2-64 所示。采用这种安装方式，安装人员不仅能对整个安装工程有更直观的控制，线缆也能自然通风散热，机房日后的维护升级也很简便。

图 2-63　分层安装桥架方式

图 2-64　机架支撑桥架安装方式

4．设备间接地

（1）机柜和机架接地连接

设备间机柜和机架等必须可靠接地，一般采用自攻螺钉与机柜钢板连接方式。如果机柜表面是漆过的，因为接地必须直接接触到金属，所以应采用褪漆溶剂或电钻帮助实现电气连接。

（2）设备接地

安装在机柜或机架上的服务器、交换机等设备必须通过接地汇集排可靠接地。

（3）桥架接地

桥架必须可靠接地，常见接地方式为敞开式桥架接地，如图 2-65 所示。

图 2-65　敞开式桥架接地方式

5．内部通道设计

（1）人行通道

① 用于运输设备的通道净宽不应小于 1.5m。

② 面对面布置的机柜或机架正面之间的距离不宜小于 1.2m。

③ 背对背布置的机柜或机架背面之间的距离不宜小于 1m。

④ 需要在机柜侧面维修、测试时，机柜与机柜、机柜与墙面之间的距离不宜小于 1.2m。

⑤ 对于成行排列的机柜，其长度超过 6m 时，两端应设有走道；当两个走道之间的距离超过 15m 时，其间还应增加走道。走道的宽度不宜小于 1m，局部可为 0.8m。

（2）架空地板走线通道

架空地板后，地面起到防静电的作用，其下部空间可以作为通风通道，同时可设置线缆的敷设槽、道。

在地板下走线的设备间中，线缆不能在架空地板下面随便摆放。架空地板下线缆敷设在走线通道内，通道可以按照线缆的种类分开设置，进行多层安装。线缆高度不宜超过 150mm。在建筑设计阶段，地板下的走线通道应当与其他的设备管线（如空调管线、消防管线、电力管线等）相协调，并做好相应的防护措施。

国家标准中规定，架空地板下空间只用于布放通信线缆时，地板内净高不宜小于 250mm；当架空地板下的空间既用于布线，又用于放置空调静压箱时，地板高度不宜小于 400mm。地板下通道布线如图 2-66 所示。

图 2-66　地板下通道布线

国际建筑行业咨询服务（Building Industry Consulting Service International，BISCI）的数据中心设计和实施手册中定义，架空地板内净高至少为 450mm，推荐高度为 900mm；地板板块底面到地板下通道顶部的距离至少为 20mm，当有线缆束或管槽的出口时，则增至 50mm，以满足线缆的布放与空调气流组织的需求。

（3）天花板下走线通道

① 净高要求

常用机柜的高度一般为 2m，气流组织所需机柜顶面至天花板的距离一般为 500～700mm，尽量与架空地板下净高相近，故机房净高不宜小于 2.6m。

根据国际分级指标，1～4 级数据中心的机房净高如表 2-11 所示。

表 2-11　机房净高

净高	1级	2级	3级	4级
天花板离地板高度	至少 2.6m	至少 2.7m	至少 3m，天花板与最高的设备顶部间距不低于 0.46m	至少 3m，天花板与最高的设备顶部间距不低于 0.6m

② 通道形式

天花板走线通道由开放式桥架、槽式封闭式桥架和相应的安装附件等组成。其中，开放式桥架因其方便进行线缆维护的特点，在新建的数据中心中应用较广。

走线通道应设计在离地板 2.7m 以上的机房走道和其他公共空间上部的空间中，否则天花板走线通道的底部应铺设实心材料，以防止人员触及并防止其受到意外或故意损坏。天花板通道布线如图 2-67 所示。

图 2-67　天花板通道布线

③ 通道位置与尺寸要求

a. 通道顶部距楼板或其他障碍物不应小于 300mm。

b. 通道宽度不宜小于 100mm，高度不宜超过 150mm。

c. 通道内横断面的线缆填充率不应超过 50%。

d. 如果存在多个天花板走线通道，则可以分层安装，光缆最好敷设在铜缆上方。为了方便施工与维护，铜缆线路和光缆线路应分开敷设。

e. 灭火装置的喷头应当设置于走线通道之间，不能直接放在通道上。机房采用管路的气体灭火系统时，电缆桥架应安装在灭火气体管道上方，不阻挡喷头，不阻碍气体。

2.7 布线工程验收

验收是整个工程的最后部分，同时标志着工程的全面完成。为了保证整个工程的质量，需要聘请相关行业的专家参与验收。验收过程一般包括开工前检查、随工验收、初步验收和竣工验收 4 项。

V2-9

2.7.1 竣工文件

竣工后，施工单位应在工程验收前将竣工文件交给建设单位。综合布线系统工程的竣工文件应包括以下内容：安装工程量；工程说明；设备、器材明细表；竣工图纸；测试记录；工程变更、检查记录及施工过程中需更改设计或采取相关措施时，建设、设计、施工等单位之间的洽商记录；随工验收记录；隐蔽工程签证；工程决算。

2.7.2 验收内容

综合布线系统工程应按表 2-12 所列项目、内容进行验收。验收结论是竣工文件的组成部分及工程验收的依据之一。

表 2-12 验收对照表

阶段	验收项目	验收内容	验收方式
开工前检查	环境要求	① 土建施工情况，地面、墙面、门、电源插座及接地装置。 ② 土建工艺，机房面积、预留孔洞。 ③ 施工电源。 ④ 地板铺设。 ⑤ 建筑物入口设施检查	开工前检查
	器材检验	① 外观检查。 ② 型号、规格、数量检查。 ③ 电缆及连接器件电气性能测试。 ④ 光纤及连接器件性能测试。 ⑤ 测试仪表和工具检验	
	安全、防火要求	① 消防器材的布置。 ② 危险物的放置。 ③ 预留孔洞防火措施	
设备安装	电信间、设备间、设备机柜、机架	① 规格、外观。 ② 安装垂直、水平度。 ③ 油漆不得脱落，标志完整齐全。 ④ 各种螺钉必须紧固。 ⑤ 抗震加固措施。 ⑥ 接地措施	随工验收
	配线模块及 8 位模块式通用插座	① 规格、位置、质量。 ② 各种螺钉必须紧固。 ③ 标志齐全。 ④ 安装符合工艺要求。 ⑤ 屏蔽层可靠连接	

续表

阶段	验收项目	验收内容	验收方式
电、光缆布放（楼内）	电缆桥架及线槽布放	① 安装位置正确。 ② 安装符合工艺要求。 ③ 符合布放线缆工艺要求。 ④ 接地	随工验收
	线缆暗敷（包括暗管、线槽、地板下等）	① 线缆规格、路由、位置。 ② 符合布放线缆工艺要求。 ③ 接地	隐蔽工程签证
电、光缆布放（楼间）	架空线缆	① 吊线规格、架设位置、装设规格。 ② 吊线垂度。 ③ 缆线规格。 ④ 卡、挂间隔。 ⑤ 线缆的引入符合工艺要求	随工验收
	管道线缆	① 使用管孔孔位。 ② 线缆规格。 ③ 线缆走向。 ④ 线缆防护设施的设置质量	隐蔽工程签证
	埋式线缆	① 线缆规格。 ② 敷设位置、深度。 ③ 线缆防护设施的设置质量。 ④ 回土夯实质量	
	通道线缆	① 线缆规格。 ② 安装位置、路由。 ③ 土建符合工艺要求	
	其他	① 通信线路与其他设施的间距。 ② 进线室设施安装、施工质量	随工验收、隐蔽工程签证
线缆终接	8 位模块式通用插座	符合工艺要求	随工验收
	光纤连接器件	符合工艺要求	
	各类跳线	符合工艺要求	
	配线模块	符合工艺要求	
系统测试	工程电气性能测试	① 接线图。 ② 长度。 ③ 衰减。 ④ 近端串扰。 ⑤ 综合近端串扰。 ⑥ 衰减串扰比。 ⑦ 综合衰减串扰比。 ⑧ 远端串扰。 ⑨ 综合远端串扰。 ⑩ 回波损耗。 ⑪ 传输时延。 ⑫ 时延偏离。 ⑬ 插入损耗。 ⑭ 直流环路电阻。 ⑮ 设计中特殊规定的测试内容。 ⑯ 屏蔽层的导通	竣工验收
	光纤特性测试	① 衰减。 ② 长度	

续表

阶段	验收项目	验收内容	验收方式
管理系统	管理系统级别	符合设计要求	竣工验收
	标识符与标签设置	① 专用标识符类型及组成。 ② 标签设置。 ③ 标签材质及色标	
	记录和报告	① 记录信息。 ② 报告。 ③ 工程图纸	
工程总验收	竣工文件	清点、交接竣工文件	
	工程验收评价	考核工程质量，确认验收结果	

本章总结

　　根据网络系统建设与运维初级标准要求，本章以布线的基本工作过程为主线，从网络机柜到通信线缆、通信系统常用连接器件、系统布线常用工具、系统布线常用仪表，带领读者了解了设备间子系统的工程技术标准和安装技术，最后介绍了工程验收的竣工文件和验收内容。

　　通过本章内容的学习，读者应该熟悉各种网络机柜，能够掌握双绞线、光纤的特点与识别方法，熟练识别和使用通信过程中常用的各种连接器件，了解布线常用工具及仪表，了解设备间子系统的工程标准、安装技术要求，了解工程验收内容。

课后练习

1. T568B 的线序为（　　）。
   A. 白橙、橙、白绿、蓝、白蓝、绿、白棕、棕
   B. 白橙、橙、白绿、绿、白蓝、蓝、白棕、棕
   C. 白绿、绿、白橙、蓝、白蓝、橙、白棕、棕
   D. 白绿、绿、蓝、白蓝、白橙、橙、白棕、棕

2. 光纤的基本结构由（　　）组成。
   A. 纤芯、加固层、护套　　　　　　　　B. 包层、套管、中心加强构件
   C. 纤芯、屏蔽层、涂覆层　　　　　　　D. 纤芯、包层、涂覆层

3. 常用于光纤配线架上，接头为圆形金属螺纹，接头截面工艺为微球面研磨抛光，这种光纤接头的类型是（　　）。
   A. FC/APC　　　　　B. FC/PC　　　　　C. SC/APC　　　　　D. SC/PC

4.【多选】信息插座包括（　　）。
   A. 面板　　　　　B. 底盒　　　　　C. 信息模块　　　　　D. 水晶头

5.【多选】网络测试仪能测试（　　）指标。
   A. 接线图　　　　　B. 长度　　　　　C. 传输时延　　　　　D. 插入损耗

第 3 章
网络系统硬件

完整的信息网络系统通常包括硬件系统和软件系统。其中，硬件系统指的是构成数据处理和信息传输的网络通路，包括网络中的终端/服务器、通信介质、网络设备等。

一般的园区网络的硬件组成除了通信介质之外，还会涉及交换机、路由器、接入控制器（Access Controller，AC）、无线接入点（Access Point，AP）、防火墙等网络设备，以及各种终端及服务器。本章将从认识各种网络设备开始，介绍常见的网络系统；然后以华为的网络设备为例，详细介绍企业网络中涉及的常见网络设备；最后逐一介绍网络系统中各种网络设备的具体安装过程。

学习目标

① 认识常见网络设备。
② 了解网络设备的功能。
③ 熟悉华为网络设备的结构。

④ 了解网络系统安装的注意事项。
⑤ 掌握华为网络设备的安装过程。

能力目标

① 能够熟练地安装并检查路由器。
② 能够安装并连接交换机。
③ 能够正确安装 WLAN 设备。

④ 能够正确安装防火墙并接电。
⑤ 能够安装服务器并接线。

素质目标

① 培养学生发现问题、解决问题的能力。
② 培养学生的辩证思维。

③ 提高学生真实场景的动手能力。

3.1 网络系统硬件概述

V3-1

目前市面上主流的网络设备厂商包括华为、H3C、思科、Juniper、中兴、锐捷、深信服等。华为作为一家全球领先的信息与通信解决方案供应商，产品覆盖电信运营商、企业及消费者，可在电信网络、终端和云计算等领域提供端到端的解决方案。本节将介绍华为的各种网络设备，包括路由器、交换机、AC、无线 AP、防火墙等。通过本节内容的学习，读者可了解各种网络设备的结构与功能，以及华为网络设备的主要特性。

3.1.1 路由器

路由器在传输控制协议/互联网协议（Transmission Control Protocol/Internet Protocol，TCP/IP）

对等模型中负责网络层的数据交换与传输。在网络通信中，路由器还具有判断网络地址以及选择 IP 路径的作用，可以在多个网络环境中构建灵活的连接系统，通过不同的数据分组以及介质访问方式对各个子网进行连接。作为不同网络互相连接的枢纽，路由器系统构成了基于 TCP/IP 的 Internet 的主体脉络，也可以说路由器构成了 Internet 的"骨架"。路由器的处理速度是网络通信的主要瓶颈之一，其可靠性则直接影响网络互联的质量。因此，在园区网、地区网乃至整个 Internet 研究领域中，路由器技术始终处于核心地位，其发展历程和方向则成为整个 Internet 研究的一个缩影。

路由器种类繁多，市场上产品非常丰富。按照网络位置部署，路由器大致可分为接入路由器、汇聚路由器、核心路由器等；按照外形样式，路由器又可分为盒式路由器（见图 3-1）和框式路由器（见图 3-2）。

（a）思科 RV260 VPN路由器

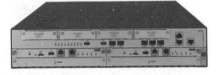
（b）H3C MSR 5600路由器

图 3-1　盒式路由器

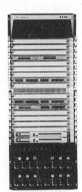

（a）思科 NCS 5500系列路由器　（b）H3C SR 8800系列路由器

图 3-2　框式路由器

目前主流的路由器厂商包括思科、H3C 和华为等。其中，思科 RV260 VPN 路由器专为中小型企业设计，属于接入路由器；H3C MSR 5600 路由器采用无阻塞交换架构，属于汇聚路由器，可以提升多业务并发处理能力；H3C SR 8800 系列路由器可以对多槽位性能进行灵活扩展，以满足不同网络位置的需求。

接下来将详细介绍种类和功能多样的华为路由器。

1. 盒式路由器

盒式路由器以 AR 系列路由器为例，它们是华为面向大中型企业、小型办公室、家庭办公所开发的。其中，AR1200 系列路由器位于企业网络中内部网络与外部网络的连接处，是内部网络与外部网络之间数据流的唯一出入口，能将多种业务部署在同一设备上，极大地降低了企业网络建设的初期投资与长期运维成本，如图 3-3 所示。

图 3-3　华为 AR1200 系列路由器

　　AR1200 系列路由器是采用多核中央处理器（Central Processing Unit，CPU）、无阻塞交换架构，融合 WiFi、语音安全等多种业务，可应用于中小型办公室或中小型企业分支的多业务路由器。AR1200 系列路由器具有灵活的可扩展性，可以为客户提供全功能的灵活组网能力，其外观如图 3-4 所示，具体说明如表 3-1 所示。

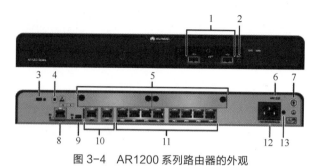

图 3-4　AR1200 系列路由器的外观

表 3-1　AR1200 系列路由器的外观具体说明

编号	解释	说明
1	2 个 USB 接口（Host）	插入 3G USB 调制解调器时，建议安装 USB 塑料保护罩（选配）进行防护，USB 接口上方的 2 个螺钉孔用来固定 USB 塑料保护罩
2	RST 按钮	复位按钮，用于手动复位设备。 复位设备会导致业务中断，故需慎用 RST 按钮
3	防盗锁孔	—
4	ESD 插孔	对设备进行维护、操作时，需要佩戴防静电腕带，防静电腕带的一端要插在 ESD 插孔里
5	2 个 SIC 槽位	使用接地线缆将设备可靠接地，以防雷、防干扰
6	产品型号丝印	—
7	接地点	—
8	CON/AUX 接口	AR1220-AC 不支持 AUX 功能
9	MiniUSB 接口	MiniUSB 接口和 Console 接口在同一时刻只能有一个接口使能
10	WAN 侧接口：2 个 GE 电接口	GE0 接口是设备的管理网口，用来升级设备
11	LAN 侧接口：8 个 FE 电接口	V200R007C00 及以后版本的固件：FE LAN 接口全部支持切换成 WAN 接口
12	交流电源线接口	使用交流电源线缆将设备连接到外部电源
13	电源线防松脱卡扣安装孔	插入电源线防松脱卡扣，用来绑定电源线，防止电源线松脱

2. 框式路由器

　　华为 NetEngine 8000 M8 框式路由器是华为推出的框式路由器的一种，如图 3-5 所示，是专注于城域以太网业务的接入、汇聚和传送的高端以太网产品。该路由器基于硬件的转发机制和无阻塞交换技术，采用华为自主研发的通用路由平台（Versatile Routing Platform，VRP），具有电信级的可靠性、全线速的转发能力、完善的服务质量（Quality of Service，QoS）管理机制、强大的业务处理能力和良好的可扩展性等特点。同时，其具有强大的网络接入、二层交换和以太网标准的多协议标签交换（Ethernet over Multiprotocol Label Switching，EoMPLS）传输能力，支持丰富的接口类型，能够接入宽带，提供固网语音、视频、数据的 Triple-Play 服务，以及 IP 专线和虚拟专用网络（Virtual Private Network，VPN）业务。其可以与华为公司开发的 NE、CX、ME 系列产品组合使用，共同构建层次分明的城域以太网，以提供更丰富的业务能力。

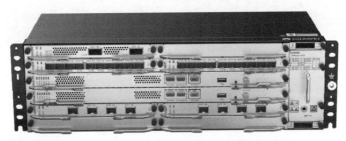

图 3-5　华为 NetEngine 8000 M8 框式路由器

华为 NetEngine 8000 M8 框式路由器的具体特点如下。

（1）大容量。NetEngine 8000 M8 整机交换容量最大为 1.2Tbit/s，可平滑演进到 2Tbit/s，以满足未来流量增长需求；可提供多种业务接口，以满足不同需求（100GE/50GE/40GE/25GE/10GE/GE/CPOS/E1/POS）。

（2）体积相对较小。其机箱深度为 220mm，部署灵活，功耗低；紧凑设计可节省机房占用空间，易安装于深度为 300mm 的机柜中。

（3）可靠性高。关键组件控制、转发、电源冗余备份，以保障多业务接入的高可靠性；支持基于 IPv6 的段路由（Segment Routing IPv6，SRv6），简化了网络配置，更简易地实现了 VPN；完全兼容现有 IPv6 网络，节点可以不支持多协议标记交换（Multi-Protocol Label Switching，MPLS）转发，只要支持正常 IPv6 转发即可；提供高保护率的快速重路由（Fast Reroute，FRR）保护能力，便于 IPv6 转发路径的流量调优。

（4）可扩展性强。以太网虚拟专用网络（Ethernet Virtual Private Network，EVPN）通过扩展边界网关协议（Border Gateway Protocol，BGP），使二层网络间的介质访问控制（Medium Access Control，MAC）地址学习和发布过程从数据平面转移到控制平面；支持负载分担，可以合理利用网络资源，减少网络拥塞；支持在公网上部署路由反射器，避免在公网上部署提供商边缘（Provider Edge，PE）设备间的全连接，减少逻辑连接的数量；减少地址解析协议（Address Resolution Protocol，ARP）广播流量造成的网络资源消耗。

3.1.2　交换机

交换机是计算机网络中的重要设备，这里的交换机是指以太网交换机。早期的以太网是共享总线型的半双工网络。交换机出现之后，以太网可以实现全双工通信，同时交换机具有 MAC 地址的自动学习功能，大大提高了数据的转发效率。早期的交换机工作在 TCP/IP 模型的数据链路层，因此称为二层交换机，后来出现的三层交换机可以实现数据的跨网段转发。随着技术的发展，交换机的功能也越来越强大，包含支持无线、支持 IPv6、可编程等功能的交换机已经出现在了市场上。

交换机的种类繁多，各个厂商的产品非常丰富。一般来说，按网络构成方式，交换机可以分为接入层交换机、汇聚层交换机和核心层交换机；按照所实现的 TCP/IP 模型的层次，交换机可以分为二层交换机和三层交换机；按照外观，交换机又分为盒式交换机和框式交换机等。目前主流的交换机厂商包括思科、H3C 和华为等，思科和 H3C 的交换机分别如图 3-6 和图 3-7 所示。其中，思科的 Catalyst 3650 系列交换机支持独立式和堆叠式，Catalyst 9300 系列交换机为堆叠式交换机；

H3C 的 S5800-56C-EI-M 交换机是盒式交换机，S10500X 系列交换机为框式交换机。华为交换机非常齐全，有多种层次和类型，下面将进行详细介绍。

（a）Catalyst 3650 系列交换机 　　　　（b）Catalyst 9300 系列交换机

图 3-6　思科的交换机

（a）S5800-56C-EI-M 交换机 　　　　（b）S10500X 系列交换机

图 3-7　H3C 的交换机

1. 盒式交换机

华为盒式交换机以 S 系列以太网交换机为代表。图 3-8 所示的华为 CloudEngine S5731-S 系列交换机是华为公司推出的新一代吉比特接入交换机，基于华为统一的 VRP 软件平台，具有增强的三层特性、简易的运行维护、智能 iStack 堆叠、灵活的以太网组网、成熟的 IPv6 特性等特点，广泛应用于企业园区接入和汇聚、数据中心接入等多种应用场景中。

图 3-8　华为 CloudEngine S5731-S 系列交换机

S 系列以太网交换机采用了集中式硬件平台，硬件系统由机箱、电源、风扇、插卡及交换主控单元（Switch Control Unit，SCU）组成。下面以 S5731-S24T4X 交换机为例进行介绍，其外观如图 3-9 所示，各个部件如表 3-2 所示。

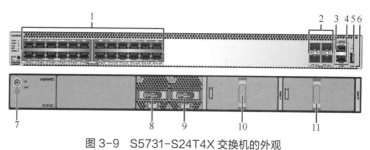

图 3-9　S5731-S24T4X 交换机的外观

表 3-2　S5731-S24T4X 交换机的各个部件

编号	说明
1	24 个 10/100/1000BASE-T 以太网电接口
2	4 个 10GE SFP+以太网光接口。 支持的模块和线缆如下： ① GE 光模块； ② GE-CWDM 彩色光模块； ③ GE-DWDM 彩色光模块； ④ GE 光电模块（支持 100Mbit/s/1000Mbit/s 速率自适应）； ⑤ 10GE SFP+光模块（不支持 OSXD22N00）； ⑥ 10GE-CWDM 光模块； ⑦ 10GE-DWDM 光模块； ⑧ 1m、3m、5m、10m SFP+高速电缆； ⑨ 3m、10m AOC 光缆； ⑩ 0.5m、1.5m SFP+专用堆叠电缆（仅用于免配置堆叠）
3	1 个 Console 接口
4	1 个 ETH 管理接口
5	1 个 USB 接口
6	1 个 PNP 按钮。 ① 长按（6s 以上）：恢复出厂设置并复位设备。 ② 短按：复位设备。 复位设备会导致业务中断，需慎用此按钮
7	接地螺钉。 说明：配套使用接地线缆
8	风扇模块槽位 1。 支持的风扇模块：FAN-023A-B 风扇模块
9	风扇模块槽位 2。 支持的风扇模块：FAN-023A-B 风扇模块
10	电源模块槽位 1。 支持的电源模块如下： ① PAC600S12-CB（600W 交流&240V 直流电源模块）； ② PAC600S12-EB（600W 交流&240V 直流电源模块）； ③ PAC600S12-DB（600W 交流&240V 直流电源模块）（V200R020C10 及以后版本支持）； ④ PDC1000S12-DB（1000W 直流电源模块）； ⑤ PAC150S12-R（150W 交流电源模块）； ⑥ PDC180S12-CR（180W 直流电源模块）（V200R020C00 及以后版本支持）
11	电源模块槽位 2。 支持的电源模块如下： ① PAC600S12-CB（600W 交流电源模块）； ② PDC1000S12-DB（1000W 直流电源模块）； ③ PAC150S12-R（150W 交流电源模块）

接口说明如下。

（1）10/100/1000BASE-T 以太网电接口：连接器类型是 RJ-45，主要用于十兆/百兆/吉比特业务的接收和发送，需配套使用网线。

（2）10GE SFP+以太网光接口：连接器类型是 LC/PC，支持速率自适应为 1000Mbit/s，主要用于千兆（吉比特）/万兆（10Gbit，业界习惯用"万兆"的说法）业务的接收和发送。

（3）Console 接口：连接器类型是 RJ-45，符合 RS-233 标准，用于连接控制台，实现现场配置功能，需配套使用 Console 通信线缆。设备初次上电使用时需要通过 Console 接口进行配置。

（4）ETH 管理接口：连接器类型是 RJ-45，用于和配置终端或网管工作站的网口连接，搭建现场或远程配置环境，需配套使用网线。在 BootLoad 菜单下可选择 ETH 管理接口来加载软件版本包，与 Console 接口相比，其传输速率更快。

（5）USB 接口：需配合 USB 闪存盘使用，可用于开局、传输配置文件、升级文件等。USB 闪存盘需支持 USB 2.0 标准。

2. 框式交换机

图 3-10 所示的华为 CloudEngine S12700E 系列交换机属于框式交换机，是华为智简园区网络的旗舰级核心交换机，可以提供高品质海量交换能力，有线/无线深度融合网络体验，支持全栈开放、平滑升级功能，可以帮助用户网络从传统园区向以业务体验为中心的智简园区转型，并能够提供 4/8/12 这 3 种不同业务槽位数量的类型，可以满足不同用户规模的园区网络部署需求。

图 3-10　华为 CloudEngine S12700E 系列交换机

CloudEngine S12700E 系列交换机具有以下几个特点。

（1）超强的性能。整机交换容量高达 57.6Tbit/s；整机支持 288×100GE 端口；整机支持 10000AP 管理和 50000 用户并发，AP 管理规模是独立 AC 的近 2 倍。

（2）超高可靠性。该系列交换机采用分布式交换架构，主控和交换分离，提供 99.999%以上的电信级业务可靠性；交换网板按需配置，可灵活扩容；独立风扇模块设计，冗余备份及智能调速，单风扇模块故障不影响设备正常运行；使用创新的信元交换技术，基于动态负载均衡算法，设备在高并发、满负载工作环境下能真正做到无阻塞交换。

（3）敏捷和开放。该系列交换机基于全可编程芯片，新业务、新特性通过软件编程即可实现，无须硬件升级，加速了商业变现。

3.1.3　WLAN 设备

无线局域网（Wireless Local Area Network，WLAN）是指应用无线通信技术将计算机设备互联，构成可以互相通信和实现资源共享的网络体系。WLAN 的特点是不再使用通信线缆将计算机与网络连接起来，而是通过无线方式连接，从而使网络的构建和终端的移动更加灵活。WLAN 利用射频（Radio Frequency，RF）技术，在短距离内以无线电磁波替代传统的有线线缆构建本地无线局域网。华为 WLAN 设备通过简单的存储架构，让用户体验到"信息随身化、便利走天下"的理想境界。WLAN 系统的常见组网架构一般包括 AC 和无线 AP。

1.　AC 设备

WLAN AC 设备负责将来自不同 AP 的数据汇聚并接入互联网，同时完成 AP 设备的配置管理，无线用户的认证、管理，以及宽带访问、安全控制等功能，并负责管理某个区域内无线网络中的 AP。H3C WX2500H 系列的 AC 产品是网关型无线控制器，如图 3-11 所示。其业务类型丰富，可以集精细的用户控制管理、完善的射频资源管理、24/7 无线安全管控、二三层快速漫游、灵活的 QoS 控制、IPv4/IPv6 双栈等功能于一体，提供强大的有线、无线一体化接入能力。

图 3-11　H3C WX2500H 系列的 AC 产品

图 3-12 所示为锐捷 RG-WS7208-A 多业务无线 AC，其可针对无线网络实施强大的集中式可视化的管理和控制，显著简化原本实施困难、部署复杂的无线网络。锐捷网络有线无线统一集中管理平台 RG-SNC 与无线 AP 配合，可灵活地控制无线 AP 的配置，优化射频覆盖效果和性能，同时可实现集群化管理，减少网络中的设备部署工作量。

图 3-12　锐捷 RG-WS7208-A 多业务无线 AC

华为 AC6605 系列无线 AC 可提供大容量、高性能、高可靠性、易安装、易维护的无线数据控制业务，具有组网灵活、绿色节能等优势。其外观如图 3-13 所示，接口说明如表 3-3 所示。

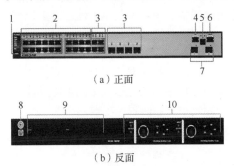

（a）正面

（b）反面

图 3-13　华为 AC6605 系列无线 AC 的外观

表 3-3　华为 AC6605 系列无线 AC 的接口说明

编号	说明
1	MODE 按钮，用于切换业务网口指示灯的显示模式
2	20 个 10/100/1000BASE-T 以太网电接口： ① 支持 10Mbit/s/100Mbit/s/1000Mbit/s 速率自适应； ② 支持 20 个接口 PoE 供电

续表

编号	说明
3	4 对 Combo 接口，作为电接口使用时： ① 支持 10Mbit/s/100Mbit/s/1000Mbit/s 速率自适应； ② 支持 4 个接口 PoE 供电
4	ETH 管理接口
5	MiniUSB 接口
6	Console 接口
7	2 个 10GE SFP+以太网光接口
8	接地点
9	假面板
10	2 个电源模块槽位，支持 3 种电源模块： ① 150W 直流电源模块； ② 150W 交流电源模块； ③ 500W 交流 PoE 电源模块

华为 AC6605 系列无线 AC 具有以下特点和功能。

（1）同时兼有接入和汇聚功能。

（2）可提供 24 口 PoE（15.4W）或 PoE+（30W）供电能力，可直接接入无线 AP。

（3）可提供丰富灵活的用户策略管理及权限控制能力。

（4）对于交流、直流均支持双电源备份和热插拔，以保证设备的长时间无故障运行。

（5）设备可通过 eSight 网管、Web 网管、命令行界面（Command Line Interface，CLI）进行维护。

2. 无线 AP 设备

无线 AP 是无线网络和有线网络之间沟通的"桥梁"，是组建 WLAN 的核心设备。无线 AP 主要实现无线工作站（无线可移动终端设备）和有线局域网之间的互相访问，无线 AP 在 WLAN 中相当于发射基站在移动通信网络中的角色，在 AP 信号覆盖范围内的无线工作站可以通过它相互通信。

锐捷 RG-AP320-I 无线 AP 如图 3-14 所示，其采用双路双频设计，可支持同时在 IEEE 802.11a/n 和 IEEE 802.11b/g/n 模式下工作。该产品为壁挂式产品，可安全、方便地安装于墙壁、天花板等位置。RG-AP320-I 无线 AP 支持本地供电与远程以太网供电模式，可根据用户现场供电环境灵活选择，特别适合部署在大型校园、企业、医院等场景。

图 3-14　锐捷 RG-AP320-I 无线 AP

TP-LINK TL-AP301C 300M 无线 AP 如图 3-15 所示。其支持 11N 无线技术、300Mbit/s 无线速率，采用小型化设计，部署方便，可吸顶、壁挂、桌面摆放，安装灵活、简便，由 Passive PoE 供电，胖瘦一体，可根据不同环境选择不同的工作模式。其无线发射功率线性可调，用户可根据需求调整信号覆盖范围；有独立硬件保护电路，可自动恢复工作异常 AP；支持使用 TP-LINK 商云 App 进行远程查看、管理。

图 3-15　TP-LINK TL-AP301C 300M 无线 AP

AP7050DE 无线 AP 是华为发布的支持 IEEE 802.11ac Wave2 标准的新一代技术引领级无线 AP，其使无线网络带宽突破了吉比特，同时支持 4×4 MU-MIMO 和 4 条空间流，最高速率可达 2.53Gbit/s。其内置智能天线，实现了 IEEE 802.11n 与 IEEE 802.11ac 标准的平滑过渡，可充分满足高清视频流、多媒体、桌面云应用等大带宽业务质量要求，适用于高校、大型园区等场景。其外观如图 3-16 所示，接口的具体说明如表 3-4 所示。

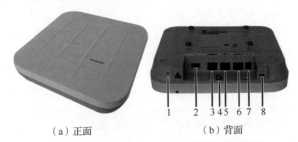

（a）正面　　　　　　　（b）背面

图 3-16　华为 AP7050DE 无线 AP 的外观

表 3-4　华为 AP7050DE 无线 AP 接口的具体说明

编号	说明
1	Default：默认按钮，长按超过 3s 恢复出厂设置
2	USB 接口：连接 USB 闪存盘，用于扩展存储，对外输出最大功耗为 2.5W
3	Console 接口：控制口，连接维护终端，用于设备配置和管理
4	接地螺钉：通过接地螺钉将设备与接地线缆连接
5	GE1：10/100/1000Mbit/s，用于有线以太网连接
6	GE0/PoE：10/100/1000Mbit/s，用于有线以太网连接，PoE 供电设备可以通过该接口给无线 AP 供电
7	电源输入接口：12V DC
8	Lock 设备锁接口：用于保证设备的安全

华为 AP7050DE 无线 AP 的特点如下。

（1）支持 IEEE 802.11ac Wave2 标准，MU-MIMO；2.4GHz 和 5GHz 双射频同时提供服务，2.4GHz 频段最大传输速率为 800Mbit/s，5GHz 频段最大传输速率为 1.73Gbit/s，整机最大传输速率为 2.53Gbit/s。

（2）采用智能天线阵列技术，实现了对移动终端定向的精准覆盖，降低了干扰，提升了信号质量，并且可以随用户终端的移动进行毫秒级灵敏切换。

（3）内置蓝牙，可与 eSight 协作实现蓝牙终端精确定位。

（4）支持双以太接口的链路聚合，保证链路可靠性的同时增加了业务负载均衡能力。

（5）提供 USB 接口，可用于对外供电，也可用于存储。

（6）支持胖 AP、瘦 AP 和云 AP 这 3 种工作模式。

（7）支持云管理，可通过华为软件定义网络（Software Defined Networking，SDN）控制器对无线 AP 设备及业务进行管理和运维，节省网络运维成本。

3.1.4 防火墙

随着网络的发展，层出不穷的新应用虽然给人们的网络生活带来了更多的便利，但是同时带来了更多的安全风险。

（1）IP 地址不等于使用者。在新网络中，通过操纵"僵尸主机"，利用合法 IP 地址发动网络攻击，或者伪造、仿冒源 IP 地址进行网络欺骗和权限获取已经成为十分简单的攻击手段。报文的源 IP 地址已经不能真正反映发送报文的网络使用者的身份。同时，由于远程办公、移动办公等新兴办公形式的出现，同一使用者所使用的主机 IP 地址可能随时发生变化，所以通过 IP 地址进行流量控制已经不能满足现代网络的需求。

（2）端口和协议不等于应用。传统网络协议总是运行在固定的端口之上，如超文本传送协议（Hypertext Transfer Protocol，HTTP）运行在 80 端口，文件传送协议（File Transfer Protocol，FTP）运行在 20、21 端口。然而，在新网络中，越来越多的网络应用开始使用未经 Internet 编号分配机构（Internet Assigned Numbers Authority，IANA）明确分配的非知名端口，或者随机指定的端口（如 P2P 端口）。这些应用滥用带宽，难以控制，往往会造成网络拥塞。同时，一些常用端口也被用于运行截然不同的业务。最为典型的是随着网页技术的发展，越来越多的不同风险级别的业务借用 HTTP 和超文本传输安全协议（Hypertext Transfer Protocol Secure，HTTPS）运行在 80 和 443 端口之上，如 WebMail、网页游戏、视频网站、网页聊天等。

（3）报文不等于内容。单包检测机制只能对单个报文的安全性进行分析，无法防范在一次正常网络访问的过程中产生的木马等网络威胁。现在内网主机在访问互联网的过程中，很有可能无意中从外网引入蠕虫、木马及其他病毒，造成企业机密数据泄露和企业财产损失。所以，企业的网络安全管理有必要在控制流量的源和目的的基础上，对流量传输的真实内容进行深入识别和监控。

为了解决新网络带来的新威胁，各家厂商的下一代防火墙产品应运而生。图 3-17 所示为思科 Firepower 4100 系列防火墙，其可实时展示网络动态，通过更早检测到攻击，使用户能够更快地采取行动，降低安全风险。

图 3-17 思科 Firepower 4100 系列防火墙

H3C SecPath F1000-AI 系列防火墙（见图 3-18）面向行业市场的高性能多吉比特和超万兆防火墙 VPN 集成网关产品，硬件上基于多核处理器架构，为 1U 的独立盒式防火墙。该系列防火墙提供了丰富的接口扩展能力。

图 3-18 H3C SecPath F1000-AI 系列防火墙

华为 USG6300 系列防火墙的外观如图 3-19 所示，其接口具体说明如表 3-5 所示。该系列防火墙是为小型企业、行业分支、连锁商业机构设计开发的安全网关产品，集多种安全功能于一身，全面支持 IPv4/IPv6 下的多种路由协议，适用于各种网络接入场景，且具有以下优势。

（1）安全功能：在完全继承和发展传统安全功能的基础上，提供完整、丰富的应用识别和应用层威胁、攻击的防护能力。

（2）产品性能：基于同一个智能感知引擎对报文内容进行集成化处理，一次检测提取的数据满足所有内容安全特性的处理需求，检测性能高。

（3）控制维度：用户+应用+内容+五元组（源/目的 IP 地址、源/目的端口、服务）。

（4）检测粒度：基于流的完整检测和实时监控，支持免缓存技术，仅用少量系统资源就可以实时检测分片报文/分组报文中的应用、入侵行为和病毒文件，可以有效提升整个网络访问过程的安全性。

（5）对云计算和数据中心的支持：从路由转发、配置管理、安全业务 3 个方面进行全面的虚拟化，为云计算和数据中心提供完善的安全防护能力。

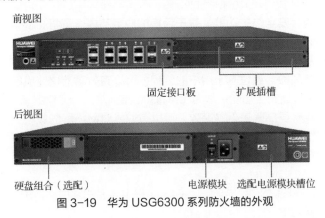

图 3-19　华为 USG6300 系列防火墙的外观

表 3-5　华为 USG6300 系列防火墙接口的具体说明

名称	说明
固定接口板	固定接口板是系统控制和管理的核心，提供整个系统的管理平面、转发平面和控制平面，同时提供智能感知引擎来处理业务。 ① 管理平面：提供配置、测试、维护等接口，完成系统的运行状态监控、环境监控、日志和告警信息处理、系统加载、系统升级等功能。 ② 转发平面：进行报文的基础解析与处理，并与其他平面联动进行报文的转发、丢弃或转换。 ③ 控制平面：获取网络用户认证信息并将结果反馈给转发平面，使转发平面可以基于用户进行报文处理。 ④ 智能感知引擎：对报文进行业务感知和内容解析，识别报文所属应用，以及报文或流中承载的文件、病毒、统一资源定位符（Uniform Resource Locator，URL）、邮件字段、入侵、攻击等信息，并将检测结果提供给转发平面进行进一步处理
扩展插槽	支持插接扩展卡，以获得更多的接口或者其他特定功能，其支持的扩展卡详见表 3-6
电源模块	内置标配 150W 单电源，支持选配 170W 冗余电源，组成 "1+1" 冗余备份；在 PWR5 电源工作正常的前提下，PWR6 电源模块支持热插拔
硬盘组合（选配）	用于存储日志和报表数据，支持选配硬盘组合 SM-HDD-SAS300G-B

华为 USG6300 系列防火墙接口的功能如下。

（1）固定接口板提供以下接口。

① 1 个带外管理口（RJ-45 接口）。

② 1 个 Console 接口（RJ-45 接口）。

③ 1 个 USB 2.0 接口。

④ 2 个 GE 光电互斥口。

⑤ 4 个 10Mbit/s/100Mbit/s/1000Mbit/s 速率自适应以太网电接口。

（2）扩展插槽支持安装表 3-6 所示的扩展卡。

表 3-6　华为 USG6300 系列防火墙支持的扩展卡

名称	说明
8GE WSIC 接口卡	提供 8 个吉比特 RJ-45 以太网接口
2XG8GE WSIC 接口卡	提供 8 个吉比特 RJ-45 接口和 2 个万兆（10 吉比特）SFP+接口
8GEF WSIC 接口卡	提供 8 个吉比特 SFP 接口
4GE-Bypass WSIC 卡	提供两条电链路 Bypass

华为 USG6300 系列防火墙的功能特性如下。

（1）具有强大的内容安全防护功能。基于深度的应用和内容解析，提供完善的应用层安全防护能力，是下一代防火墙产品的最大优势。

（2）灵活的用户管理。随着应用协议的发展，IP 地址已经不能代表网络使用者的真实身份，并且因此带来诸多安全风险。通过基于用户的管理，可以有效防范这些风险。

（3）完善的传统防火墙安全功能。华为 USG6300 系列防火墙完整继承了传统防火墙的网络层防护功能，这些安全机制虽然简单但是高效，可以有效应对网络层的威胁。

（4）精细的流量管理。网络业务在飞速发展，但是网络带宽不可能无限扩展，所以必要时管理员需要对流量的带宽占用进行管理，保证高优先级的网络业务的带宽占用，限制低优先级的网络业务的带宽占用。

（5）全面的路由交换协议支持。华为 USG6300 提供全面的路由交换协议支持，可以良好地适应各种网络环境和部署需求。

（6）智能的选路策略。存在多条出口链路时，华为 USG6300 系列防火墙可以通过智能的选路策略动态选择出接口，保证流量按照预设的策略转发，提高链路资源的利用率，提升用户的上网体验。

（7）领先的 IPv6 支持。华为 USG6300 系列防火墙对下一代 IP 网络技术——IPv6 提供全面支持，可以满足多种 IPv6 组网模式要求，能有效保护 IPv6 网络的安全。

（8）多样的 VPN 接入方式。VPN 技术提供了廉价、安全的私有网络组建方案，在现代企业网络中发挥了重要的作用。华为 USG6300 系列防火墙提供的多样的 VPN 接入方式扩展了企业网络的边界，可以满足各种私有网络的需求。

（9）稳定的高可靠性机制。网络对企业的影响越来越大，网络是否可以正常运转会对企业收益产生直接影响，尤其影响依赖网络开展服务的网络资讯、网络通信、电子商务等企业。因此，保证网络设备的稳定性和高可靠性至关重要。

（10）易用的虚拟系统。虚拟系统可将一台物理设备从逻辑上划分为多台独立的虚拟设备，每台虚拟设备都可以拥有自己的管理员、路由表和安全策略。

（11）可视化的设备管理与维护。华为 USG6300 系列防火墙对 Web 界面进行了全新的设计和改进。管理员通过 Web 界面可以轻松进行设备的初始部署、配置、维护、故障诊断、状态监控、更新升级等一系列操作。

（12）丰富的日志与报表。日志和报表在设备管理中有着非常重要的作用，只有通过日志和报表，网络管理员才可以对设备长期运行过程中所发生的事件进行记录和回溯。

通过部署华为 USG6300 系列防火墙，企业可以获得以下收益。

（1）良好地继承企业原有的员工管理体系（如活动目录用户），基于用户进行流量检测与管控。

（2）通过高度集成、高性能的单台设备，解决新的网络威胁，极大地节约了网络安全设备的购置费用、维护与管理成本。

（3）高效的"一次检测"机制，在提高企业网络安全等级的同时，不会对网络流量的正常传输带来明显的延迟或其他影响，保证了网络的正常体验。

（4）对应用、内容的可视化管理可以显著提高企业的管理效率，帮助企业安全地开展更多的网络业务，为企业带来更多收益。

3.1.5 网管设备

对于前面介绍的路由器和交换机等网络设备的管理，都将通过网管设备来完成。典型的网管设备有华为的 eSight 和 iMaster NCE，对应的硬件设备则是服务器。

1. eSight

eSight 是华为推出的面向企业数据中心、园区/分支网络、统一通信、视讯会议、视频监控的一体化融合运维管理设备。eSight 可以实现全网设备的统一管理，对企业 ICT 设备进行自动化部署，支持可视化故障诊断、智能容量分析等功能，能有效帮助企业提高运维效率、提升资源使用率、降低运维成本、保障 ICT 系统稳定运行。其具有以下特点。

（1）全网设备统一管理

① 支持对服务器、交换机、路由器、WLAN、防火墙、eLTE 终端设备、基站、机房设施等设备和设施，存储、虚拟化、业务引擎等业务，以及统一通信、智真、视频监控、应用系统等系统的统一管理。

② 预集成对 HP、思科、H3C 等非华为设备的管理能力。

③ 支持对未预集成的设备通过可视化向导进行快速定制接入。

（2）组件化的架构

eSight 采用组件化架构，在统一的 eSight 管理平台之上提供了丰富多样的组件，用户可以根据自己的情况选择所需要的组件。

（3）独立的设备适配

eSight 采用了扩展点机制，实现了功能的增量开发与网元适配包的增量开发，不用修改原有发布包代码即可增加新的功能或适配新的设备。当需要支持新的功能时，可以开发新的功能插件包并将其部署到系统中；当需要适配新的设备时，只需要增加新的网元适配包即可。

（4）轻量级、Web 化

eSight 采用了 B/S 架构，客户端无须安装任何插件，可随时随地访问。当进行系统升级或维护时，只需更新服务器端软件，简化了系统维护与升级操作，降低了用户的总体成本。

（5）安全防护

eSight 针对网络安全问题及企业运维特点，提供全面的安全防护方案。

① 平台安全：包括系统加固、安全补丁和防病毒 3 类防护手段，通过提升操作系统、数据库的安全级别来保障平台安全可靠。

② 应用安全：包括传输安全、用户管理、会话管理、日志管理等方案。

2. iMaster NCE

iMaster NCE 自动驾驶网络管理与控制系统实现了物理网络与商业意图的有效连接，向下实现了全局网络的集中管理、控制和分析，面向商业和业务意图使能资源云化、全生命周期自动化，以及数据分析驱动的智能闭环；向上提供了开放网络应用程序接口（Application Program Interface，API）与信息技术（Information Technology，IT）快速集成。iMaster NCE 主要应用于 5G 承载、IP 城域网/骨干网、品质光专线、品质宽带、数据中心、企业园区等场景，让网络更加简单、智慧、开放和安全，加速企业及运营商的业务转型和创新。iMaster NCE 是业界首个集管理、控制、分析和人工智能（Artificial Intelligence，AI）于一体的网络自动化与智能化平台，具有以下特点。

（1）全生命周期自动化

以统一的资源建模和数据共享服务为基础，提供跨多网络技术域的全生命周期的自动化能力，实现设备即插即用、网络即换即通、业务自助服务、故障自愈和风险预警。

（2）基于大数据和人工智能的智能闭环

基于意图、自动化、分析和智能四大子引擎构建完整的智能化闭环系统。基于 Telemetry 采集并汇聚海量的网络数据，iMaster NCE 实现了实时网络态势感知，通过统一的数据建模构建基于大数据的网络全局分析和洞察，并注入基于华为 30 多年电信领域经验积累的人工智能算法，面向用户意图进行自动化闭环的分析、预测和决策，在用户投诉前解决问题，减少业务中断和用户不良影响，大幅提升用户满意度，持续提升网络的智能化水平。

（3）开放可编程使能场景化 App 生态

iMaster NCE 对外提供可编程的集成开发环境 Design Studio 和开发者社区，实现南向与第三方网络控制器或网络设备对接，北向与云端人工智能训练平台和 IT 应用快速集成。iMaster NCE 支持用户灵活选购华为原生 App，用户自行开发 App 或寻求第三方系统集成商的支持进行 App 的创新与开发。

（4）超大容量全云化平台

基于 Cloud Native 的云化架构，iMaster NCE 支持在私有云、公有云中运行，也支持 On-premise 部署模式，具备超大容量和弹性可伸缩能力。iMaster NCE 支持全球最大规模系统容量和用户接入，让网络从数据分散、多级运维的离线模式转变为数据共享、流程打通的在线模式。

iMaster NCE 是一个基于统一云化平台构建的产品，面向 5G 承载、光网络、IP 城域网/骨干网、IP+光跨层协同、品质宽带、家庭网络、数据中心、园区网络等不同的应用场景提供了一系列的解决方案。iMaster NCE 按照应用场景对特性模块进行灵活打包，对外提供多个产品以方便用户选购。其中，NCE-Super 应用于 2B 专线、IP+光跨层协同、云网协同等多种场景，NCE-IP 应用于 IP 城域网/骨干网场景，NCE-T 应用于骨干网、城域网、企业接入等多种传送组网场景，NCE-FAN 应用于接入家庭宽带、家庭网络等多种场景，NCE-Fabric 应用于云数据中心场景，NCE-Campus 应用于园区网络场景。iMaster NCE 的管理、控制和分析模块可独立部署，不强制要求全部部署，用户可以根据不同的应用场景灵活选购不同模块。

3. 服务器

下面将重点介绍服务器。表 3-7 所示为 eSight 对服务器的配置要求。

表 3-7　eSight 对服务器的配置要求

服务器名称	管理规模	最低配置（独占资源）	备注
eSight 主服务器	0～5000 个等效网元	2×六核 2GB CPU，32GB 内存，500GB 硬盘	① 可支持网络流量采集器共部署（最多 10 个节点，2000flow/s，采集网络流量的 AP 数和监控接口数最大为 100）。 ② 可支持 WLAN 定位采集器共部署（最多 50 个 AP 和 500 个客户端）。 ③ 可支持应用管理组件部署

续表

服务器名称	管理规模	最低配置（独占资源）	备注
eSight 主服务器	0～5000 个等效网元	4×八核 2GB CPU，64GB 内存，1TB 硬盘	① 当需要基础设施管理组件、资产管理组件时需要配置。 ② 可支持网络流量采集器共部署（最多 10 个节点，2000 flow/s，采集网络流量的 AP 数和监控接口数最大为 100）。 ③ 可支持 WLAN 定位采集器共部署（最多 50 个 AP 和 500 个客户端）。 ④ 可支持应用管理组件部署
	5000～20000 个等效网元	4×八核 2GB CPU，64GB 内存，1TB 硬盘	① 可支持基础设施管理组件、应用管理组件、资产管理组件部署。 ② 可支持网络流量采集器共部署（最多 10 个节点，2000 flow/s，采集网络流量的 AP 数和监控接口数最大为 100）。 ③ 可支持 WLAN 定位采集器部署（最多 50 个 AP 和 500 个客户端）
网络流量采集器分机	0～350 个采集节点	2×六核 2GB CPU，32GB 内存，500GB 硬盘	① 当网络流量采集节点的数量大于 10 时需要配置，仅支持部署 1 个节点，最大管理规模为 350 个采集节点，30000flow/s，采集网络流量的 AP 数和监控接口数≤1000。 ② 不需要数据库，操作系统要求与 eSight 主服务器的保持一致
定位服务器	AP 数：0～2000。客户端数：0～24000	2×六核 2GB CPU，32GB 内存，500GB 硬盘	① 当 WLAN 定位采集节点的数量大于 50 个 AP 或 500 个客户端时需要配置，仅支持部署 1 个节点，最大管理规模为 5000 个 AP 和 64000 个客户端。 ② 不需要数据库，操作系统要求与 eSight 主服务器的保持一致
	AP 数：2000～5000。客户端数：24000～64000	4×八核 2GB CPU，64GB 内存，1TB 硬盘	

当前服务器的主流厂商包括 HP、联想、浪潮等，各厂商的服务器如图 3-20 所示。可以根据 eSight 网管设备的配置要求选择相应的服务器。

（a）HP ProLiant DL388 Gen9

（b）联想ThinkSystem SR550

（c）浪潮英信NX8480M4

图 3-20　各厂商的服务器

华为的服务器产品包括 RH2288H V3 服务器和 TaiShan 200 服务器等，两种服务器的外观如图 3-21 所示。下面均以 12 块硬盘配置为例对其进行介绍。RH2288H V3 服务器是华为公司针对互联网、数据中心、云计算、企业市场及电信业务应用等需求，推出的具有广泛用途的 2U2 路机架式服务器，适用于分布式存储、数据挖掘、电子相册、视频等业务，以及企业基础应用和电信业务应用。华为 RH2288H V3 服务器采用 E5-2600 v3/v4 处理器，单处理器最大支持 22 核，支持 24 个 DDR4 内存插槽和 9 个 PCIe 扩展槽位，本地存储配置可以从 8 块硬盘扩展到 28 块硬盘，支持 12Gbit/s SAS 技术，可满足大数据高带宽传输需求。

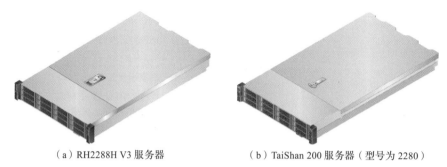

（a）RH2288H V3 服务器　　　　　　（b）TaiShan 200 服务器（型号为 2280）

图 3-21　华为服务器的外观

TaiShan 200 服务器是基于华为鲲鹏 920 处理器的数据中心服务器，其中型号为 2280 的服务器是 2U2 路机架式服务器。该服务器面向互联网、分布式存储、云计算、大数据、企业业务等领域，具有计算性能高、存储容量大、能耗低、易管理、易部署等优点。系统最高能够提供 128 核、2.6GHz 主频的计算能力和最多 27 块 SAS/SATA HDD 或 SSD。

下面介绍 RH2288H V3 服务器的外观及结构。RH2288H V3 服务器（12in×3.5in 硬盘配置）的前面板如图 3-22 所示，前面板说明如表 3-8 所示。

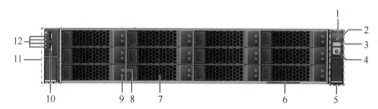

图 3-22　RH2288H V3 服务器（12in×3.5in 硬盘配置）的前面板

表 3-8　RH2288H V3 服务器的前面板说明

编号	说明	编号	说明
1	故障诊断数码管	7	硬盘（从上至下、从左至右槽位号依次为 0～11）
2	健康状态指示灯	8	硬盘 Fault 指示灯
3	UID 按钮/指示灯	9	硬盘 Active 指示灯
4	电源开关/指示灯	10	USB 2.0 接口
5	右挂耳	11	左挂耳
6	标签卡（含 ESN 标签）	12	网口 Link 指示灯（从上至下依次对应 1～4 号以太网口指示灯）

RH2288H V3 服务器的后面板如图 3-23 所示，后面板说明如表 3-9 所示。

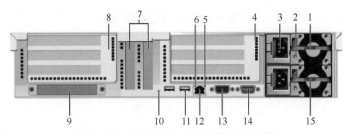

图 3-23　RH2288H V3 服务器的后面板

表 3-9　RH2288H V3 服务器的后面板说明

编号	说明	编号	说明
1	电源模块 1	9	灵活 I/O 卡
2	电源模块指示灯	10	UID 指示灯
3	电源模块电源接口	11	USB 3.0 接口
4	I/O 模组 2（从上到下依次为 Slot 6、Slot 7、Slot 8）或 NVMe PCIe 固态盘转接模块（与 CPU 2 配对，从上到下依次为 Slot 6、Slot 7）	12	MGMT 管理网口
5	连接状态指示灯	13	VGA 接口
6	数据传输状态指示灯	14	串口
7	板载 PCIe 卡插槽（从左到右依次为 Slot 4、Slot 5）	15	电源模块 2
8	I/O 模组 1（从上到下依次为 Slot 1、Slot 2、Slot 3）	—	—

3.2　网络系统硬件安装

　　网络系统在正常运行并提供服务之前需进行硬件的安装，具体安装过程包括安装准备、安装设备、安装单板、连接线缆等。本节将介绍路由器、交换机、AC、无线 AP、防火墙等各种网络设备的安装过程。

3.2.1　安装路由器

　　3.1.1 节简单介绍了华为路由器产品。本节将详细介绍 AR 系列盒式路由器和 NE 系列框式路由器的安装规范、方法和步骤。盒式路由器的安装以 AR1200 系列产品为例进行介绍，框式路由器的安装以 NE40E-X16 系列产品为例进行介绍。

1. 安装盒式路由器

（1）安装准备

　　① 熟读安全注意事项。为保障人身和路由器安全，在安装、操作和维护路由器时，应遵循路由器上的标志及手册中的所有安全注意事项。手册中的安全注意事项并不代表所应遵循的所有安全注意事项，只作为所有安全注意事项的补充。负责安装、操作、维护华为路由器的人员必须经过严格培训，了解各种安全注意事项，掌握正确的操作方法。

　　② 检查安装环境。安装路由器前，应检查安装环境是否符合要求，以保证路由器正常工作。安装环境检查项目如表 3-10 所示。

表 3-10　安装环境检查项目

项目	要求说明
散热要求	确保在路由器四周留出 50mm 以上的空间，以利于路由器散热
洁净度要求	① 路由器需要安装在干净整洁的、干燥的、通风良好的、温度控制在稳定范围的场所内。 ② 安装场所内严禁出现渗水、滴漏、凝露现象
温湿度要求	① 工作环境温度：0～45℃。 ② 工作环境相对湿度：5%～95%，非凝露。 注：如果相对湿度大于 70%，则需加装除湿设备（如有除湿功能的空调、专用除湿机）等
防静电要求	① 按照路由器接地的要求，首先将路由器正确接地。 ② 使用防静电腕带使路由器不受静电的损害。 ③ 需确保防静电腕带的一端已经接地，另一端与佩戴者的皮肤良好接触
防腐蚀性气体要求	安装场所内避免有酸性、碱性或其他腐蚀性气体
防雷要求	① 信号线缆应沿室内墙壁走线，尤其应避免室外架空走线。 ② 信号线缆应避开电源线、避雷针引下线等高危线缆走线
电磁环境要求	符合电磁环境要求

③ 检查机柜。安装路由器前，应检查机柜是否符合要求。机柜检查项目如表 3-11 所示。

表 3-11　机柜检查项目

项目	要求说明
尺寸要求	采用 19in 标准机柜
安装空间要求	机柜必须要有足够的安装高度（≥3U），机柜深度≥600mm
接地要求	机柜上有可靠的接地点供路由器接地
散热要求	① 机柜四周要留有一定的间隙。 ② 对于封闭式的机柜，应确保机柜通风良好
滑道要求	① 当安装 AR2220/AR2240/AR2240C/AR3260/AR3670 路由器时，需要安装 L 形滑道。 ② 安装路由器时，当机柜的方孔条间距不满足要求时，需要安装 L 形滑道来承重

④ 检查电源条件。路由器对电源条件的要求如表 3-12 所示。

表 3-12　路由器对电源条件的要求

项目	要求说明
准备要求	供电电源在路由器安装前应准备到位
电压要求	路由器的工作电压应在路由器可正常工作的电压范围内，AR1200 系列路由器可正常工作的电压范围可参见对应产品的硬件描述手册
插座及线缆要求	① 如果外部供电系统提供的是交流制式插座，则配套使用当地制式的交流电源线缆。 ② 如果外部供电系统提供的是直流制式插座，则配套使用当地制式的直流电源线缆。 ③ 产品包装内的电源线缆作为设备附件之一，只可与本包装内的主机配套使用，不可用于其他设备上

⑤ 准备安装工具。安装前需准备的安装工具包括防静电手套、劳保手套、防静电腕带、美工刀、钢卷尺、记号笔、一字螺钉旋具、十字螺钉旋具、斜口钳、网络测试仪、万用表、冲击钻、活动扳手。

（2）安装盒式路由器主机

AR1200 系列盒式路由器有 3 种安装场景，分别是安装到工作台、安装到垂直平面和安装到机柜，下面分别介绍其安装过程。

① 场景 1：安装路由器到工作台。AR1200 系列路由器一般放置在干净、平坦的工作台上。此种操作比较简单，操作中需要注意，应保证工作台平稳并良好接地，路由器四周留出 50mm 以上的散热空间，路由器上禁止堆放杂物，准备 4 个胶垫贴。

安装路由器到工作台的操作步骤如下。

a. 将 4 个胶垫贴粘贴在路由器底部圆形压印区域中，如图 3-24 所示。

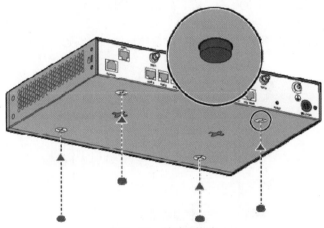

图 3-24　粘贴胶垫贴

b. 将路由器平稳地放置在工作台上，如图 3-25 所示。

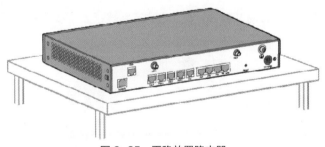

图 3-25　平稳放置路由器

② 场景 2：安装路由器到垂直平面。安装路由器时应注意，路由器接口面需要朝下，防止接口进水造成路由器损坏；确保安装螺钉牢固可靠，否则连接线缆后由于张力作用可能造成路由器掉落；路由器下方禁止摆放易燃、易爆物品，距离路由器 100mm 范围内不能有异物遮挡；路由器的安装高度以便于观察指示灯状态为宜；在墙上打孔时，必须确认打孔处没有墙电，以免造成人身伤害。准备的工具和附件有冲击钻、羊角锤、塑料膨胀管和螺钉。

安装路由器到垂直平面的操作步骤如下。

a. 用钢卷尺在墙面上定位出两个安装孔，两个安装孔的连线保持水平，并用记号笔标记，如图 3-26 所示。各型号路由器的安装孔间距有所不同，需根据实际情况进行操作。

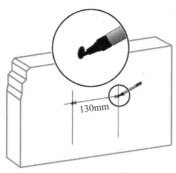

图 3-26　标记安装孔

b．钻孔和安装螺钉，如图 3-27 所示。

（a）根据螺钉外径选用合适的钻头，螺钉外径不超过 4mm。

（b）用羊角锤将塑料膨胀管打进安装孔中。

（c）将螺钉对准塑料膨胀管，用十字螺钉旋具将其拧入塑料膨胀管中，螺钉入墙后建议留出 2mm。

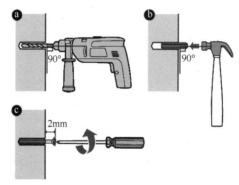

图 3-27　钻孔和安装螺钉

c．将路由器背面的安装孔对准螺钉，将路由器挂到螺钉上，如图 3-28 所示。

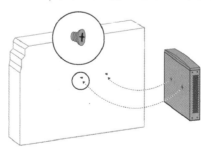

图 3-28　安装路由器

③ 场景 3：安装路由器到机柜。安装前需要确认机柜已被固定好，机柜内路由器的安装位置已经布置完毕；要安装的路由器已经准备好，并被放置在离机柜较近且便于搬运的位置。准备的工具和附件有浮动螺母、挂耳、M4 螺钉、M6 螺钉。

安装路由器到机柜的操作步骤如下。

a．使用十字螺钉旋具和 M4 螺钉将挂耳固定在路由器两侧，如图 3-29 所示。挂耳可以安装在靠近路由器前面板两侧，也可以安装在靠近后面板两侧。

图 3-29　安装挂耳

　　b．在机柜的前方孔条上安装 4 个浮动螺母，左右各 2 个，如图 3-30 所示。同侧上、下 2 个浮动螺母需间隔 1 个安装孔位。机柜方孔条上所有的孔之间的距离并不都是 1U，要参照方孔条上的刻度，需注意识别。安装浮动螺母时，可借助一字螺钉旋具进行操作。

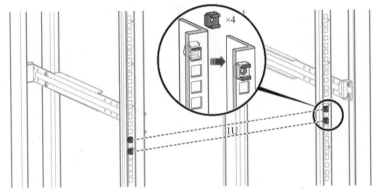

图 3-30　安装浮动螺母

　　c．安装路由器到机柜，如图 3-31 所示。

　　（a）使用十字螺钉旋具将 M6 螺钉固定在下方的两个浮动螺母上，先不拧紧，外露 2mm 左右。

　　（b）将设备移到机柜中，单手托住设备，使两侧的挂耳勾住外露的 M6 螺钉。

　　（c）使用十字螺钉旋具先拧紧挂耳下方的 M6 螺钉，再拧紧挂耳上方的 M6 螺钉。

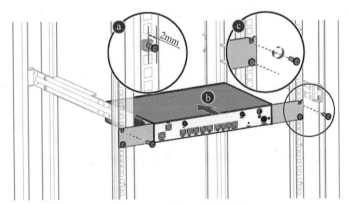

图 3-31　安装路由器到机柜

　　在以上 3 个场景中将路由器安装完成后，还可以安装 PoE 电源、RPS150 电源、DSP 条和语音卡扣、模条和保安单元等可选配件，在此不展开讲解，有需求的读者可以自行查阅相关资料。

　　（3）连接路由器

　　① 连接接地线缆。

　　佩戴防静电腕带，需确保防静电腕带的一端已经接地，另一端与佩戴者的皮肤良好接触。连接接地线缆，如图 3-32 所示。

a. 使用十字螺钉旋具，拧下位于后面板接地端子上的 M4 螺钉，将拧下的 M4 螺钉妥善放置。

b. 将接地线缆的 M4 端（接头孔径较小的一端）对准接地端子上的螺钉孔，用 M4 螺钉固定，M4 螺钉的紧固力矩为 1.4N·m。

c. 将接地线缆的 M6 端（接头孔径较大的一端）与工作台、墙面或机柜的接地端子相连，M6 螺钉的紧固力矩为 4.8N·m。

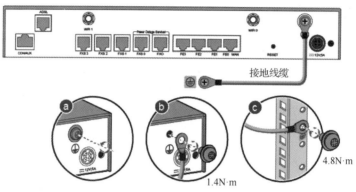

图 3-32　连接接地线缆

接地线缆连接完成后，需进行以下检查：确认接地线缆与接地端子的连接牢固可靠；使用万用表的欧姆挡测量路由器接地点与接地端子之间的电阻，要求接地电阻小于 5Ω。

② 连接网线。

根据端口数量和工程勘察距离选择对应数量和长度的网线。在每根网线的两端粘贴临时标签并用记号笔填写编号。将网线的一端连接到路由器的以太网接口上，将另一端连接到对端设备的以太网接口上，如图 3-33 所示。将连接好的网线理顺，使其不交叉，用扎线带绑扎，将扎线带多余的部分用斜口钳剪掉。拆除网线上的临时标签，并分别在网线两端距离连接器 2cm 处粘贴正式标签。

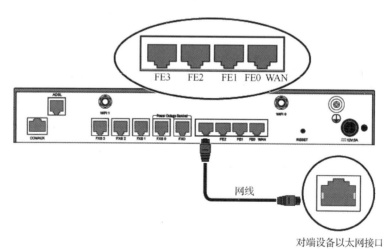

图 3-33　连接网线

网线连接完成后，需进行以下检查：网线两端标签填写正确、清晰、位置整齐、朝向一致；网线、插头应无破损，连接正确、可靠。

③ 连接电源适配器。

确认路由器已经良好接地，佩戴防静电腕带，需确保防静电腕带的一端已经接地，另一端与佩戴者的皮肤良好接触。连接电源适配器，如图 3-34 所示。

　　a. 将电源适配器的一端连接到路由器的电源接口上。

　　b. 将电源适配器的另一端连接到交流电源插座上。

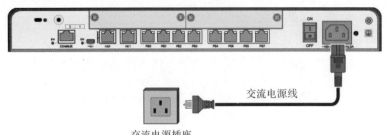

图 3-34　连接电源适配器

连接电源线防松脱卡扣，如图 3-35 所示。

　　a. 将电源线防松脱卡扣插入位于后面板的电源线防松脱卡扣安装孔。

　　b. 将电源线防松脱卡扣调整到合适位置。

　　c. 将电源线防松脱卡扣套在交流电源线上，使其扣紧电源线。

　　电源适配器连接完成后，需进行以下检查：确认电源线与电源接口的连接牢固可靠；如果安装了多台设备，则需在每根电源线的两端粘贴标签并分别进行编号以便区分。

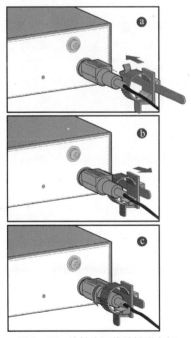

图 3-35　连接电源线防松脱卡扣

（4）上电与下电

　　路由器上电之前应进行以下检查：电源适配器的连接是否正确，输入电压值是否为 90～264V AC。

　　路由器上电与下电操作步骤如下。

　　① 路由器上电。打开路由器上的电源开关，路由器启动后，根据路由器正面的指示灯状态确

定路由器的运行是否正常。路由器正常运行时的指示灯状态如图 3-36 所示，指示灯状态及其含义如表 3-13 所示。

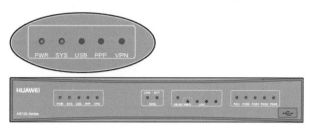

图 3-36 路由器正常运行时的指示灯状态

表 3-13 指示灯状态及其含义

指示灯	状态及其含义
PWR	绿色常亮：表明系统供电正常
SYS	绿色慢闪：表明系统处于正常运行状态

② 路由器下电。关闭路由器上的电源开关。路由器下电会导致正在运行的业务中断，故应谨慎操作。

2. 安装框式路由器

（1）安装准备

① 准备安装工具：斜口钳、十字螺钉旋具、一字螺钉旋具、水平尺、活动扳手、记号笔、梯子、网络测试仪、热风枪、防静电手套、防静电手腕带、扭力批、万用表、美工刀、剥线钳、吸尘器、剪线钳、水晶头压线钳、电源线压线钳、线坠、液压钳、劳保手套、套筒扳手、压线钳、冲击钻、钢卷尺、力矩扳手、锤子、M6 螺钉、浮动螺母、松不脱螺钉。

② 准备安装附件：螺钉绝缘胶带、线扣、光纤绑扎带、热缩套管、波纹管、线缆标签。

（2）安装框式路由器主机

① 机箱较重，需要 4 个人协同搬运；使用机箱承重把手搬运机箱时，严禁拉拽其他模块的把手，以免损坏机箱；安装时不要踩踏机柜底部防尘网。其搬运方法如图 3-37 所示。

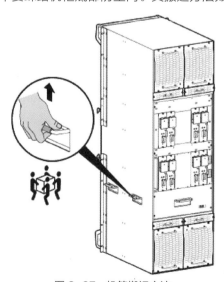

图 3-37 机箱搬运方法

② 按照包装箱上的拆箱指导拆除包装，取出路由器主机。安装机柜滑道，如图 3-38 所示。

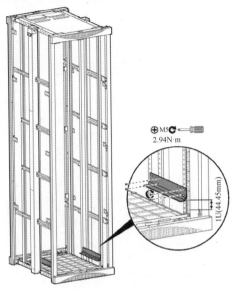

图 3-38　安装机柜滑道

③ 使用第三方机柜时，可在第三方机柜上安装可伸缩滑道，如图 3-39 所示。通过可伸缩滑道前后两端的定位销将滑道预固定在方孔条上，用 M6 螺钉紧固，将其前后两端固定。安装可伸缩滑道时，注意区分左右滑道以及滑道的前端和后端，以避免装反。确保可伸缩滑道的前端、后端在相同的水平面上。使用的第三方机柜需满足以下条件。

a. 满足 IEC 标准的 19in 机柜。

b. 机柜安装面上的安装机必须为方孔，方孔尺寸≥9.0mm×9.0mm。

c. 机柜前后方孔条距离为 500～850mm（华为编码为 21242246）。

d. 适用此滑道的机箱质量不超过 425kg。

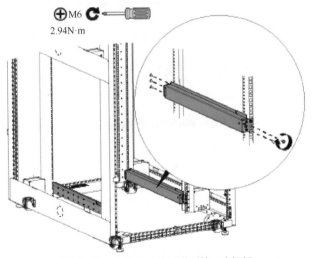

图 3-39　安装可伸缩滑道到第三方机柜

④ 用钢卷尺测量挂耳面板螺钉安装孔位，确定浮动螺母的安装位置，在方孔条上安装浮动螺母，如图 3-40 所示。

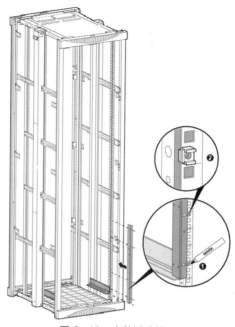

图 3-40　安装浮动螺母

⑤ 将机箱抬放到机柜的滑道上并推进机柜，用 M6 螺钉将其固定在机柜中，如图 3-41 所示。

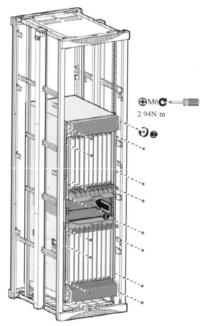

图 3-41　安装机箱到机柜

（3）安装电源

① 安装地线和保护地线。

机箱地线的安装方式有两种：当机箱距离机房接地排较近时，可将机箱地线直接连接到机房接地排；当机箱距离机房接地排较远时，可将机箱接地线连接到机柜接地点上。

下面以机箱接地线连接到机房接地排为例进行介绍，接地线必须连到接地网，操作步骤如下。

a．在地线两端粘贴临时标签，将地线沿走线架布放，连接到机柜顶部的接地端子上，如图 3-42 中的❶所示。

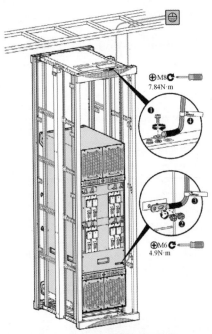

图 3-42　安装地线和保护地线

b．安装机箱保护地线，将地线的另一端连接到机房接地排，如图 3-42 中的❷所示。

c．拆除临时标签，分别在距地线端 20mm 处粘贴正式标签，如图 3-42 中的❸和❹所示。

② 直流电配电指导及电缆规格要求以 NE40E-X16 系列路由器为例进行说明，其中电缆规格要求如表 3-14 所示。

表 3-14　电缆规格要求（NE40E-X16 系列路由器）

配电屏到路由器的距离	项目	规格	华为编码	备注
不大于 15m	直流电源线	16mm^2（6AWG）	25030430	蓝色电源线
			25030428	黑色电源线
			25030722	红色电源线
	JG2/OT 端子	16mm^2（6AWG）-M6 双孔 JG2 裸压端子	14170116	连接到设备端
		16mm^2（6AWG）-M8 单孔 OT 裸压端子	14170024	连接到配电屏端
大于 15m 且小于 25m	直流电源线	25mm^2（4AWG）	25030101	蓝色电源线
			25030432	黑色电源线
			25030433	红色电源线
	JG2/OT 端子	25mm^2（4AWG）-M6 双孔 JG2 裸压端子	14170119	连接到设备端
		25mm^2（4AWG）-M8 单孔 OT 裸压端子	14170060	连接到配电屏端

续表

配电屏到路由器的距离	项目	规格	华为编码	备注
大于25m且 小于35m	直流电源线	$35mm^2$（2AWG）	25030199	蓝色电源线
			25030420	黑色电源线
			25030418	红色电源线
	JG2/OT 端子	$35mm^2$（2AWG）-M6 双孔 JG2 裸压端子	14170159	连接到设备端
		$35mm^2$（2AWG）-M8 单孔 OT 裸压端子	14170063	连接到配电屏端
大于35m	—	需要用户就近设置配电屏或者列头柜	—	—

③ 安装直流电源线。

a. 在电源线两端粘贴临时标签。

b. 将电源线沿走线架布放到设备上。

c. 打开电源模块接线盒的塑料护板，将直流电源线分别连接到相应的端口上，如图 3-43 中的❶和❷所示。将电源线的另一端接配电屏。

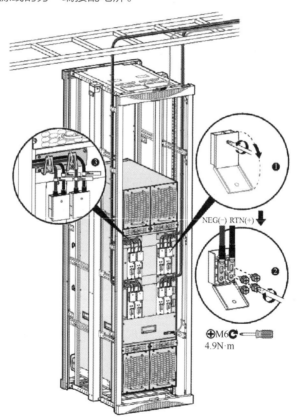

图 3-43　安装直流电源线

d. 完成电源线的连接后，恢复电源模块接线盒的塑料护板。

e. 从下向上每隔约 150mm 使用线扣绑扎一次，将线缆固定到走线架上。

f. 分别在距电源线两端 20mm 处粘贴正式标签，如图 3-43 中的❸所示。

为了让电源线的长度恰到好处，安装电源线时需注意以下几点。

（a）根据设备电源模块到配电屏的实测距离裁剪电源线并预留一定的长度。

（b）先装配好设备端电源线的端子，再将电源线安装到设备端上。

（c）在完成电源线走线、绑扎后，根据配电屏端的实际情况裁剪余长；装配好端子后，再将其连接到配电屏中。

④ 交流配电指导。

当采用交流配电时，1 台 NE40E-X16 系列路由器需要配置 2 个 EPS200-4850A/4850B 型交流配电盒，如图 3-44 所示。EPS200-4850A/4850B 型交流配电盒与 NE40E-X16 系列路由器并柜安装，当不选配华为线缆时，需要根据当地规范要求自行选配。EPS200-4850A/4850B 型交流配电盒的线缆规格要求如表 3-15 所示。

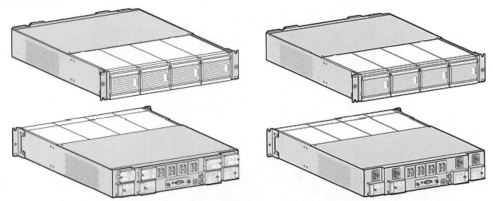

图 3-44　EPS200-4850A 型交流配电盒（左）和 EPS200-4850B 型交流配电盒（右）

表 3-15　EPS200-4850A/4850B 型交流配电盒的线缆规格要求

项目	规格	华为编码	备注
AC 输入线缆	6mm²-黑色护套（芯线：蓝，棕）-43A，二芯等截面	25030461	—
OT/JG 端子	裸压端子-OT-6mm²-M6-镀锡-圆形预绝缘端子-12～10AWG-黄色	14170023	连接到 EPS200-4850A 型交流配电盒
	裸压端子-OT-6mm²-M8-镀锡-圆形预绝缘端子-12～10AWG-黄色	14170013	连接到交流配电屏
	25mm²-M6 双孔 JG2 裸压端子	14170119	EPS200-4850A 型交流配电盒接地线端子
	25mm²-M6 单孔 OT 裸压端子	14170147	
地线	25mm²	25030431	EPS200-4850A 型交流配电盒接地线
DC 线缆	16mm²	25030430	蓝色电源线
		25030428	黑色电源线
		25030722	红色电源线
JG 端子	16mm²-M6 双孔 JG2 裸压端子	14170116	—
监控和告警线缆	监控和告警线缆-3m-（D9 公）-（CC4P0.48 黑（S））-（D9 公）	04080076	—

对于交流机柜和交流配电屏的配线，当局点现场勘测距离大于 20m 时，需要就近设置交流配电屏或者列头柜。

⑤ 安装交流配电盒。

建议交流配电盒与机柜顶部之间预留 2U 的空间，交流配电盒之间预留 1U 的空间。交流配电盒的安装步骤如下。

a. 安装滑道，如图 3-45 中的❶所示。

b. 分别在方孔条滑道底部起的第 1 和第 6 孔位安装浮动螺母，如图 3-45 中的❷所示。

c. 安装交流配电盒，用 M6 螺钉将其固定在机柜上，如图 3-45 中的❸和❹所示。

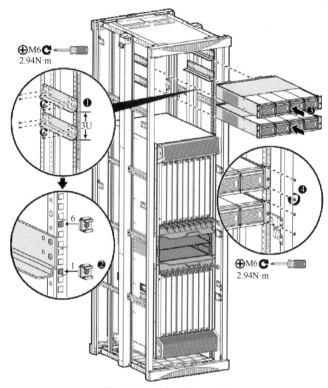

图 3-45　安装交流配电盒

d. 安装交流配电盒保护地线，确保电源系统安全接地，如图 3-46 所示。交流配电盒的地线连接到机房就近的接地排上。

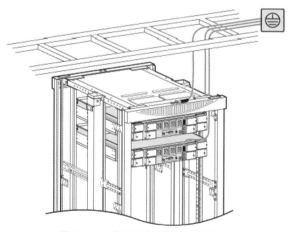

图 3-46　安装交流配电盒保护地线

e. 安装交流配电盒监控线缆，如图 3-47 所示。

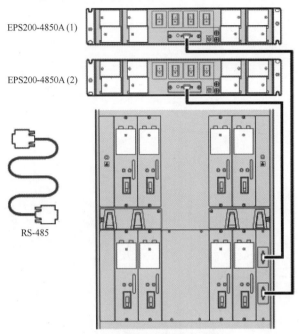

EPS200-4850A (1)

EPS200-4850A (2)

RS-485

图 3-47　安装交流配电盒监控线缆

f. 连接交流配电盒与设备电源线。为确保电源模块与配电盒的主备关系正确，需严格按照图 3-48 所示的关系连接线缆。

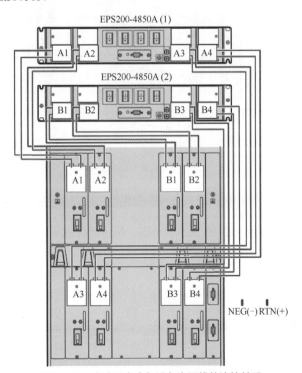

图 3-48　交流配电盒与设备电源线的连接关系

⑥ 安装交流电源线。

a. 在电源线两端粘贴临时标签。

b. 交流电源线沿走线架布放，一端连接到交流配电盒的输入端子上，如图 3-49 中的❶所示，另一端连接到机房配电屏。

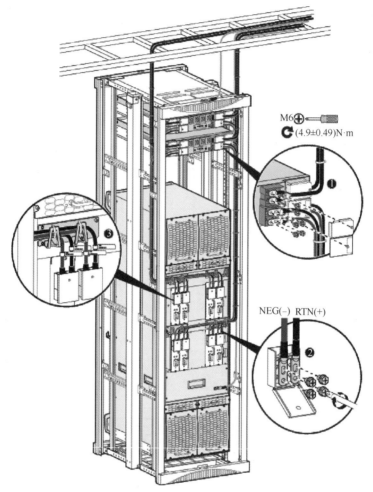

图 3-49　安装交流电源线

c. 将电源模块的输入端与交流配电盒的输出端连接起来，如图 3-49 中的❷所示。

d. 分别恢复接线盒的塑料护板。

e. 从下向上每隔约 150mm 使用线扣绑扎一次，将电源线固定在走线架上。

f. 完成电源线的安装后，分别在距电源线两端 20mm 处粘贴正式标签，如图 3-49 中的❸所示。

（4）安装单板与子卡

安装单板与子卡，单板槽位分布如图 3-50 所示。

① 接口编号规则为"线路板槽位号/业务接口卡号/端口号"。

a. 线路板槽位号：NE40E-X16 系列路由器的槽位号从 1 开始，其取值范围是 1～16。

b. 业务接口卡号：业务接口卡号从 0 开始，若单板没有业务接口卡，则该卡号为 0。

c. 端口号：端口号从 0 开始。

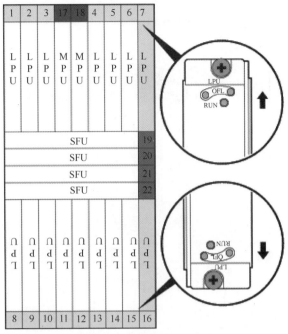

图 3-50　单板槽位分布

② 安装单板与子卡。安装单板前需确认机箱和单板都没有凝露。在安装单板之前，为防止静电损坏敏感元器件，必须佩戴防静电腕带或防静电手套。不使用的槽位需安装假面板。NE40E-X16系列路由器下框的单板需要倒置安装，安装方法与上框相同。在安装过程中，如果单板不能插入，则可通过面板两端的颜色与机箱板名条的颜色是否一致判断插入的槽位是否正确。

a. 在安装 1/2 宽或者全宽子卡时，需要将中间多余的子卡滑道拆除，先用十字螺钉旋具拆下固定螺钉，而后从母板中取出滑道模块，如图 3-51 所示。

图 3-51　拆除多余的子卡滑道

b. 安装单板，如图 3-52 中的 A、B 所示。先拆除安装在槽位上的假面板，而后将单板沿着机箱插槽的导轨平稳地插入并扣紧，并用十字螺钉旋具紧固两颗松不脱螺钉。

c. 安装子卡，如图 3-52 中的 C 所示。先沿着母板插槽的导轨平稳地插入子卡，再用十字螺钉旋具紧固两颗松不脱螺钉。

（5）连接路由器

① 连接网线，在绑扎网线前需用网络测试仪进行连通性测试。

注意　　a. 电源线、地线与信号线缆的间距要大于 30mm。
b. 将网线绑扎成矩形，要求线扣整齐、方向一致。

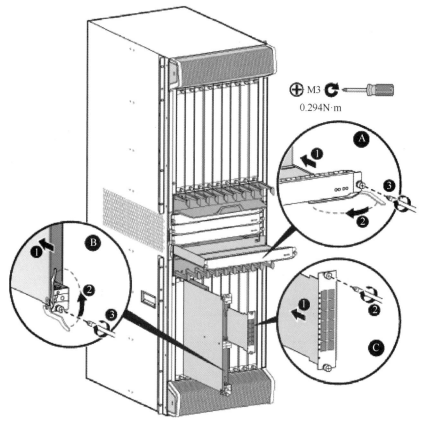

图 3-52　安装单板与子卡

连接网线的步骤如下。

a. 在网线两端粘贴临时标签。

b. 网线沿设备的走线槽布放，连接到相应接口上，如图 3-53 中的❶所示。

c. 使用网络测试仪进行网线的连通性测试。

d. 使用线扣将网线固定到机架上，每隔约 150mm 绑扎一次，如图 3-53 中的❷所示。

e. 分别在距网线两端 20mm 处粘贴正式标签，如图 3-53 中的❸所示。

② 连接光纤，分为安装侧挂盘纤盒与光模块、安装光纤和安装波纹管 3 个部分。

a. 安装侧挂盘纤盒与光模块时，必须佩戴防静电腕带或防静电手套。在并柜安装的场景中，需先安装好侧挂盘纤盒后再进行机柜的并柜安装，否则并柜后无法安装侧挂盘纤盒。侧挂盘纤盒的数量视场景需求而定，安装在设备上方的无障碍空间中；为了方便盘纤和走线，第二个侧挂盘纤盒要安装在机柜的另一侧。安装侧挂盘纤盒如图 3-54 中的❶所示；安装光模块如图 3-54 中的❷所示；不安装光模块的光接口需安装防尘帽，如图 3-54 中的❸所示。

b. 安装光纤时，要注意以下几点。

（a）电源线、地线与信号线缆的间距要大于 30mm，光纤弯曲处最小曲率半径应大于 40mm。

（b）不连接光纤的光模块需安装防尘帽。

（c）光纤的绑扎不能太紧，以可自由抽动为宜。

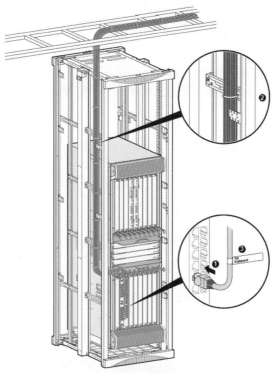

图 3-53　连接网线

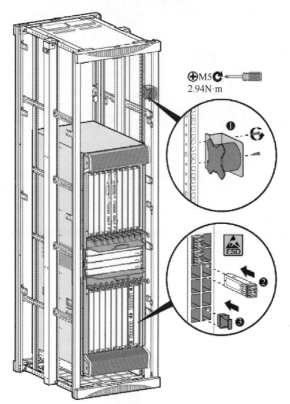

图 3-54　安装侧挂盘纤盒与光模块

安装光纤的步骤如下。

（a）将光纤沿走线区布放，拆除光模块上的防尘帽和光纤的防护帽，将光纤连接到相应的光模块上，如图3-55中的❶所示。

（b）将光纤的另一头连接到光纤配线架上。

（c）将多余的光纤盘绕在侧挂盘纤盒上，如图3-55中的❷所示。

（d）用光纤绑扎带绑扎光纤，每隔约150mm绑扎一次。在光纤绑扎带的基础上，用线扣将光纤束固定在走线架上。

（e）分别在距光纤两端20mm处粘贴正式标签，如图3-55中的❸所示。

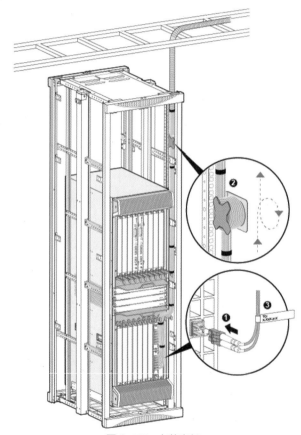

图3-55 安装光纤

c. 安装波纹管的步骤如下。

（a）在光纤两端粘贴临时标签。

（b）将光纤线缆理成一束，穿入波纹管。

（c）波纹管两端用胶带做防割处理，如图3-56中的❶所示。

（d）将波纹管沿走线架布放。

（e）将波纹管穿过机柜顶部的出线孔，进入机柜约100mm，用线扣将其固定在机柜上，如图3-56中的❷所示。

（6）上电、下电检查

这里仅针对设备的通电情况进行检查，以交流场景的上电检查为例，直流场景的检查流程与交流场景的检查流程类似。上电检查流程如图3-57所示。

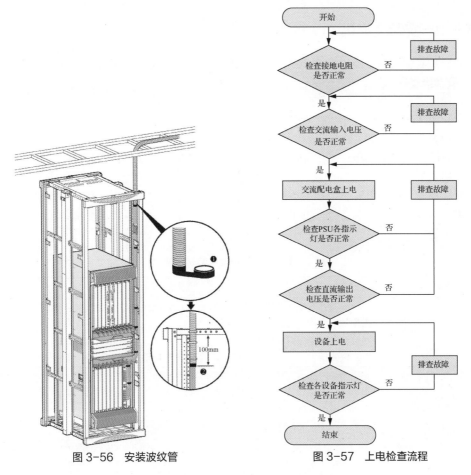

图 3-56　安装波纹管

图 3-57　上电检查流程

在进行设备上电检查前，交流配电盒背后所有空开必须置于 OFF 状态，如图 3-58 所示。

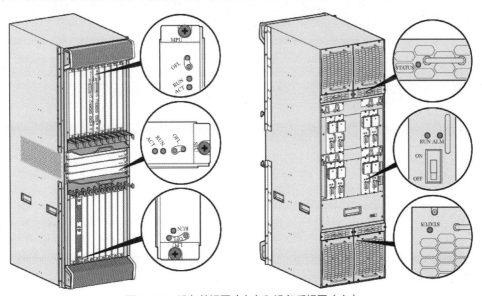

图 3-58　设备前视图（左）和设备后视图（右）

3.2.2 安装交换机

本节以盒式交换机，即华为 S5700 系列交换机为例，说明交换机的安装过程。

1. 安装准备

（1）熟读安全注意事项

为保障人身和交换机安全，在安装、操作和维护交换机前，要认真学习第 1 章中的通用安全规范和通用安全操作知识，遵循交换机上的标志及手册中的所有安全注意事项。负责安装、操作、维护交换机的人员，必须经严格培训，了解各种安全注意事项，掌握正确的操作方法。

（2）检查安装环境

安装人员要认真查看安装说明书，确认交换机可以安装在室内或者室外。交换机的安装环境要求如表 3-16 所示。S5700 系列交换机必须在室内使用（但 S5720I-SI 系列交换机除外，其可安装在室外机柜中）。

表 3-16　交换机的安装环境要求

项目	要求说明
洁净度要求	交换机需要安装在干净整洁的、干燥的、通风良好的、温度可控的场所内。安装场所内严禁出现渗水、滴漏、凝露现象
防尘要求	安装场所内要做好防尘措施。室内灰尘落在机体上，可能造成静电吸附，使金属接插件或金属接点接触不良，不但会影响交换机使用寿命，而且易导致交换机出现故障
温湿度要求	安装场所内的温度和相对湿度需保持在交换机可正常工作的范围内。如果相对湿度大于 70%，则建议加装除湿设备（如有除湿功能的空调、专用除湿机）等
防腐蚀性气体条件要求	安装场所内避免有酸性、碱性或其他腐蚀性气体
散热要求	确保在交换机四周留出 50mm 以上的空间以供散热
业务口防雷要求	① 不可室外架空走线，否则设备可能会遭雷击损坏。应采取埋地走线或采用钢管穿线的方式布线。 ② S5720I-SI 系列交换机网口支持对接附近街边杆上的设备免安装防雷器，但不支持上塔等恶劣场景，在上塔等场景下需要安装网口防雷器。 ③ 如使用网口防雷器，优先使用 8 芯防雷器。 ④ 安装网口防雷器时，注意将防雷器的 IN 端连接终端侧，OUT 端连接交换机网口侧。 ⑤ 如果使用光纤加强筋，光纤加强筋要在设备外良好接地，避免雷电通过光纤加强筋损坏设备
电源口防雷要求	S5720I-SI 系列交换机安装在室外机柜中时，防雷要求如下。 ① 交流款型：如果直接由 220V 市电供电，则建议在交换机的电源口与市电之间安装 20kA 防雷器；如果由靠近室外柜的隔离逆变器供电，则交换机的电源口与逆变器之间可以不安装防雷器。 ② 直流款型：要求用隔离电源供电，且隔离电源与交换机放在同一室外柜内。室外柜电源输入必须做防雷处理，防雷器/供电电源/交换机需要做到等电位，室外柜需良好接地，接地阻抗不超过 10Ω。如果直流款型由连接 PAC-260WA-E 或 PAC240S56-CN 电源模块供电，而电源由 220V 市电供电，则建议在 PAC-260WA-E 或 PAC240S56-CN 的电源模块输入端口与市电之间安装 20kA 防雷器。20kA 防雷器与 S5720I-SI 系列交换机之间需要使用特定长度（5～10m）的电源线或退耦电感进行退耦。所有安装场景中，交换机、机柜、独立的电源模块和防雷器都需要单独接地

（3）检查机柜/机架

这一步主要是检查机柜或者机架的尺寸和接地等是否达到要求，具体要求如表 3-17 所示。

表 3-17　机柜/机架具体要求

项目	要求说明
尺寸要求	要求采用 19in 标准机柜/机架
安装空间要求	自行采购的机柜/机架须有足够的安装空间。设备使用 1150W PoE 电源模块时,不能安装到 600mm 深的机柜中
接地要求	机柜上要求有可靠的接地点供交换机接地
机柜内前后方孔条间距要求	① 交换机安装到机柜时需使用前挂耳和后挂耳,对机柜/机架内前后方孔条的间距有要求,这些将在后面详细介绍。 ② 当机柜/机架的方孔条间距不满足要求时,可使用滑道或托盘,滑道或托盘需用户自备

其中,机柜宽度为图 3-59 中的 a,机柜深度为图 3-59 中的 b,机柜内方孔条间距为图 3-59 中的 c。

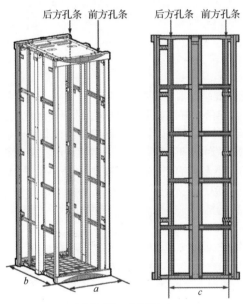

图 3-59　机柜尺寸

（4）检查电源条件

这一步主要是检查交换机所必需的电源条件,具体要求如表 3-18 所示。

表 3-18　电源条件具体要求

项目	要求说明
准备要求	机房的电源在交换机安装前应准备到位
电压要求	机房提供到交换机的工作电压应在交换机可正常工作的电压范围内,交换机可正常工作的电压范围在产品说明手册中查询
插座及线缆要求	① 如果外部供电系统提供的是交流制式插座,则交换机需内置交流电源或使用交流电源模块,配套使用当地制式的交流电源线缆。 ② 如果外部供电系统提供的是交流电源分配单元（Power Distribution Unit,PDU）,则交换机需内置交流电源或使用交流电源模块,配套使用 C13 直母-C14 直公电源线缆。 ③ 如果外部供电系统提供的是直流配电盒,则交换机需内置直流电源或使用直流电源模块,配套使用直流电源线缆。 ④ 发货设备包装内的电源连接线、插头只可与本包装内的主机配套使用,不可用于其他设备

（5）准备安装工具和附件

安装交换机前需准备的安装工具包括防静电手套或防静电腕带、劳保手套、美工刀、钢卷尺、记号笔、一字螺钉旋具、十字螺钉旋具、斜口钳、网络测试仪、万用表、冲击钻、活动扳手。

安装交换机前需准备的安装附件包括绑扎扣、光纤绑扎带、绝缘胶带、波纹管。

2. 安装交换机主机

交换机的外形尺寸存在不同，支持的安装场景包括安装到机柜/机架、安装到工作台、安装到墙面和安装到墙顶。安装技术人员可以查询手册，确定对应型号和尺寸的交换机所支持的安装场景。需要注意的是，某些交换机工作时壳体表面温度较高，建议安装在受限制接触区域中，如安装在网络箱内、机柜中、机房工作台上等，不可让非熟练技术人员接触，以保证安全性。

（1）场景1：安装交换机到机柜/机架

首先查看硬件手册，确认对应的交换机是否支持安装到机柜/机架。该场景又包括3种情况，即通过前挂耳安装交换机到机柜/机架、通过前挂耳+后挂耳安装交换机到机柜/机架，以及通过前挂耳/分线齿+后挂耳安装交换机到机柜/机架。这里以第一种安装情况为例说明安装步骤，其他两种安装情况与此类似，可以参考对应的安装说明书。

安装交换机到机柜/机架前需要确认以下事项。

① 机柜/机架已被固定好且满足要求。

② 机柜/机架内交换机的安装位置已经布置完毕。

③ 要安装的交换机已经准备好并被放置在离机柜/机架较近且便于搬运的位置。

④ 安装前需做好防静电保护措施，如佩戴防静电腕带或防静电手套。

⑤ 通常，交换机的散热分为风扇强制散热、准自然散热和自然散热3种。在一台机柜/机架中安装多台交换机时，采用自然散热的交换机上下间隔必须不小于1U，采用风扇强制散热和准自然散热的交换机建议上下间隔1U。

⑥ 安装时，保证交换机的挂耳在机柜/机架左右两端水平对齐，禁止强行安装，否则可能导致交换机弯曲变形。

需要准备的工具和附件包括浮动螺母（每台4个，需用户自备）、M4螺钉、M6螺钉（每台4个，需用户自备）、前挂耳（每台2个）、接地线缆、滑道（可选）。

安装交换机到机柜/机架的操作步骤如下。

① 佩戴防静电腕带或防静电手套。如果佩戴防静电腕带，则需确保防静电腕带一端已经接地，另一端与佩戴者的皮肤良好接触。

② 使用M4螺钉安装前挂耳到交换机中。对于不同型号的交换机，标配的前挂耳型号及安装方式不同，如图3-60所示。安装挂耳到交换机时应使用与设备配套的挂耳。图3-60所示为左侧挂耳的安装方法，右侧挂耳的安装方法与左侧挂耳的安装方法相同。安装图3-60中的前挂耳（❶、❷、❸）到交换机时，每侧只需要固定2个螺钉。

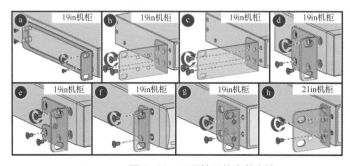

图3-60　不同挂耳的安装方法

③ （可选）连接接地线缆到交换机。交换机接地是交换机安装过程中重要的一步，交换机正确接地是交换机防雷、防干扰、防静电损坏的重要保障，是确保 PoE 交换机给 PD 正常上电的重要前提。根据交换机的安装环境，可将交换机的接地线缆连接在机柜/机架的接地点或接地排上。下面以将交换机的接地线缆连接到机柜的接地点为例进行说明。

a. 拆下交换机接地点上的 M4 螺钉。用十字螺钉旋具逆时针拆下螺钉，如图 3-61 所示，拆下的 M4 螺钉应妥善放置。

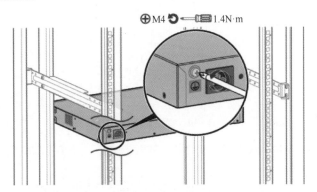

图 3-61　拆下交换机接地点上的 M4 螺钉

b. 连接接地线缆到交换机接地点。用拆下的 M4 螺钉将接地线缆的 M4 端（接头孔径较小的一端）连接到交换机的接地点上，M4 螺钉的紧固力矩为 1.4N·m，如图 3-62 所示。

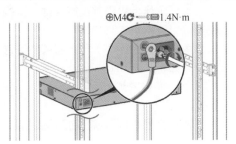

图 3-62　连接接地线缆到交换机接地点

c. 连接接地线缆到机柜接地点。使用 M6 螺钉将接地线缆的 M6 端（接头孔径较大的一端）连接到机柜的接地点上，M6 螺钉的紧固力矩为 4.8N·m，如图 3-63 所示。

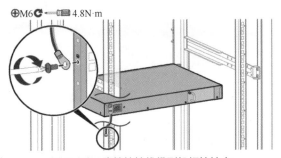

图 3-63　连接接地线缆到机柜接地点

接地线缆连接完成后，使用万用表的欧姆挡测量交换机接地点与接地端子之间的电阻，保证电阻不超过 0.1Ω。

④ 安装浮动螺母到机柜的方孔条。确定浮动螺母在方孔条上的安装位置，用一字螺钉旋具在

机柜前方孔条上安装 4 个浮动螺母，左右各 2 个。挂耳上的固定孔对应方孔条上间隔 1 个孔位的 2 个安装孔。保证左右对应的浮动螺母在同一水平面上。机柜方孔条上所有的孔之间的距离并不都是 1U，要参照机柜上的刻度，需注意识别。

⑤ 安装交换机到机柜。使用不同前挂耳的交换机安装到机柜的方法相同，这里以其中一种前挂耳为例进行说明，如图 3-64 所示。

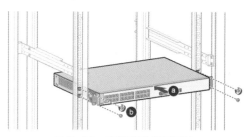

图 3-64　安装交换机到机柜

a. 搬运交换机到机柜中，双手托住交换机，使两侧的挂耳安装孔与机柜方孔条上的浮动螺母对齐。

b. 一只手托住交换机，另一只手使用十字螺钉旋具将挂耳通过 M6 螺钉（交换机两侧各安装 2 个）固定到机柜方孔条上。

（2）场景 2：安装交换机到工作台

首先查看硬件手册，确认对应的交换机是否支持安装到工作台。安装前需做好防静电措施，如佩戴防静电腕带或防静电手套；保证工作台平稳并良好接地；交换机四周留出空间以供散热，两侧及后侧均留出 50mm 以上的空间；交换机上禁止堆放杂物。

需要准备的工具和附件包括胶垫贴（每台 4 个）和防盗锁（可选，需用户自备）。

安装交换机到工作台的操作步骤如下。

① 佩戴防静电腕带或防静电手套。如果佩戴防静电腕带，则需确保防静电腕带一端已经接地，另一端与佩戴者的皮肤良好接触。

② 安装胶垫贴到交换机。小心地将交换机倒置，在交换机底部圆形压印区域安装 4 个胶垫贴，如图 3-65 中的 ⓐ 所示。

③ 放置交换机到工作台上。将交换机正置并平稳放置到工作台上，如图 3-65 中的 ⓑ 所示。

④ （可选）安装防盗锁。将交换机安装到工作台后，用户可选择使用防盗锁将交换机固定在工作台上，如图 3-65 中的 ⓒ 所示。

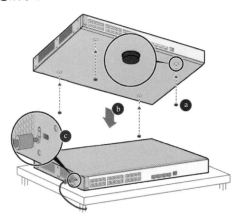

图 3-65　安装交换机到工作台

可以通过查看交换机上是否有防盗锁孔标志确认其是否可安装防盗锁，如图 3-66 所示，没有防盗锁孔的交换机不支持安装防盗锁。

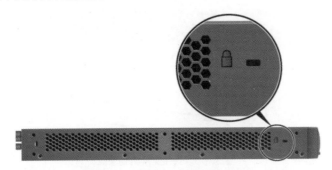

图 3-66　交换机上的防盗锁孔标志

（3）场景 3：安装交换机到墙面

首先查看硬件手册，确认对应的交换机是否支持安装到墙面。在安装过程中，在墙上打孔时必须确认打孔处没有墙电，以免造成人身伤害；安装前需做好防静电措施，如佩戴防静电腕带或防静电手套；安装交换机到墙面上时，建议做好防水、防尘处理，避免接口进水、进尘造成交换机损坏；交换机下方禁止摆放易燃、易爆物品，距离交换机 100mm 范围内不能有异物遮挡。

需要准备的工具和附件包括冲击钻（φ8mm 钻头）、M6 拉爆膨胀螺栓（每台 4 个）、M4 螺钉（每台 4 个或 6 个，根据交换机型号确定）和前挂耳（每台 2 个）。

安装交换机到墙面的操作步骤如下。

① 佩戴防静电腕带或防静电手套。如果佩戴防静电腕带，则需确保防静电腕带一端已经接地，另一端与佩戴者的皮肤良好接触。

② 使用 M4 螺钉将前挂耳安装到交换机。对于不同型号的交换机，标配的挂耳及挂耳的安装方式不同，安装挂耳到交换机时应使用配套的挂耳。不同型号挂耳的安装方法如图 3-67 所示。交换机的左右两侧均需安装挂耳，这里以交换机的一侧为例进行说明，另一侧的安装方法相同。

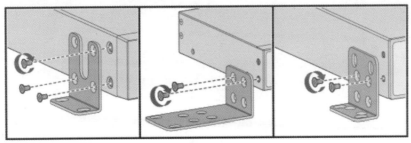

图 3-67　不同型号挂耳的安装方法

③ 用记号笔根据交换机尺寸及挂耳位置在墙上标记打孔位置。

④ 安装 M6 拉爆膨胀螺栓。

a. 使用冲击钻（φ8mm 钻头）在标记的位置打孔，且垂直于墙面，深度为 35～40mm。

b. 将 M6 拉爆膨胀螺栓插入打好的孔内，通过顺时针旋转螺母将 M6 膨胀螺栓固定在墙内。

c. 逆时针旋转取下 M6 拉爆膨胀螺栓上的螺母。

⑤ 安装交换机到墙面，如图 3-68 所示。

a. 将交换机两侧的挂耳孔对准墙面上的 M6 拉爆膨胀螺栓插入。

b. 将取下的螺母固定在 M6 拉爆膨胀螺栓上。

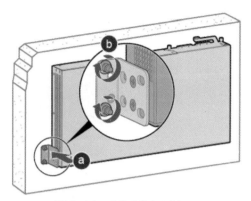

图 3-68　安装交换机到墙面

（4）场景 4：安装交换机到墙顶

首先查看硬件手册，确认对应的交换机是否支持安装到墙顶。在安装过程中，在墙上打孔时必须确认打孔处没有墙电，以免造成人身伤害。

需要准备的工具和附件包括冲击钻（ϕ8mm 钻头）、M6 拉爆膨胀螺栓（每台 4 个）、M4 螺钉（每台 4 个）、吸顶挂耳（每台 2 个）。

安装交换机到墙顶的操作步骤如下。

① 佩戴防静电腕带或防静电手套。如果佩戴防静电腕带，则需确保防静电腕带一端已经接地，另一端与佩戴者的皮肤良好接触。

② 安装吸顶挂耳到交换机。将吸顶挂耳与设备上的挂耳孔对齐，使用 M4 螺钉将吸顶挂耳固定在交换机上，如图 3-69 所示。这里以交换机的一侧为例进行说明，另一侧的安装方法相同。

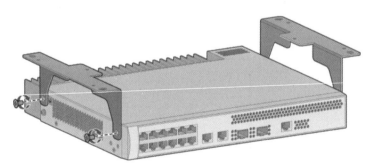

图 3-69　吸顶挂耳的安装方法

③ 用记号笔根据交换机尺寸及挂耳位置在墙顶标记打孔位置，标记的方法与场景 3 中标记的方法类似。

④ 安装 M6 拉爆膨胀螺栓。

a. 使用冲击钻（ϕ8mm 钻头）在标记的位置打孔，且垂直于墙顶，深度为 35～40mm。

b. 将 M6 拉爆膨胀螺栓插入打好的孔内，通过顺时针旋转螺母将 M6 膨胀螺栓固定在墙内。

c. 逆时针旋转取下 M6 拉爆膨胀螺栓上的螺母。

⑤ 安装交换机到墙顶，如图 3-70 所示。

a. 将交换机两侧的挂耳孔对准墙顶的 M6 拉爆膨胀螺栓插入。

b. 将取下的螺母固定在 M6 拉爆膨胀螺栓上。

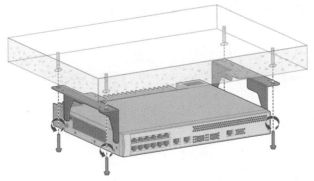

图 3-70　安装交换机到墙顶

3. 安装单板

安装好交换机主机之后，还需要安装单板，这里主要是指相关的其他模块，包括电源模块、风扇模块、插卡和光模块等。

（1）安装可插拔的电源模块和风扇模块

如果交换机发货时已装配好电源模块和风扇模块，则无需现场安装。风扇模块的安装方法和电源模块的安装方法相同，此处以安装电源模块为例进行说明。

需要准备的工具和附件包括防静电腕带或防静电手套、十字螺钉旋具。

安装电源模块的操作步骤如下。

① 佩戴防静电腕带或防静电手套。如果佩戴防静电腕带，则需确保防静电腕带一端已经接地，另一端与佩戴者的皮肤良好接触。

② 拆下交换机电源槽位上的假面板。拆下的假面板应妥善保管，以备后续使用。

交换机使用两种不同安装方式（松不脱螺钉固定方式和锁闩固定方式）的电源模块，对应的假面板也分为这两种固定方式的假面板。

拆卸松不脱螺钉固定方式的假面板如图 3-71 所示。

a. 用十字螺钉旋具逆时针拧松假面板上的松不脱螺钉。

b. 拉动假面板上的松不脱螺钉，拔出假面板。

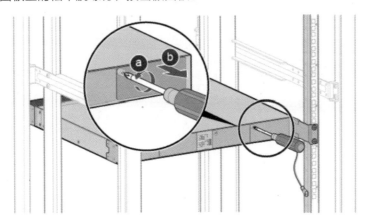

图 3-71　拆卸松不脱螺钉固定方式的假面板

拆卸锁闩固定方式的假面板如图 3-72 所示。

a. 用拇指向右掰动假面板上的锁闩并按住。

b. 拉动假面板上的把手，拔出假面板。

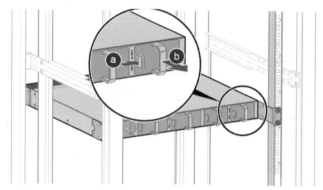

图 3-72　拆卸锁闩固定方式的假面板

③ 安装电源模块。

电源模块的安装同样分为两种方式。安装松不脱螺钉固定方式的电源模块如图 3-73 所示。

a. 一只手握住电源模块上的把手，另一只手托住电源模块的底部，将电源模块水平插入电源槽位，直到电源模块完全进入插槽。

b. 使用十字螺钉旋具顺时针拧紧电源模块上的松不脱螺钉。

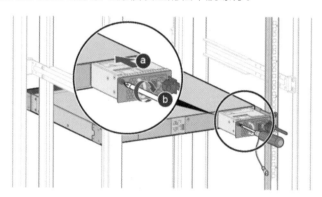

图 3-73　安装松不脱螺钉固定方式的电源模块

安装锁闩固定方式的电源模块如图 3-74 所示。一只手握住电源模块上的把手，另一只手托住电源模块的底部，将电源模块水平插入电源槽位中，直到电源模块完全进入插槽，此时锁闩会自动锁紧。

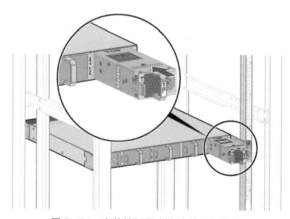

图 3-74　安装锁闩固定方式的电源模块

（2）安装插卡

部分型号的交换机支持安装可插拔的插卡。不同型号的插卡安装方法相同，此处以安装 4 端口前插卡为例进行说明。

需要准备的工具和附件包括防静电腕带或防静电手套、十字螺钉旋具。

安装插卡的操作步骤如下。

① 佩戴防静电腕带或防静电手套。如果佩戴防静电腕带，则需确保防静电腕带一端已经接地，另一端与佩戴者的皮肤良好接触。

② 拆下交换机插卡槽位上的假面板。拆下的假面板应妥善保管，以备后续使用。

a. 用十字螺钉旋具逆时针拧松假面板上的松不脱螺钉。

b. 拉动假面板上的松不脱螺钉，拔出假面板。

③ 安装插卡到交换机。

a. 打开插卡扳手，角度约为 45°，两手拇指推插卡左右两侧（松不脱螺钉下方），将插卡推入设备，直至插卡上方的螺钉全部进入机箱。

b. 在插卡上方螺钉完全进入机箱后，旋转扳手，将插卡完全插入机箱。

c. 使用十字螺钉旋具拧紧松不脱螺钉。

（3）安装光模块

光模块用于提供光信号的收发功能。安装光模块需要准备的工具和附件包括防静电腕带或防静电手套、防尘塞。

安装光模块的操作步骤如下。

① 佩戴防静电腕带或防静电手套。如果佩戴防静电腕带，则需确保防静电腕带一端已经接地，另一端与佩戴者的皮肤良好接触。

② 拔出光接口上的防尘塞。拔出后的防尘塞应妥善保管，以备后续使用。

③ 安装光模块到光接口。将光模块沿光接口平稳滑动直至完全插入，正确安装后光模块簧片会发出"啪"的响声。安装光模块时，如果按一个方向无法完全插入，则勿强行推入，可将光模块翻转 180° 后重新插入。

④ 确认光模块是否安装到位。不打开拉环，用拇指和食指按住光模块两侧轻拉光模块，看是否能够拔出光模块。如果不能拔出，则说明光模块已正确安装到位；如果能够拔出，则说明光模块安装不到位，应重新安装。

4．连接交换机

（1）连接电源线缆

盒式交换机使用的电源分为内置电源、可插拔的电源模块或独立的电源模块，使用不同电源时所需的电源线缆和连接方法不同。对于非 S5720I-SI 系列交换机，电源条件要求可参考表 3-18；对于 S5720I-SI 系列交换机和 PAC-260WA-E 或 PAC240S56-CN 电源模块，则需使用凤凰端子和配套的电源线缆。这里以内置交流电源或使用交流电源模块为例进行说明，其他几种电源可以查询相关的产品手册。

需要准备的工具和附件包括防静电腕带或防静电手套、交流端子防脱扣（可选）。

连接电源线缆的操作步骤如下。

① 佩戴防静电腕带或防静电手套。如果佩戴防静电腕带，则需确保防静电腕带一端已经接地，另一端与佩戴者的皮肤良好接触。

② 关闭给交换机供电的外部电源开关。

③ 关闭交换机或电源模块上的电源开关。如果交换机或电源模块上没有电源开关，则跳过此步骤。

④ 连接电源线缆到交换机或电源模块。这里以内置交流电源为例，说明连接方法。

a.（可选）安装交流端子防脱扣。

b. 将交流电源线缆插头插入交换机或交流电源模块的电源接口，如图 3-75 所示。

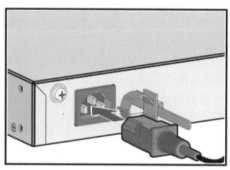

图 3-75　插入交流电源线缆插头

c.（可选）如果安装了交流端子防脱扣，则应根据交流电源线缆接头的大小调节防脱扣的位置，使交流端子防脱扣扣紧交流电源线缆。

部分型号的交换机交流电源接口使用的是防脱卡，其使用方法如图 3-76 所示。

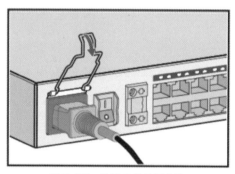

图 3-76　防脱卡的使用方法

（2）连接网线

连接好电源之后，需要连接网线。连接网线时需要注意以下几点。

① 布放网线前需要对网线进行导通性测试。

② 室外布线时严禁架空走线，否则设备易遭雷击损坏。

③ 采取埋地走线或采用钢管穿线方式布线。

④ 信号线缆与电源线的间距要大于 10cm。

⑤ 48 光接口设备配合光电模块用于 600mm 深机柜时，只能使用五类非屏蔽网线。

⑥ 48 电接口设备用于 600mm 深机柜时，只能使用五类非屏蔽网线。

交换机不支持或不使用后插卡时，对电接口使用的网线类型及交换机前面板到机柜前门的垂直距离有一定的要求，如表 3-19 所示。

表 3-19　使用不同类型网线的要求（距离要求不包含光电模块的尺寸）

网线类型	交换机前面板到机柜前门的垂直距离 X/mm
五类非屏蔽网线	$X \geqslant 80$mm，如果是 48 电接口，则需要双边走线
五类屏蔽网线	$X \geqslant 110$mm，如果是 48 电接口，则需要双边走线
六类线	$X \geqslant 120$mm，如果是 48 电接口，则需要双边走线

交换机使用后插卡，当安装在深度大于 600mm 的机柜中时，对电接口使用的网线类型及交换机前面板到机柜前门的垂直距离的要求如表 3-19 所示，对交换机后面板到机柜后门的垂直距离无特殊要求；当安装在 600mm 深的机柜中时，对电接口使用的网线类型、后插卡使用的光纤类型及交换机面板到机柜门的垂直距离有一定的要求，如表 3-20 所示。

表 3-20　使用不同类型网线、光纤的要求（距离要求不包含光电模块的尺寸）

网线类型	交换机前面板到机柜前门的垂直距离 X/mm	交换机后面板到机柜后门的垂直距离 Y/mm		
		超短尾光纤	短尾光纤	常规光纤或 QSFP+光纤
五类非屏蔽网线	80 mm <X<100mm	Y≥60mm	Y≥72mm	Y≥80mm
五类屏蔽网线	X=110mm	Y≥60mm，需要双边走线	Y≥72mm，需要双边走线	不能同时使用
六类线	X=120mm	Y≥60mm，需要双边走线	不能同时使用	不能同时使用

双边走线指交换机前 24 端口的网线从交换机左侧走，后 24 端口的网线从交换机右侧走。双边走线的同时建议在交换机下方预留 1U 的空间，以装走线架走线，走线完成后将网线绑扎好固定在机柜侧面，确保用机柜承担网线重量。如果是 10GBASE-T 以太网电接口，则推荐使用超六类屏蔽网线及以上标准网线。使用超六类屏蔽网线和七类线可以避免外部串扰，此类线缆较重，需做好绑扎固定，可以与其他线缆混合安装。MultiGE 接口（10GBASE-T 和 IEEE 802.3bz）在强干扰情况下可能会出现不大于 $1×10^{-7}$ 的误码，建议远离干扰源或采取必要的屏蔽措施；在触发 Fast Retrain 功能时会出现 30ms 左右的业务大量误码。

需要准备的工具和附件包括防静电腕带或防静电手套、斜口钳、绑扎带、记号笔、网线标签。连接网线的操作步骤如下。

① 确认需要对接的接口数量及对接关系，并确定好走线路径。

② 根据端口数量和工程勘察距离，选择对应数量和长度的网线。

③ 在每根网线的两端粘贴临时标签并填写编号。

④ 布放网线。布线时，如果线缆数目比较多，则为了使布线更方便，可以先将线缆在机柜中布置好，再做与设备连接的线缆接头。现场做的线缆接头必须规范、牢固、可靠、美观。

⑤ 佩戴防静电腕带或防静电手套。如果佩戴防静电腕带，则需确保防静电腕带一端已经接地，另一端与佩戴者的皮肤良好接触。

⑥ 连接网线到交换机接口。找到与网线编号对应的接口，将网线的接头插入交换机的接口。确保所有的网线正确地连接到交换机后再执行步骤⑦。

⑦ 绑扎网线。将连接好的网线理顺，使其不交叉，并参照表 3-21 所示的间距用绑扎带绑扎，如图 3-77 所示，将多余的绑扎带用斜口钳剪掉。绑扎应尽量宽松，最好在线缆绑扎处放置一块保护垫。注意，一捆线缆建议不超过 12 根，最多不能超过 24 根。

表 3-21　网线绑扎间距

网线束直径/mm	绑扎间距/mm
<10	150
10～30	200
>30	300

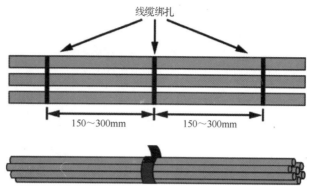

图 3-77　线缆绑扎方法

⑧ 将所有的临时标签更换成正式标签。

（3）连接光纤

连接光纤时，需要注意以下几点。

① 布放光纤前需要对光纤进行导通性测试。

② 信号线缆与电源线的间距要大于 10cm。

③ 光纤进入机柜/机架时必须套在波纹管中。光纤的曲率半径应至少为光纤直径的 20 倍，一般情况下曲率半径≥40mm。

④ 应确保光纤接口端面整洁干净，避免污染影响通信；若接口端面已被污染，则需用专用光纤清洁布清洁。

需要准备的工具和附件包括防静电腕带或防静电手套、波纹管、光纤绑扎带、记号笔、光纤工程标签、拔纤钳（可选）。

连接光纤的操作步骤如下。

① 确认需要对接的接口数量及对接关系，并确定好走线线路。

② 根据所使用的光模块类型、接口数量和工程勘察距离，选择对应模式、数量和长度的光纤。

③ 佩戴防静电腕带或防静电手套。如果佩戴防静电腕带，则需确保防静电腕带一端已经接地，另一端与佩戴者的皮肤良好接触。

④ 在每根光纤的两端粘贴临时标签并填写编号。

⑤ 拔下光模块上的防尘塞和光纤连接器上的防尘帽。

⑥ 连接光纤到光模块接口。将光纤连接器对准光模块接口并插入之后，若听到"啪"的响声，则表示已安装到位，如图 3-78 所示。注意，光纤连接器的发送端和接收端不要接反，可参考光模块接口处的标志。

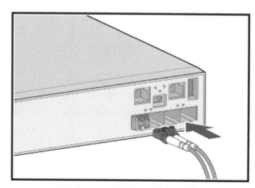

图 3-78　连接光纤到光模块接口

如需要拆卸，则可先将光纤接头往里轻推，再捏住卡扣向外拔出，如图 3-79 所示。禁止直接捏着光纤接头拔光纤。对于接口密集而用手不好操作的情况，可用拔纤钳辅助操作。

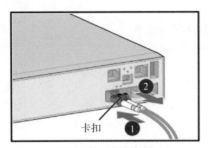

图 3-79　拔出光纤

⑦ 绑扎光纤。将连接好的光纤理顺，使其不交叉，每隔 150～300mm 用光纤绑扎带绑扎一次。

⑧ 将所有的临时标签更换成正式标签。

（4）连接高速电缆

连接高速电缆时，需要注意以下几点。

① 高速电缆不使用时，两端插头需安装防静电防护帽。

② 应确保高速电缆接口端面整洁干净，避免污染影响通信；若接口端面已被污染，则需用专用清洁布清洁。

③ 应保证电缆、光纤的曲率半径大于最小曲率半径，以保护芯线不受损伤，线缆的曲率半径可参考对应产品说明。

需要准备的工具和附件包括防静电腕带或防静电手套、斜口钳、绑扎带、记号笔、高速电缆标签。

连接高速电缆的操作步骤如下。

① 确认需要对接的接口数量及对接关系，并确定好走线线路。

② 根据端口数量和工程勘察距离，选择对应数量和长度的高速电缆。

③ 佩戴防静电腕带或防静电手套。如果佩戴防静电腕带，则需确保防静电腕带一端已经接地，另一端与佩戴者的皮肤良好接触。

④ 在每根高速电缆的两端粘贴临时标签并填写编号。

⑤ 连接高速电缆到交换机接口。找到与高速电缆编号对应的接口，将高速电缆的接头插入交换机的接口。连接时，确保接头方向正确，将电缆接头插入接口之后，若听到"啪"的响声，则表示已安装到位，如图 3-80 所示。确保所有的高速电缆正确地连接到交换机后再执行步骤⑥。

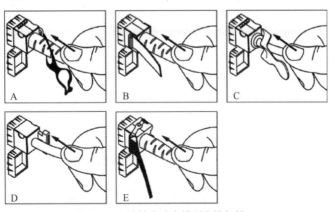

图 3-80　连接高速电缆到交换机接口

如需要拆卸，则可先将电缆接头往里轻推，再拉住拉手向外拔出，如图3-81所示。禁止直接拉着电缆接头拔电缆。

⑥ 绑扎高速电缆。将连接好的高速电缆理顺，使其不交叉，每隔150～300mm用绑扎带绑扎一次，将多余的绑扎带用斜口钳剪掉。

⑦ 将所有的临时标签更换成正式标签。

（5）连接堆叠线缆

部分交换机支持堆叠卡堆叠或业务口堆叠。

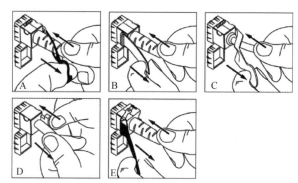

图3-81　拔出高速电缆

① 堆叠卡堆叠：设备之间通过专用的堆叠插卡及专用的堆叠线缆连接。

② 业务口堆叠：设备之间通过与逻辑堆叠端口绑定的物理成员端口相连，不需要专用的堆叠插卡。

具体交换机是否支持堆叠或支持的堆叠方式、堆叠的软硬件要求、堆叠线缆的连接方法等可参考相应的产品手册。

3.2.3　安装WLAN设备

WLAN的"瘦AP+AC"组网架构分为AP和AC两部分。本节将分别介绍这两部分设备的安装过程，AC设备以华为AC6605产品为例，AP设备以华为AP7050系列产品为例。

1. 安装AC

（1）安装准备：熟读安全注意事项、检查安装场所、检查机柜/机架、检查电源条件、准备安装工具和附件等，如表3-22所示。

表3-22　AC6605安装准备

项目	说明
熟读安全注意事项	① 为保障人身和设备安全，在安装、操作和维护设备时，应遵循设备上的标志及手册中说明的所有安全注意事项。 ② 手册中的"注意""警告""危险"事项并不代表所应遵守的所有安全事项，只作为所有安全注意事项的补充。 ③ 负责安装、操作、维护设备的人员，必须经过严格培训，了解各种安全注意事项，掌握正确的操作方法
检查安装场所	设备必须在室内使用，安装场所需满足以下条件。 ① 设备需要安装在干净整洁的、干燥的、通风良好的、温度可控的场所内。安装场所内严禁出现渗水、滴漏、凝露现象。 ② 安装场所内要做好防尘措施。室内灰尘落在机体上时，可能造成静电吸附，使金属接插件或金属接点接触不良，不但会影响设备使用寿命，而且易造成设备故障。 ③ 安装场所内的温度和相对湿度需保持在设备可正常工作的温度（海拔为-60～+1800m时，工作温度为-5～+50℃；海拔为1800～5000m时，海拔每升高300m，最高工作温度降低1℃）和相对湿度范围（5%～95%）内（非凝露）。如果相对湿度大于70%，则需加装除湿设备（如有除湿功能的空调、专用除湿机）等。 ④ 安装场所内避免有酸性、碱性或其他腐蚀性气体。 ⑤ 建议在设备四周留出空间以供散热，两侧及后侧均留出50mm以上的空间

续表

项目	说明
检查机柜/机架	设备安装时对机柜的要求如下。 ① 设备整机高度和宽度符合业界标准，可以安装在 19in 标准机柜/机架中。 ② 机柜/机架上要求有可靠的接地点供设备接地。 ③ 自行采购的机柜/机架需要有足够的安装空间和走线空间
检查电源条件	设备安装时对电源的要求如下。 ① 机房的电源在设备安装前应准备到位。 ② 机房提供到设备的工作电压应在设备可正常工作的电压范围（100～240V AC，50/60Hz）内。 ③ 交流电源插座需要满足 10A 的规格要求；如果是制式插座，则使用当地制式的交流电源线；如果是 C13 直母插座，则使用 C13 直母-C14 直公电源线
准备安装工具和附件	工具：防静电手套或防静电腕带、美工刀、钢卷尺、记号笔、一字螺钉旋具（M4/M6）、十字螺钉旋具（M4/M6）、斜口钳、网络测试仪、万用表、冲击钻（钻头 $\phi 8$mm）。 附件：线扣、光纤绑扎带、绝缘胶带、波纹管

（2）AC6605 设备有两种安装场景，即安装设备到机柜/机架和安装设备到工作台。AC6605 设备一般不直接安装到墙面。

① 场景 1：安装设备到机柜/机架。

AC6605 在机柜/机架中安装时分为两种情况：一种是安装前挂耳和后挂耳，依靠前挂耳和后挂耳实现固定，不需要采用滑道或托盘支撑，下面以这种安装情况为例进行说明；另一种是采用滑道或托盘支撑，在这种情况下不需要安装后挂耳，滑道或托盘需要单独购买。

安装设备到机柜/机架的操作步骤如下。

a. 安装前挂耳和后挂耳（各 2 个），建议前挂耳安装在设备出接口那一面的两侧，后挂耳安装在设备出电源模块那一面的两侧，如图 3-82 所示。

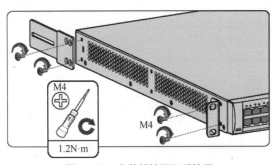

图 3-82　安装前挂耳和后挂耳

b. 安装浮动螺母。在前安装支架上安装 4 个浮动螺母，左右各 2 个，AC6605 设备高度为 1U，挂耳上的固定孔对应前安装支架上间隔 1 个孔位的 2 个安装孔；在对应的后安装支架上安装 4 个浮动螺母，左右各 2 个，如图 3-83 所示。注意，后安装支架上的浮动螺母与前安装支架上的浮动螺母在一条直线上。

c. 在后安装支架上安装后挂耳滑道，如图 3-84 所示。

设备在机柜/机架中安装时，机柜中两个方孔条的间距不同，后挂耳滑道的安装方式也有所不同，如表 3-23 所示。

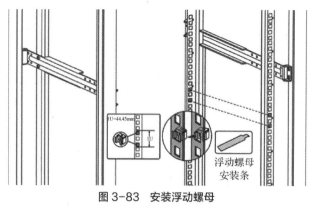

图 3-83　安装浮动螺母

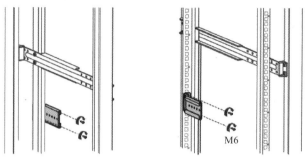

图 3-84　安装后挂耳滑道

表 3-23　后挂耳滑道的安装方式

机柜中两个方孔条的间距/mm	后挂耳滑道的安装方式
375～454	
507～566	

d. 托住机箱并将机箱搬到机柜/机架中，使后挂耳对准后挂耳滑道缓慢插入，如图 3-85 所示。

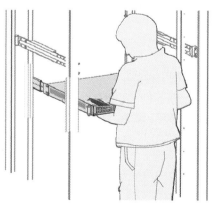

图 3-85　对准后挂耳滑道缓慢插入

e. 一只手托着机箱，另一只手用螺钉旋具将机箱前挂耳固定到前安装支架上，在机柜/机架后侧，将后挂耳固定到后挂耳滑道上，如图 3-86 所示。

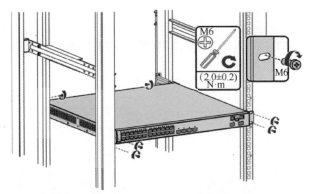

图 3-86　将后挂耳固定到后挂耳滑道上

② 场景 2：安装设备到工作台。

安装前保证工作台平稳并良好接地；设备四周留出空间以供散热，两侧及后侧均留出 50mm 以上的空间；设备上不要堆放杂物。

安装设备到工作台的操作步骤如下。

a. 佩戴防静电腕带或防静电手套。如果佩戴防静电腕带，需要确保防静电腕带一端已经接地，另一端与佩戴者的皮肤良好接触。

b. 安装胶垫贴到设备。小心地将设备倒置，在设备底部圆形压印区域安装 4 个胶垫贴，如图 3-87 中的❸所示。

c. 放置设备到工作台。将设备正置并平稳放置到工作台上，如图 3-87 中的❺所示。

d.（可选）安装防盗锁。设备左侧提供了防盗锁孔，设备安装到工作台后，用户可选择使用防盗锁将设备固定在工作台上，如图 3-87 中的❻所示。

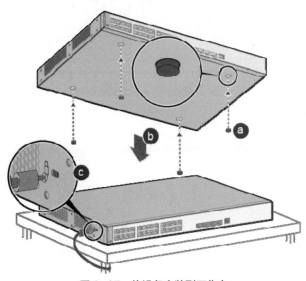

图 3-87　将设备安装到工作台

（3）连接电源线缆，操作步骤如下。

① 佩戴防静电腕带或防静电手套。如果佩戴防静电腕带，需要确保防静电腕带一端已经接

地，另一端与佩戴者的皮肤良好接触。

② 关闭外部供电电源的开关。

③ 连接电源线缆到电源模块。

a. 如果使用的是交流电源模块，则交流电源线缆的连接方法如图3-88所示。

（a）将交流电源线缆插头插入交流电源模块的电源插座，如图3-88（a）所示。

（b）使用交流端子防脱扣扣紧交流电源线缆，如图3-88（b）所示。

（c）将交流电源线缆的另一端连接到外部交流供电系统。

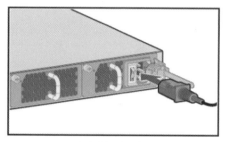
（a）插入电源插座

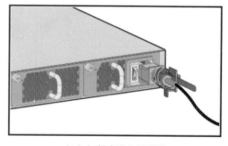
（b）扣紧交流电源线缆

图3-88　交流电源线缆的连接方法

b. 如果使用直流电源模块，则直流电源线缆的连接方法如图3-89所示。

（a）用十字螺钉旋具拆下电源模块上直流接线端子的保护盖，如图3-89（a）所示。

（b）用十字螺钉旋具拆下直流接线端子处的两个OT端子，如图3-89（b）所示。

（c）用拆下的OT端子将直流电源线缆与电源模块固定，防止电源线松脱。连接直流电源板的NEG（−）端，如图3-89（c）所示。

（d）用十字螺钉旋具安装直流接线端子上的保护盖，如图3-89（d）所示。

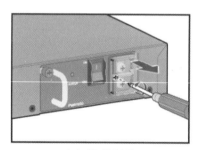
（a）拆下保护盖

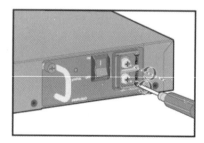
（b）拆下OT端子

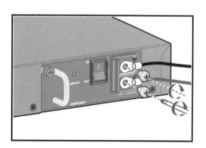
（c）固定直流电源线缆与电源模块

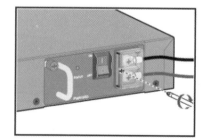
（d）安装保护盖

图3-89　直流电源线缆的连接方法

（4）连接信号线缆，绑扎线缆时需要注意以下几点。

① 线扣间距应保持一致。在机柜内部，线扣间距不超过 250mm。

② 线扣绑扎应松紧适度，尤其是光纤不应绑扎过紧。

③ 暂时不用的光纤连接器要安装防尘帽，设备上暂时不用的光接口要安装防尘塞。

④ 多余的光纤、电缆、网线要整齐盘绕，以易于查找。

⑤ 现场做的线缆接头必须规范、牢固、可靠、美观。

⑥ 布线时，如果线缆数目比较多，那么为了布线更方便，可以先将线缆在机柜中布置好，再做与设备连接的线缆接头。线缆连接完成，如图 3-90 所示。

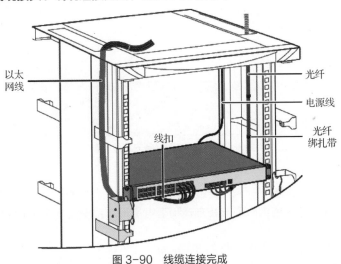

图 3-90　线缆连接完成

> **注意**　图 3-90 中的效果仅作为参考，具体布线方法需根据实际安装场景和接口使用情况进行调整。

2．安装无线 AP 设备

华为 AP7050DE 可为大中规模企业级高密度场景提供高性能的无线服务，可根据不同环境灵活实施分布。下面以华为 AP7050DE 产品为例介绍无线 AP 的安装过程。

（1）安装准备

① 熟悉安全注意事项。

为保障人身与设备安全，应采取适当的安全措施避免人身伤害和设备损坏。将设备放置在干燥、平整的地方；避免设备接触液体；做好防尘措施，保持设备洁净；不要将设备和安装工具放在行走区域内。

② 确定安装位置。

室内 AP 设备一般通过钣金安装件直接贴在墙壁或者天花板上，因此设备的具体安装位置由工程勘察确定，设备出线端距离墙壁至少预留 200mm 空间，其安装位置可参考图 3-91。

确定安装位置的原则如下。

a．尽量减少 AP 和用户终端间的障碍物（如墙壁）数量。

b．使 AP 远离可能产生射频干扰的电子设备，如微波炉或其他 AP、天线等设备。

c．安装位置尽量隐蔽，不妨碍居民的日常工作和生活。

d．严禁在积水、渗水、滴漏、凝露等环境下安装，并需避免线缆凝水、渗水而造成设备进水。

e. 严禁将设备安装在高温、多尘、存在有害气体、存在易燃易爆物品、易受电磁干扰（大型雷达站、发射电台、变电站）及电压不稳、震动大或噪声强的环境中。

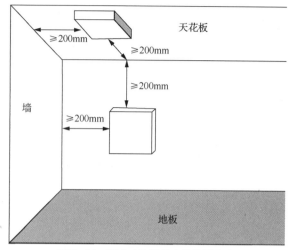

图 3-91　室内 AP 设备安装位置参考

（2）安装 AP7050DE 设备

如果设备表面有保护薄膜，则应在安装前撕除，以防止产生静电。AP7050DE 设备的安装方式有 3 种：挂墙安装方式、室内吸顶安装方式和室内 T 形龙骨安装方式。下面将分别进行介绍。

① 挂墙安装方式。

挂墙安装方式需要使用安装件和配套的膨胀螺管。

挂墙安装方式的操作步骤如下。

a. 固定钣金安装件时，应确保标志 中的箭头向上。

b. 将钣金安装件紧贴墙面，调整好安装位置，用记号笔标记出定位点，如图 3-92 所示。

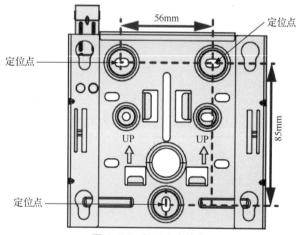

图 3-92　标记出定位点

c. 用 6mm 的电钻头在定位点打孔，钻孔的深度范围为 35～40mm，安装膨胀螺管，使膨胀螺管与墙面齐平，如图 3-93 所示。

d. 将钣金安装件贴紧墙面，用十字螺钉旋具依次将 3 个自攻螺钉拧进膨胀螺管中，使钣金安装件与墙面紧固，如图 3-94 所示。

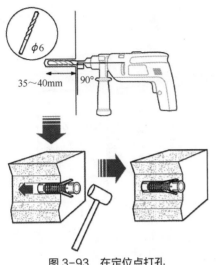

图 3-93　在定位点打孔

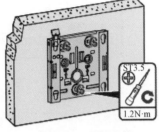

图 3-94　挂墙安装

e．AP 设备连接线缆，具体参见后面的线缆连接部分。将 AP 设备背面的螺钉对准钣金安装件上的安装孔，并将 AP 设备垂直推入安装件，如图 3-95 所示。待安装件的弹片被顶起后，再用力向下压设备。如果听到"咔"声，说明 AP 设备已固定在钣金安装件上。

需要特别注意的是，当 AP 设备安装在震动较剧烈的场景中时，需要用 M4×30 螺钉拧紧至钣金安装件上，防止 AP 设备因震动而脱落，如图 3-96 所示。正常场景下，此螺钉不用安装。

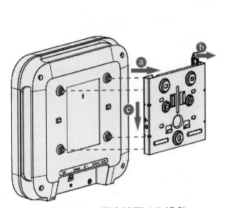

图 3-95　固定墙面 AP 设备

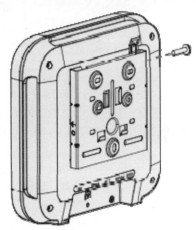

图 3-96　特殊场景中的墙面加固安装

② 室内吸顶安装方式。

吸顶安装时，天花板需能承受设备和钣金安装件总质量的 4 倍而不被损坏。当设备和钣金安装件总质量小于 1.25kg 时，天花板需满足不低于 5kg 的承重要求。

室内吸顶安装方式操作步骤如下。

a．将天花板卸下，根据钣金安装件上的两个安装孔间距确定定位点，在天花板上打孔，将钣金安装件固定到天花板上（紧固力矩为 1.4N·m），如图 3-97 所示。吸顶安装方式配套的螺钉长度为 30mm，适用于 15mm 内的天花板穿板安装。如需在更厚的天花板上安装，则需要用户自配更长的螺钉。

b．AP 设备连接线缆，线缆连接好后，将 AP 设备背面的螺钉对准钣金安装件上的安装孔位置，并将 AP 设备垂直推入安装件，如图 3-98 所示。待安装件的弹片被顶起后，再用力水平推动设备。如果听到"咔"声，说明 AP 设备已固定在钣金安装件上。

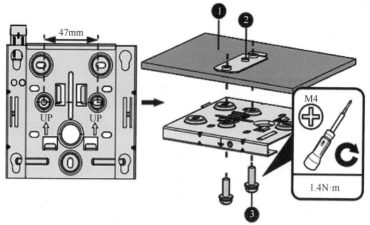

图 3-97　标记定位点并打孔
1—天花板；2—卡紧滑片；3—M4×30 螺钉

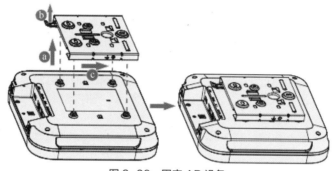

图 3-98　固定 AP 设备

　　务必确保 AP 设备已经正确地安装到安装件上，以避免掉落。室内吸顶安装时需要特别注意的是，当 AP 设备安装在震动较剧烈的场景中时，需要用 M4×30 螺钉拧紧至钣金安装件上，防止AP 设备因震动而脱落，如图 3-99 所示。正常场景下，此螺钉不用安装。

图 3-99　室内吸顶安装时的加固安装

　　③ 室内 T 形龙骨安装方式。

　　T 形龙骨需能承受设备和钣金安装件总质量的 4 倍而不被损坏。当设备和钣金安装件总质量小于 1.25kg 时，龙骨需满足不低于 5kg 的承重要求。T 形龙骨具体规格参数有厚度 t（$0.6\text{mm} \leqslant t \leqslant 1.0\text{mm}$）和宽度 w（$24\text{mm} \leqslant w \leqslant 29\text{mm}$）。

　　室内 T 形龙骨安装方式的操作步骤如下。

　　a. 将 T 形龙骨附近的两块天花板拆卸下来，先用螺钉将卡紧滑片拧紧到钣金安装件上，然后调节卡紧滑片，使 T 形龙骨紧固在卡紧滑片和钣金件锁扣中间，最后拧紧卡紧滑片上的螺钉，如图 3-100 所示。

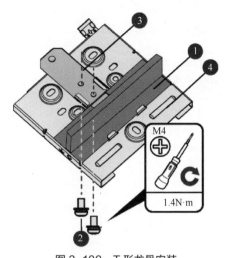

图 3-100　T 形龙骨安装

1—T 形龙骨；2—M4×30 螺钉；3—卡紧滑片；4—钣金安装件

b．AP 设备连接线缆，线缆连接好后，将 AP 设备背面的螺钉对准钣金安装件上的安装孔位置，并将 AP 设备垂直推入安装件，如图 3-98 所示。待安装件的弹片被顶起后，再用力水平推动设备。如果听到"咔"声，说明 AP 设备已固定在钣金安装件上。

需要特别注意的是，此步骤只能锁紧卡紧滑片中间的螺钉孔，可根据龙骨宽度选择合适的位置拧紧螺钉。务必确保 AP 设备已经正确地安装到安装件上，以避免掉落。当将 AP 设备安装在震动较剧烈的场景中时，须用 M4×30 螺钉拧紧至钣金安装件上，防止 AP 设备因震动而脱落。正常场景下，此螺钉不用安装。

（3）线缆连接

① AP 设备的外部连线接口如图 3-101 所示，接口所连接的线缆或设备说明如表 3-24 所示。

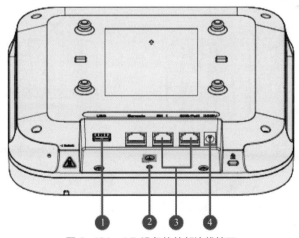

图 3-101　AP 设备的外部连线接口

表 3-24　接口所连接的线缆或设备说明

连接的线缆或设备	要求说明
USB 闪存盘	连接 USB 闪存盘设备，用于扩展存储，对外输出的最大功率为 2.5W
接地线	通过接地线将设备接地

续表

连接的线缆或设备	要求说明
网线	① 必须使用超五类线及以上网线。 ② 业务网线不可插入 Console 接口，否则 PoE 供电时可能损坏设备。网线长度不能超过 100m。 ③ AP 设备连接以太网时需要保证网线正常。如果网线不正常（如水晶头短路），则可能导致 AP 设备无法上电、AP 设备状态不正常等情况。因此，在连接网线前，可以使用网络测试仪检测网线是否正常。如果不正常，则应及时更换，以免造成 AP 设备无法正常使用
直流电源适配器	使用直流供电时，应使用配套的电源适配器，否则可能造成设备损坏

② 线缆连接时必须做防水弯，以防止凝露沿着线缆流进设备端口，造成设备损坏。防水弯具体制作方法如下。

a. 设备业务端口朝下，网线向上走，如图 3-102（a）所示。

b. 设备业务端口朝上，网线向上走，如图 3-102（b）所示。

c. 设备业务端口水平，网线向上走，如图 3-102（c）所示。

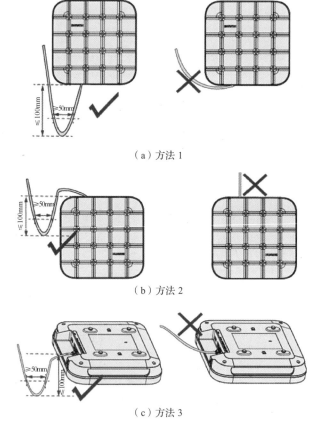

（a）方法 1

（b）方法 2

（c）方法 3

图 3-102 防水弯制作方法

③ 绑扎线缆时要注意以下几点。

a. 不同线缆分开布放，至少分开 30mm，禁止交叉或相互缠绕。不同线缆应平行走线，或使用专门的隔离物分开。

b. 绑扎后的线缆应相互紧密靠拢，外观平直、整齐，外皮无损伤。

c. 绑扎线扣时，线扣头朝同一方向，处于相同位置的线扣应在同一水平线上，线扣头应修剪平整。

d. 线缆安装完成后，必须粘贴标签或绑扎标牌。

④（可选）连接接地线缆。

使用接地螺钉和接地线缆将设备接地。接地线缆需现场制作，设备侧选用 M4 的 OT 端子，接地排侧选用 M6 的 OT 端子，也可以根据现场情况决定。线缆应根据现场实际情况进行裁剪，以避免浪费。

3.2.4 安装防火墙

华为 USG6000 系列防火墙采用了全新设计的万兆多核硬件平台，性能优异。该系列防火墙提供了多个高密度扩展接口卡槽位，支持类型丰富的接口卡，能够实现海量业务处理。其关键部件冗余配置，链路转换机制成熟，支持内置电 Bypass 插卡，可为用户提供超长时间无故障的硬件保障，帮助用户打造稳定的办公环境。本节将以华为 USG6310 产品（以下简称 USG 设备）为例展开介绍。

1. 安装准备

在安装 USG 设备前，应充分了解需要注意的事项和遵循的要求，并准备好安装过程中所需要的工具。

（1）在安装 USG 设备时，不当的操作可能会造成人身伤害或导致设备损坏。为保障人身和设备安全，在安装、操作和维护设备时，应遵循设备上的标志及手册中说明的所有安全注意事项。手册中的"注意""小心""警告""危险"事项，并不代表所应遵守的所有安全事项，只作为所有安全注意事项的补充。

（2）安装 USG 设备前，应确保安装环境符合要求，以保证设备正常工作，延长使用寿命。

（3）安装 USG 设备过程中需要使用到以下工具：十字螺钉旋具（M3～M6）、套筒扳手（M6、M8、M12、M14、M17、M19）、尖嘴钳、斜口钳等。

2. 安装防火墙主机

USG6310/6320/6510-SJJ 防火墙支持 3 种安装场景，分别是安装到 19in 标准机柜中、安装到工作台上及安装到墙体上。

（1）场景 1：安装到 19in 标准机柜中

安装防火墙主机到 19in 标准机柜中的操作步骤如下。

① 安装机箱挂耳。使用十字螺钉旋具，用 M4 螺钉将挂耳固定在机箱两侧，如图 3-103 所示。

图 3-103 安装机箱挂耳

② 安装浮动螺母。浮动螺母的安装位置如图 3-104 所示。

图 3-104　浮动螺母的安装位置

③ 安装与 M6 螺钉配套的浮动螺母，如图 3-105 所示。

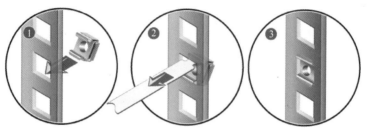

图 3-105　安装与 M6 螺钉配套的浮动螺母

④ 安装 M6 螺钉。使用十字螺钉旋具将 M6 螺钉固定在下排的两个浮动螺母上，先不拧紧，使螺钉外露 2mm 左右，如图 3-106 所示。

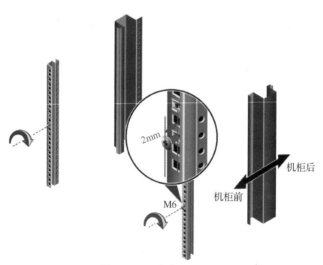

图 3-106　安装 M6 螺钉

⑤ 抬起设备，慢慢将设备移到机柜中，使设备两侧的挂耳勾住外露的 M6 螺钉。使用十字螺钉旋具拧紧外露的 M6 螺钉后再安装上排的 M6 螺钉，将设备通过挂耳固定到机柜中，如图 3-107 所示。

安装完成后，需进行以下检查：USG 设备已牢固地安装在机柜中，USG 设备周围没有妨碍散热的物品。

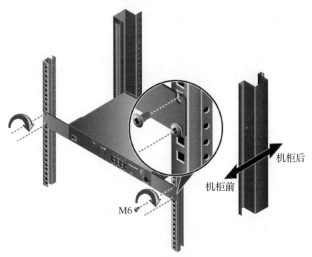

图 3-107　安装设备到机柜中

（2）场景 2：安装到工作台上

当没有机柜时，可以把 USG6310/6320/6510-SJJ 防火墙安装到工作台上。USG 设备附带的 4 个胶垫贴可以粘贴到 USG 设备的底部，以保证设备与工作台的平稳接触，并避免 USG 设备的表面与工作台摩擦产生划伤。

安装防火墙主机到工作台上的操作步骤如下。

① 将胶垫贴分别粘贴在分布于 USG 设备底部的 4 个圆形压印区域中。

② 将 USG 设备放置在干净的工作台上，如图 3-108 所示。

图 3-108　将 USG 放置在干净的工作台上

安装完成后，需进行以下检查：USG 设备已稳固地安放在工作台上，USG 设备四周留出 10cm 的散热空间且没有妨碍散热的物品。

（3）场景 3：安装到墙体上

当没有机柜时，还可直接将 USG6310/6320/6510-SJJ 防火墙安装到墙体上，墙体必须为承重墙，否则不能安装。设备的安装高度建议以便于观察指示灯状态为准。

安装防火墙主机到墙体上的操作步骤如下。

① 用直尺在墙面上定位出 2 个安装孔的位置（2 个安装孔的连线保持水平），并用记号笔标记，如图 3-109 所示。

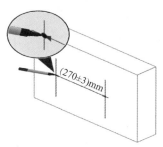

图 3-109　标记安装孔位置

② 钻孔和安装螺钉。应确保安装的螺钉牢固可靠，否则安装线缆后由于张力作用可能造成设备掉落。根据螺钉外径选用合适的钻头，螺钉外径不超过 4mm。将塑料膨胀管打进安装孔中。将螺钉对准塑料膨胀管，用十字螺钉旋具将螺钉紧固到墙上，螺钉入墙后建议留出 2mm，如图 3-110 所示。

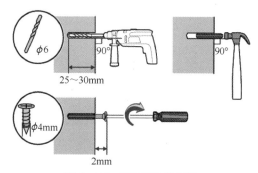

图 3-110　钻孔和安装螺钉

③ 安装 USG 设备到墙面上。将 USG 设备背面的安装孔对准螺钉，把 USG 设备挂在螺钉上。USG 设备支持双向挂墙安装方式，为防止接口进水造成设备损坏，建议安装时将接口面朝下，如图 3-111 所示。

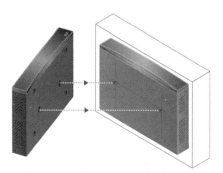

图 3-111　安装 USG 设备到墙面上

安装完成后，需进行以下检查：USG 设备已牢固地挂在墙面上，USG 设备四周留出 10cm 的散热空间且没有妨碍散热的物品。

3．连接电源适配器

USG6310/6320/6510-SJJ 防火墙提供了电源适配器。连接电源适配器前，应准备交流电源线，用于连接电源适配器和机房的供电电源。

连接电源适配器的操作步骤如下。

（1）确认保护地线已经良好接地。

（2）将防松线扣插入电源插座旁的插孔。

（3）连接电源适配器。

（4）将交流电源线的 C13 插头插入电源适配器的 C14 插座端。将电源适配器的 4PIN 插头插入 USG 设备后面板的电源插座，并将防松线扣调整到合适的位置。

（5）将防松线扣套在电源适配器的线缆上，并调节卡扣将电源适配器扣紧。

（6）将交流电源线的另一端插入交流电源插座或者交流供电设备的输出插座，如图 3-112 所示。USG 设备没有电源开关，USG 设备是否马上上电由供电电源的开关决定。

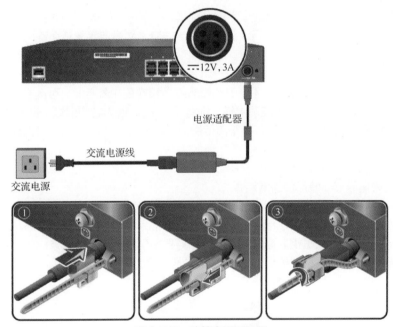

图 3-112　连接电源适配器

电源线连接完成后，需进行以下检查：电源插座与电源线的连接是否牢固可靠。如果安装了多台 USG 设备，则应在每根电源线的两端粘贴标签并分别进行编号以便区分。

4．上电与下电

为保证 USG6310/6320/6510-SJJ 防火墙能够正常启动，并保障人身和设备安全，应严格按照上电与下电要求进行操作。设备上电之前应进行如下检查：电源线和保护地线已连接完成；确认供电电源开关在机房中的位置，以备在发生事故时能够及时切断供电电源。

上电与下电的操作步骤如下。

（1）设备上电。打开供电电源开关，USG 设备开始启动。USG 设备启动后，根据前面板的指示灯状态确定 USG 设备是否正常运行。USG 设备正常运行时的指示灯状态如图 3-113 所示。

（2）设备下电。如果对设备进行了配置，则在设备下电之前务必保存数据，否则将导致配置丢失。如果长时间不使用设备，则需关闭电源开关。设备下电后，应按储存要求妥善保管。

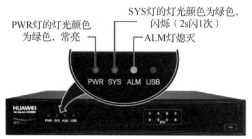

图 3-113　USG 设备正常运行时的指示灯状态

3.2.5　安装网管设备

下面以 RH2288H V3 服务器为例，介绍网管设备的安装步骤。

1. 安装准备

首先需要准备好工具和附件，包括十字螺钉旋具、一字螺钉旋具、浮动螺母安装条、剥线钳、斜口钳、网线钳、钢卷尺、万用表、网络测试仪、绑线带、防静电手套或防静电手腕带等。

2. 安装服务器

（1）在可伸缩滑道上安装服务器（适用于所有厂商的机柜）

直接堆叠服务器会造成服务器损坏，因此服务器必须安装在滑道上。可调节滑道分为左侧滑道和右侧滑道，标有"L"的滑道为左侧滑道，标有"R"的滑道为右侧滑道，安装时勿装错方向。RH2288H V3 服务器的机柜前后方孔条的距离范围为 543.5～848.5mm。可调节滑道的长度，将服务器安装在不同深度的机柜中。

在可伸缩滑道上安装服务器的操作步骤如下。

① 按照安装指导书安装可伸缩滑道。

② 至少两个人水平抬起服务器，将服务器放置到滑道上，并将其推入机柜。如果搬运服务器时拔出了磁盘，则应记录各磁盘插槽位置，上架后对应插入磁盘，以防预装的系统无法启动。将服务器推入机柜时，注意在机柜后面导向，以免服务器撞到机柜后的方孔条。

③ 服务器两端的挂耳紧贴机柜方孔条时，拧紧挂耳上的松不脱螺钉，以固定服务器，如图 3-114 所示。

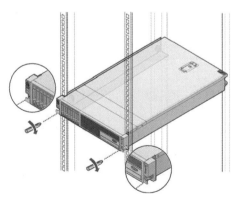

图 3-114　安装服务器

（2）在 L 形滑道上安装服务器（只适用于华为机柜）

在 L 形滑道上安装服务器的操作步骤如下。

① 安装浮动螺母，如图 3-115 所示。

把浮动螺母安装在机柜内侧，为固定服务器的 M6 螺钉提供螺钉孔。

a. 把浮动螺母的下端扣在机柜前方，将其固定在导槽安装孔位上。

b. 用浮动螺母安装条牵引浮动螺母的上端，将其安装在机柜前的方孔上。

图 3-115　安装浮动螺母

② 安装 L 形滑道，如图 3-116 所示。

a. 按照规划好的位置将滑道水平放置，使其贴近机柜方孔条。

b. 按顺时针方向拧紧滑道的紧固螺钉。

c. 使用同样的方法安装另一个滑道。

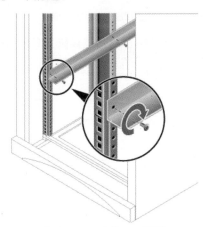

图 3-116　安装 L 形滑道

③ 至少两个人水平抬起服务器，将服务器放置到滑道上，并将其推入机柜。如果搬运服务器时拔出了磁盘，则应记录各磁盘插槽位置，上架后对应插入磁盘，以防预装的系统无法启动。将服务器推入机柜时，注意在机柜后面导向，以免服务器撞到机柜后的方孔条。

④ 服务器两端的挂耳紧贴机柜方孔条时，拧紧挂耳上的松不脱螺钉，以固定服务器。

3．安装电源线

严禁带电安装电源线。安装电源线前，必须关闭电源开关，以免造成人身伤害。为了保障设备和人身安全，应使用配套的电源线缆。

安装电源线的操作步骤如下。

（1）将交流电源线缆的一端插入服务器后面板电源模块的线缆接口，如图 3-117 所示。

（2）将交流电源线的另一端插入机柜的交流插线排。交流插线排位于机柜后方，水平固定在机柜上。可以选择就近的交流插线排上的插孔插入电源线。

（3）用绑线带将电源线绑扎在机柜导线槽上。

图 3-117　安装电源线

4. 安装信号线

RH2288H V3 服务器接口（后视图）如图 3-118 所示，其说明如表 3-25 所示。信号线连接包括以下几种情况。

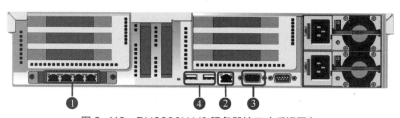

图 3-118　RH2288H V3 服务器接口（后视图）

表 3-25　RH2288H V3 服务器接口（后视图）说明

编号	接口	说明
1	吉比特以太网口	连接业务网络
2	MGMT 管理网口	连接维护网络
3	VGA 接口	连接显示器
4	USB 接口	连接鼠标、键盘及其他设备

（1）单机系统网线连接

按照实际组网将服务器连接到交换机。单机组网至少连接一个业务网口（图 3-118 中的网口❶）。如需远程管理服务器，则应将服务器通过 MGMT 管理网口连接到维护网络。

（2）本地高可用性系统网线连接

本地高可用性系统网线连接如图 3-119 所示，按照实际组网将服务器连接到交换机。本地高可用性系统组网需要连接 4 个业务网口。网口 1 和网口 3 配置 Bond 作为系统和应用专线，网口 2 和网口 4 配置 Bond 作为心跳和复制专线。主、备服务器之间的心跳/复制专线直接相连，两条直连网线必须是超五类线，并且长度小于 60m。如需远程管理服务器，则应将服务器通过 MGMT 管理网口连接到维护网络。

（3）异地高可用性系统网线连接

异地高可用性系统网线连接如图 3-120 所示，按照实际组网将服务器连接到交换机。异地高可用性系统组网需要连接 4 个业务网口。网口 1 和网口 3 配置 Bond 作为系统和应用专线，网口 2 和网口 4 配置 Bond 作为心跳和复制专线。如需远程管理服务器，则应将服务器通过 MGMT 管理网口连接到维护网络。

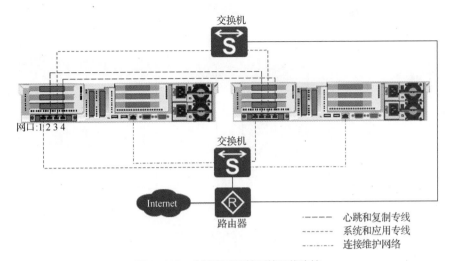

图 3-119　本地高可用性系统网线连接

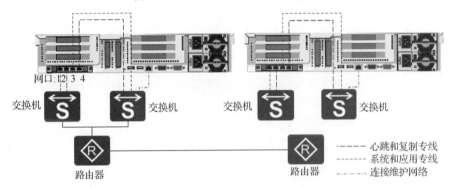

图 3-120　异地高可用性系统网线连接

5．布放网线

机柜内部网线的布放如图 3-121 所示。注意，网线需要每隔 20cm 绑扎一次，以保证机柜的整洁。机柜间网线的布放如图 3-122 所示。

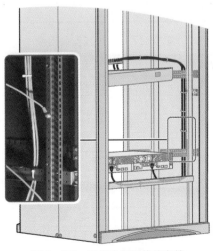

图 3-121　机柜内部网线的布放

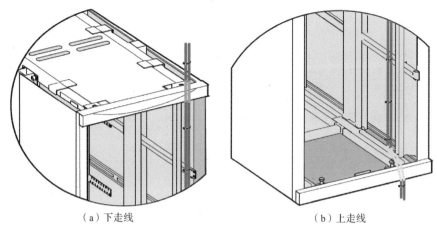

（a）下走线	（b）上走线

图 3-122　机柜间网线的布放

6. 安装后检查

服务器安装完成之后需要对电源线和信号线进行安装检查，详细的检查项目如表 3-26 和表 3-27 所示。

表 3-26　电源线安装检查

编号	检查项目
1	所有电源线和保护地线一定要采用铜芯电缆
2	电源线和保护地线一定要采用整段材料，中间不能有接头
3	不允许在接地系统电连接通路中设置开关、熔丝等可断开器件
4	GND 地排、PGND 地排最终应连接在同一个接地体上
5	接地电阻小于 10Ω
6	电源线和保护地线的 OT 端子应焊接或压接牢固
7	接线端子处的裸线及 OT 端子柄应用绝缘胶带缠紧，或套热缩套管，不得外露
8	所有螺钉应拧紧，并安装平垫和弹垫（注意：弹垫和平垫严禁垫反）
9	配电盒至各功能模块的电源线、地线，各模块与机柜 PGND 汇流条的保护地线安装正确，接触良好
10	电源线和保护地线布放时应与其他电缆分开绑扎
11	电源线和保护地线两端应粘贴电源线工程标签

表 3-27　信号线安装检查

编号	检查项目
1	任何信号线中间不能有接头，信号线应无破损、断裂
2	信号线插头必须完好无损，安装正确且牢固
3	信号线插头处应保留适当余量，以便于插头的插拔
4	信号线在弯曲处应留有余量，曲率半径符合各种电缆的要求
5	信号线走线时，应该遵循"左线左走，右线右走"的原则
6	信号线应与电源线分开绑扎
7	所有线扣应齐根剪平
8	信号线绑扎应整齐美观，线扣间距均匀，松紧适度，朝向一致
9	插头距上线处较远的电缆，应排列于线束外侧；插头距上线处较近的电缆，应排列于线束内侧。布放的电缆不得交叉，应层次分明，走线平滑

本章总结

本章介绍了网络中常见的路由器、交换机、WLAN 设备、防火墙和网管设备等网络硬件设备，并以华为设备为例详细介绍了相应的硬件和具体的安装步骤。通过本章内容的学习，读者应该了解常见网络设备的硬件知识，并且能够独立完成网络硬件设备的安装。

课后练习

1. 路由器按照外观可以分为（　　　）。
   A. 盒式路由器　　　B. 框式路由器　　　C. 骨干层路由器　　　D. 接入层路由器
2. S5731-S24T4X 交换机中用于业务收发的以太网接口数量是（　　　）。
   A. 57　　　　　　　B. 31　　　　　　　C. 4　　　　　　　D. 24
3. 安装盒式路由器的步骤是（　　　）。
   a. 上电与下电
   b. 安装准备
   c. 连接路由器
   d. 安装盒式路由器主机
   A. bdca　　　　　　B. adbc　　　　　　C. cadb　　　　　　D. abcd
4. 安装防火墙的步骤是（　　　）。
   a. 上电与下电
   b. 安装防火墙主机
   c. 连接电源适配器
   d. 安装准备
   A. bcda　　　　　　B. dbca　　　　　　C. acdb　　　　　　D. abcd
5. 安装服务器的步骤是（　　　）。
   a. 安装准备
   b. 安装服务器
   c. 布放网线
   d. 安装电源线
   e. 安装信号线
   A. deabc　　　　　　B. adebc　　　　　　C. abdec　　　　　　D. abcde

第 4 章
网络系统基础知识

在信息网络系统中，所有参与通信的网络连接设备以及用户终端必须遵循相同的规则、标准或约定，这些规则、标准或约定的集合称为协议。例如，网络中一个终端用户和一个大型服务器的操作员进行通信，由于他们各自的设备所用字符集不同，因此不理解对方所输入的命令，无法完成通信。为了能进行通信，规定每个网络设备和联网终端都要将各自私有字符集中的字符先变换为标准公共字符集中的字符，再进入网络进行传送，到达目的终端之后，再变换为各自设备终端私有字符集中的字符。

在第 3 章中，读者认识了通信网络中常见的网络设备，了解了各类型设备的安装、适配和组建过程。本章主要介绍网络系统的基础知识，包括通信网络基础知识、网络地址基础知识、虚拟局域网（Virtual Local Area Network，VLAN）和 IP 路由原理。

学习目标

① 掌握通信网络的概念。

② 熟悉 OSI 参考模型。

③ 熟悉 TCP/IP 对等模型。

④ 掌握网络地址和子网规划。

⑤ 掌握 VLAN 和基本网络配置。

⑥ 掌握路由工作原理和静态路由。

能力目标

① 能够阐述网络及网络拓扑结构的分类。

② 能够详细描述 OSI 参考模型和 TCP/IP 对等模型的层次结构。

③ 能够辨认 MAC 地址和 IPv4 地址。

④ 能够区分 VLAN 的不同端口。

⑤ 能够设计和实施路由策略。

素质目标

① 培养学生良好的学习习惯。

② 形成踏实严谨的工作作风。

③ 激发学生的求真求实意识。

4.1 通信网络基础知识

通信是指人与人之间通过某种媒体进行信息交流与传递，网络是指用物理连线将各个孤立的工作站或主机相连而组成的数据链路。通信网络是指将各个孤立的设备进行物理连接，实现人与人、人与计算机、计算机与计算机之间的信息交流和传递，从而达到信息互通和资源共享的目的。

V4-1

4.1.1 认识通信网络

人们的周围存在许多网络，如电话网络、电视网络、计算机网络等，其中最为典型的代表即计算机网络，其由计算机技术与通信技术结合发展而成。计算机技术与通信技术紧密结合、相互促进、相互影响，共同推进了计算机网络的发展。在现代通信技术诞生前，人们一直通过面对面、烟雾信号、官府驿站、飞鸽传书等有限的手段来交流信息。在科技发达的今天，借助即时通信应用交流的轻松、便利，已经是古人无法想象的事实。

在计算机网络出现之前，计算机都是独立的设备，每台计算机独立工作、互不联系。计算机技术与通信技术的结合，对计算机系统的组织方式产生了深远的影响，使计算机之间的相互访问成为可能。不同类型的计算机通过同种类型的通信协议相互通信，产生了计算机网络。

（1）计算机网络起始于 20 世纪 60 年代，当时网络主要基于主机（Host）架构的低速串行（Serial）连接，可提供应用程序执行、远程打印和数据服务功能。IBM 公司的系统网络架构（System Network Architecture，SNA）与非 IBM 公司的 X.25 公共数据网络是当时网络的典型代表。当时，由美国国防部资助，建立了一个名为阿帕网（ARPANET）的基于分组交换（Packet Switching）的网络。ARPANET 就是今天互联网的雏形。

（2）20 世纪 70 年代，出现了以个人计算机为主的商业计算模式。最初，个人计算机是独立的设备，后来，由于商业计算要求大量终端设备协同操作，局域网诞生了。局域网的出现，大大降低了商业用户打印机和磁盘的费用。

（3）20 世纪 80～90 年代，远程计算的需求不断增加，迫使计算机界开发出了多种广域协议（包括 TCP/IP、IPX/SPX 协议），以满足不同计算方式下远程连接的需求。互联网快速发展起来，TCP/IP 得到广泛的应用，成为互联网的标准协议。

计算机网络把分布在不同地理区域的计算机以及专门的外部设备（路由器、交换机等）利用通信线路互联成一个规模大、功能强的网络系统，从而使众多的计算机可以方便地互相传输信息，共享信息资源。如图 4-1 所示，一般来说，通信网络可以提供以下几方面的功能。

图 4-1　通信网络的功能

（1）资源共享：网络的出现使资源共享变得很简单，交流的双方可以跨越空间的障碍，随时随地传输信息。

（2）信息传输与集中处理：数据通过网络传输到服务器中，由服务器集中处理后再回送到终端。

（3）负载均衡（Load Balancing）与分布式处理（Distributed Processing）：举个典型的例子，一个大型互联网内容提供商为了支持更多的用户访问其网站，在全世界多个地方放置了相同内容的 Web 服务器，通过一定的技术使不同地方的用户看到放置在离用户最近的服务器上的相同页面，以实现各服务器的负载均衡，同时节省用户的访问时间。

（4）综合信息服务：网络的一大发展趋势是多维化，即在一套系统上提供集成的信息服务，包括文字、图像、语音、视频等。在多维化的发展趋势下，许多网络应用的新形式不断涌现，如即时通信、流媒体、电商、视频会议等。

4.1.2　网络的分类和基础概念

1. 地理位置划分

由于连接介质不同，通信协议不同，计算机网络的种类划分方法繁多。但一般来讲，计算机网络可以按照其覆盖的地理范围分为局域网、广域网（Wide Area Network，WAN），以及介于二者之间的城域网（Metropolitan Area Network，MAN）。

（1）局域网是由小区域内的各种通信设备互联所形成的网络，覆盖范围一般局限在房间、大楼或园区内。局域网一般指分布于几千米范围内的网络，特点是数据传输距离短、延迟小、数据传输速率高、传输可靠。

（2）城域网的覆盖范围介于局域网和广域网之间，通常是一个城市内的网络（数据传输距离为 10km 左右）。目前，城域网建设主要采用 IP 技术和异步传输方式（Asynchronous Transfer Mode，ATM）技术。宽带 IP 城域网是根据业务发展和竞争的需要而建设的城市范围内（包括所辖的县区等）的宽带多媒体通信网络，是宽带骨干网络（如中国电信 IP 骨干网、中国联通骨干 ATM 网络等）在城市范围内的延伸。

（3）广域网的覆盖范围较大，常常针对的是一个国家或者一个洲。其可在大范围区域内提供数据通信服务，主要用于互联局域网。在我国，中国公用分组交换数据网（ChinaPAC）、中国公用数字数据网（ChinaDDN）、中国教育和科研计算机网（CERNET）、中国公用计算机互联网（ChinaNet），以及在建的中国下一代互联网示范工程（CGNI）都属于广域网。广域网的目的是使分布较远的各局域网互联，特点是数据传输速率慢（典型速率为 56kbit/s～155Mbit/s）、延迟比较大（毫秒级）、拓扑结构不灵活。广域网拓扑很难进行归类，一般采用网状结构，网络连接往往依赖于运营商提供的电信数据网络。

2. 网络的拓扑结构划分

网络拓扑（Network Topology）指的是计算机网络的物理布局，即将一组设备以什么样的结构连接起来，通常也称其为拓扑结构。基本的网络拓扑结构有总线型拓扑结构、星形拓扑结构、树形拓扑、环形拓扑结构和网状拓扑结构及混合式拓扑结构，如图 4-2 所示，绝大部分网络都可以由这几种拓扑结构独立或混合构成。了解这些拓扑结构是设计网络和解决网络疑难问题的前提。

（1）总线型拓扑结构是指将各个节点用一根总线连接起来，所有节点间的通信都通过统一的总线完成。在早期的局域网中，这是一种应用很广的拓扑结构。采用这种拓扑结构的网络突出的特点是结构简单，成本低，实现、使用方便，消耗的电缆长度短，便于维护。但其有一个致命的缺点——存在单点故障。如果总线出现故障，整个总线型网络就会瘫痪。由于共享总线带宽，当网络负载过重时，总线型网络性能就会下降。为了解决这个问题，产生了星形拓扑结构。

（2）星形拓扑结构有一个中心控制点。当使用星形拓扑结构时，连接到局域网上的设备间的通信是通过与集线器或交换机的点到点的连线进行的。星形拓扑结构易于设计和实现，网络介质直接从中心的集线器或交换机处连接到工作站所在区域；星形拓扑结构易于维护，网络介质的布局使得网络易于修改，并且更容易对发生的问题进行诊断。在局域网的构建中，大量采用了星形拓扑结构。当然，星形拓扑结构也有缺点：一旦中心控制点设备出现问题，就容易发生单点故障；每一段网络介质只能连接一个设备，导致网络介质数量较多，安装成本相应提升。

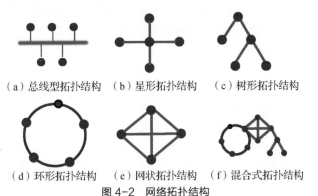

（a）总线型拓扑结构　（b）星形拓扑结构　（c）树形拓扑结构

（d）环形拓扑结构　（e）网状拓扑结构　（f）混合式拓扑结构

图 4-2　网络拓扑结构

（3）树形拓扑结构是总线型拓扑结构的逻辑扩展。其中，主机按级分层连接，并不形成封闭的环路结构。这种结构从一个首端点开始，可能会有多个分支点，每个分支点以下又可能有很多其他分支。

（4）环形拓扑结构是指将各节点通过一条首尾相连的通信线路连接起来形成一个封闭的环。其中，每一台设备只能和它的一个或两个相邻节点直接通信，如果需要与其他节点通信，则信息必须依次经过两者之间的每一个设备。环形网络可以是单向的，也可以是双向的，双向是指数据能在两个方向上进行传输，此时设备可以直接与两个临近节点直接通信。环形拓扑结构的优点是结构简单，各工作站地位相等；建网容易，增删节点时仅需要进行简单的连接操作；能实现数据传送的实时控制，可预知网络的性能。环形拓扑结构的一个缺点是在单环形拓扑中，任何一个节点发生故障，都会导致环中所有节点无法正常通信。在实际应用中一般采用多环结构，这样在单点发生故障时可以形成新的环，继续正常工作。环形拓扑结构的另一个缺点是当一个节点向另一个节点发送数据时，它们之间的所有节点都需要参与传输。与总线型拓扑结构相比，其要花费更多的时间在转发其他节点的数据上。

（5）网状拓扑结构也称为全网状拓扑结构，是指参与通信的任意两个节点之间均通过传输线直接相连，所以这是一种极端安全、可靠的拓扑结构。在网状网络中，由于不再需要竞争公用线路，因此通信变得非常简单，任意两台设备都可以直接通信，而不涉及其他设备。然而，对 N 个节点构建网状拓扑结构需要 $N(N-1)/2$ 个连接，这使得对大量节点建立网状拓扑结构的成本极高。此外，如果两台设备间通信流量很小，那么它们之间的线路利用率就很低，有很多的连接得不到充分利用。由于网状拓扑结构复杂、不易管理和维护，实现起来费用高、代价大，因此在局域网中很少采用。在实际应用中，常常采用部分网状拓扑结构替代全网状拓扑结构，即在重要节点之间采用全网状拓扑结构，对相对不重要的节点则省略一些连接。

（6）混合式拓扑结构指使用上面两种或多种拓扑结构，如总线型拓扑结构+网状拓扑结构+星形拓扑结构等。

3．电路交换和分组交换

电路交换（Circuit Switching）和分组交换是通信网络中的一对重要概念。

（1）电路交换。电路交换的概念最早来自电话系统。电话交换机采用的就是电路交换技术。电路交换基于电话网电路交换原理，当用户要求发送数据时，交换机就在主叫用户和被叫用户之间接通一条物理的数据传输通路。电路交换的优点是时延小，透明传输（传输通路对用户数据不进行任何修正或解释），信息吞吐量大；缺点是所占带宽固定，网络资源利用率低。由于计算机通信具有频繁、快速、少量、流量峰谷差距大、可同时与多点通信等特点，因此电路交换并不适用于大规模计算机网络中的终端直接通信。

（2）分组交换。分组交换是一种存储转发的交换方式，其是将需要传输的信息划分为一定长度或可变长度的包（分组），以分组为单位进行存储转发的。每个分组信息都载有接收地址和发送地址的标志。分组交换在线路上采用动态复用的技术来转发各个分组，带宽可以复用，网络资源利用率高。分组交换能够保证任何用户都不能长时间独占某传输线路，因而其可以较充分地利用信道带宽，并且可以实现处理并行交互式通信的功能。IP 电话就是使用分组交换技术的一种新型电话，因此其通话费远远低于传统电话。但是，在分组交换中，数据要被分割成分组，而网络设备也需要逐一对分组实行转发，这使得分组交换引入了更大的端到端延迟。由于每个分组都载有额外的地址信息，因此同样的有效数据实际上需要占用更多的带宽资源。另外，由于来自多个通信节点的数据复用同一个信道，因此突发的数据可能造成信道的拥塞。这些原因使得分组交换网络设备和协议需要具备处理寻址、转发、拥塞等能力，加大了对分组交换网络设备处理能力和复杂程度的需求。

4. 协议和标准

我们经常会看到 TCP/IP、IEEE 802.1、G.952 等字样，它们是什么呢？下面介绍通信网络中与这些字样有关的两个概念，如图 4-3 所示。

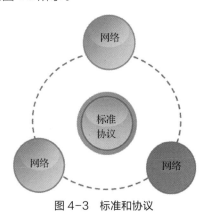

图 4-3　标准和协议

（1）协议

网络协议（Protocol）是为了使计算机网络中的不同设备能进行数据通信而预先制定的一套通信双方相互了解和共同遵守的格式和约定。网络协议是一系列格式和约定的规范性描述，定义了网络设备之间进行信息交换的方式。网络协议是计算机网络的基础，只有遵从相应协议的网络设备之间才能够通信。如果任意一台设备不支持用于网络互联的协议，其就不能与其他设备通信。

网络协议多种多样，主要有 TCP/IP、Novell 公司的 IPX/SPX 协议、IBM 公司的 SNA 协议等。目前较为流行的是 TCP/IP 协议族，其已经成为互联网的标准协议。

（2）标准

标准（Standard）是广泛使用的或者由官方规定的一套规则和程序，描述了协议的规定，设定了保障网络通信的最简性能集。数据通信标准分为两类：事实标准和法定标准。

① 事实标准：未经组织团体承认，但已被广泛使用和接受的标准。

② 法定标准：由官方认可的团体制定的标准。

在计算机网络的发展过程中，有许多国际标准化组织做出了重大的贡献，它们统一了网络的标准，使各个网络产品厂商生产的产品可以相互联通。目前为网络的发展做出贡献的标准化组织主要有以下几个。

① 国际标准化组织（International Organization for Standardization，ISO）：负责制定大型网络

的标准，包括与 Internet 相关的标准。ISO 提出了 OSI 参考模型，OSI 参考模型描述了网络的工作机理，是一个易于理解的、清晰的层次模型。

② 电气电子工程师学会（Institute of Electrical and Electronics Engineers，IEEE）：提供了网络硬件上的标准，使各种不同网络硬件厂商生产的硬件设备相互联通。IEEE LAN 标准是当今居于主导地位的 LAN 标准，主要定义了 IEEE 802.X 协议族，其中 IEEE 802.3 为以太网标准协议族、IEEE 802.4 为令牌总线（Toking Bus）网标准、IEEE 802.5 为令牌环（Toking Ring）网标准、IEEE 802.11 为 WLAN 标准。

③ 美国国家标准研究所（American National Standards Institute，ANSI）：主要定义了光纤分布式数据接口（Fiber Distributed Data Interface，FDDI）的标准。

④ EIA/TIA：定义了网络连接线缆的标准，如 RS-232、CAT 5、HSSI、V.24 等，同时定义了线缆的布放标准，如 EIA/TIA 568B。

⑤ 国际电信联盟（International Telecomm unication Union，ITU）：定义了用于广域连接的电信网络的标准，如 X.25、帧中继等。

⑥ 互联网架构委员会（Internet Architectrue Board，IAB）：下设工程任务委员会、研究任务委员会、号码分配委员会，负责各种互联网标准的定义，是目前极具影响力的国际标准化组织之一。

4.1.3 OSI 参考模型和 TCP/IP 对等模型

1. OSI 参考模型

自从 20 世纪 60 年代计算机网络问世以来，通信网络得到了飞速发展。国际上各大厂商为了顺应信息化潮流，在数据通信网络领域占据主导地位，纷纷推出了各自的网络架构体系和标准，如 IBM 公司推出了 SNA 协议、Novell 公司推出了 IPX/SPX 协议、Apple 公司推出了 AppleTalk 协议、DEC 公司推出了 DECNet 协议。同时，各大厂商针对自己的协议生产出了不同的硬件和软件。

V4-2

各个厂商的共同努力无疑促进了网络技术的快速发展和网络设备种类的迅速增长。但由于多种协议并存，网络变得越来越复杂；厂商之间的网络设备大部分不能兼容，很难进行通信。为了解决网络设备之间的兼容性问题，帮助各个厂商生产出可兼容的网络设备，ISO 于 1984 年提出了 OSI 参考模型，且其很快成为计算机网络通信的基础模型。OSI 参考模型的设计遵循了以下几点原则。

（1）各层之间有清晰的边界，便于理解。

（2）各层实现特定的功能。

（3）层的划分有利于国际标准、协议的制定。

（4）层的数目应该足够多，以避免各层功能重复。

OSI 参考模型分为 7 层，自下而上依次如下：物理层（Physical Layer）、数据链路层（Data Link Layer）、网络层（Network Layer）、传输层（Transport Layer）、会话层（Session Layer）、表示层（Presentation Layer）、应用层（Application Layer），如图 4-4 所示。

图 4-4 OSI 参考模型

OSI 参考模型具有以下优点。

（1）简化了相关的网络操作。

（2）提供了即插即用的兼容性和不同厂商之间的标准接口。

（3）使各个厂商能够设计出可互操作的网络设备，促进了标准化工作。

（4）在结构上进行分隔，防止一个区域网络的变化影响另一个区域的网络，因此每个区域的网络都能够单独进行快速升级。

（5）把复杂的网络问题分解为小的简单问题，易于学习和操作。

2. TCP/IP 对等模型

TCP/IP 发端于 ARPANET 的设计和实现，其后被工程任务委员会不断地充实和完善。TCP/IP 这个名称来自该协议族中两个非常重要的协议：TCP 和 IP。

与 OSI 参考模型一样，TCP/IP 对等模型也分为不同的层，每一层具有不同的通信功能。TCP/IP 对等模型是 OSI 参考模型和 TCP/IP 标准模型的综合，分为 5 层，自下而上依次为物理层、数据链路层、网络层、传输层和应用层。TCP/IP 对等模型、TCP/IP 标准模型与 OSI 参考模型有清晰的对应关系，如图 4-5 所示，其中应用层包含 OSI 参考模型的高层协议，TCP/IP 对等模型各层协议如表 4-1 所示。

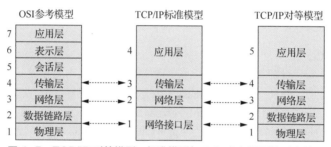

图 4-5　TCP/IP 对等模型、标准模型与 OSI 参考模型的对应关系

表 4-1　TCP/IP 对等模型各层协议

层数	层	常见协议	各层实现的功能
5	应用层	HTTP、Telnet、FTP、TFTP	提供应用程序网络接口
4	传输层	TCP、UDP	建立端到端的连接
3	网络层	IP	寻找 IP 地址和路由选择
2	数据链路层	Ethernet、PPP	在数据链路上实现数据的点对点、点对多点的直接通信，以及差错检测
1	物理层	—	在介质上传输比特流，实现物理信号的发送和接收

（1）物理层和数据链路层

物理层和数据链路层涉及在通信信道上传输的原始比特流，负责实现传输数据所需要的机械、电气、功能性及过程等手段，可提供检错、纠错、同步等措施，使之对网络层显现一条无错线路，并进行流量调控。

（2）网络层

网络层负责检查网络拓扑，以决定传输报文的最佳路由，执行数据转发。其关键问题是确定数据包从源端到目的端如何选择路由。网络层的主要协议有 IP、互联网控制报文协议（Internet Control Message Protocol，ICMP）、互联网组管理协议（Internet Group Management Protocol，IGMP）、ARP 等。

（3）传输层

传输层的基本功能是为两台主机间的应用程序提供端到端的通信。传输层从应用层接收数据，在必要时将其分成较小的单元传输给网络层，并确保到达对方的各段信息正确无误。传输层的主要协议有 TCP、用户数据报协议（User Datagram Protocol，UDP）。

（4）应用层

应用层负责处理特定的应用程序细节。应用层可显示接收到的信息，把用户的数据发送到低层，为应用软件提供网络接口。应用层包含大量常用的协议，如 HTTP、Telnet（远程登录）、文件传送协议（File Transfer Protocol，FTP）、简易文件传送协议（Trivial File Transfer Protocol，TFTP）等。

OSI 参考模型与 TCP/IP 对等模型的相同点如下。

① 都是分层结构，并且工作模式一样，都要求层和层之间具备很密切的协作关系。

② 都包括应用层、传输层、网络层、数据链路层和物理层。

③ 都使用包交换技术。

OSI 参考模型与 TCP/IP 对等模型的不同点如下。

① TCP/IP 对等模型把表示层和会话层都归入了应用层。

② TCP/IP 对等模型的分层少，结构比较简单。

③ TCP/IP 对等模型是在互联网的发展中建立的，基于实践，有很高的信任度；而 OSI 参考模型是基于理论建立的，是作为一种向导出现的。

4.2 网络地址基础知识

通信网络是将网络设备互联而构成的网络的总称。每个联网设备在网络上进行通信时，发送的信息中都需含有发送设备地址和接收设备地址，即源地址和目的地址，就像寄送快递一样，要写清楚收寄方地址及各自的电话等，由此引出本节所要介绍的媒体访问控制（Medium Access Control，MAC）地址和 IP 地址。

V4-3

4.2.1 MAC 地址

本节主要介绍 MAC 地址的定义和分类。MAC 地址也称物理地址、硬件地址，通常由网卡生产厂家烧入网卡的可擦可编程只读存储器（Erasable Programmable Read-Only Memory，EPROM）中，应用于 TCP/IP 对等模型的数据链路层，是一个用于定义网络设备位置的地址。MAC 地址可用于在网络中唯一地标识一块网卡，一台设备若有一块或多块网卡，则每块网卡都需要有一个唯一的 MAC 地址。MAC 地址由 48bit 的十六进制数组成，其中，从左到右，0～23bit 数据是厂商向工程任务委员会等机构申请用来标识厂商的代码，称为组织唯一标识符（Organizationally Unique Identifier，OUI）；24～47bit 数据由厂商自行分派，是各个厂商制造的所有网卡的唯一编号，称为扩展唯一标识符（Extended Unique Identifier，EUI），如图 4-6 所示。

MAC 地址可以分为以下 3 种类型。

（1）物理 MAC 地址：唯一地标识了以太网中的一个终端，该地址为全球唯一的硬件地址，也称为单播 MAC 地址。

（2）广播 MAC 地址：全 1 的 MAC 地址（FF-FF-FF-FF-FF-FF），用来表示局域网中的所有终端设备。

133

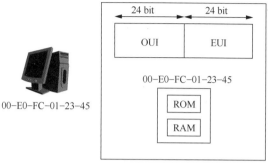

图 4-6　MAC 地址

（3）组播 MAC 地址：除广播地址外，8bit 为 1 的 MAC 地址（如 01-00-00-00-00-00），用来代表局域网中的一组终端。

4.2.2　IP 地址

IP 地址是计算机网络中用来唯一标识设备的一组数字，可分为 IPv4 地址和 IPv6 地址。如无特殊说明，本书中所有 IP 地址均指 IPv4 地址，IPv4 地址协议族是 TCP/IP 协议族中最为核心的协议族，其工作在 TCP/IP 对等模型的网络层，也称为逻辑地址。

IPv4 地址由 32 位的二进制数组成，但为了便于用户识别和记忆，人们采用点分十进制表示法来表示 IPv4 地址。这种表示法将 IPv4 地址用 4 个点分十进制整数来表示，每个十进制整数对应 1 字节。例如，某 IPv4 地址使用二进制表示为 00001010 00000001 00000001 00000010，采用点分十进制表示法后可表示为 10.1.1.2。

网络掩码（Mask）与 IP 地址位数一样，共 32 位，用二进制数表示时，由一串连续的"1"和一串连续的"0"组成，通常也以点分十进制数来表示。其中，网络掩码中"1"的个数称为网络掩码的长度，如网络掩码 252.0.0.0 的长度是 6。

网络掩码一般与 IP 地址结合使用。其中，值为 1 的位对应 IP 地址中的网络位，值为 0 的位对应 IP 地址中的主机位，以此来辅助识别 IP 地址中的网络号（Net-id）与主机号（Host-id）。

IP 地址由图 4-7 所示的两部分组成。

	网络号	主机号
IP地址	192.168.1	.1
	11000000.10101000.00000001	.00000001

图 4-7　两级 IP 地址结构

（1）网络号：用来标识网络。IP 地址与网络掩码转换以二进制数表示，进行按位相与计算后的结果即网络号。

（2）主机号：用来区分网络内的不同主机。对于网络号相同的设备，无论实际所处的物理位置如何，它们都处于同一个网络。其中，IP 地址与网络掩码转换以二进制数表示，将网络掩码取反，再进行按位相与计算后的结果即主机号。

为了方便 IP 地址的管理及组网，将 IP 地址分成 5 类，如图 4-8 所示。

在图 4-8 中，A、B、C 这 3 类 IP 地址称为主机地址，用于标识网络中的设备与主机；D 类地址是组播地址；E 类地址保留。各类 IP 地址的地址范围如表 4-2 所示。

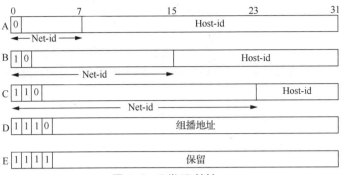

图 4-8　5 类 IP 地址

表 4-2　各类 IP 地址的地址范围

地址类型	地址范围	说明
A	0.0.0.0～127.255.255.255	主机号全为 0 时表示该 IP 地址就是网络地址,用于网络路
B	128.0.0.0～191.255.255.255	由;主机号全为 1 时表示该 IP 地址是广播地址,用于对网
C	192.0.0.0～223.255.255.255	络中的所有主机进行广播。可对应参见表 4-3
D	224.0.0.0～239.255.255.255	组播地址
E	240.0.0.0～255.255.255.255	保留。255.255.255.255 为局域网广播地址

在 32 位的 IP 地址中,一些 IP 地址是保留给特殊用途的,一般的用户不能使用。常见的特殊 IP 地址如表 4-3 所示。

表 4-3　常见的特殊 IP 地址

IP 地址网络号	IP 地址主机号	可否作为源地址	可否作为目的地址	描述
全 0	全 0	可以	不可以	用于本网络中的本主机
全 0	主机号	可以	不可以	用于网络中的特定主机
127	非全 0 或全 1 的任何值	可以	可以	用于回环地址
全 1	全 1	不可以	可以	用于受限的广播(永远不被转发)
网络号	全 1	不可以	可以	用于向以网络号为目的的网络广播

此外,为了解决 IP 地址短缺的问题,在 A 类、B 类、C 类地址中还规划了一些私有 IP 地址。私有 IP 地址是指内部网络地址或主机地址,这些地址只能用于内部网络,不能用于公共网络。私有 IP 地址可在内部网络中重复使用,如表 4-4 所示。

表 4-4　私有 IP 地址

地址类型	地址范围
A	10.0.0.0～10.255.255.255
B	172.16.0.0～172.31.255.255
C	192.168.0.0～192.168.255.255

4.3　虚拟局域网

以太网是一种基于带冲突检测的载波监听多路访问(Carrier Sense Multiple Access with Collision

Detection，CSMA/CD）的共享通信介质的数据网络通信技术，当主机数目较多时会导致网络冲突严重、广播泛滥、性能显著下降，甚至造成网络不可用等。通过交换机实现局域网互联虽然可以解决冲突严重的问题，但仍然不能隔离广播报文和提升网络质量。在这种情况下出现了 VLAN 技术，VLAN 技术在不改变交换机硬件的基础上，通过软件定义网络中的逻辑分组，是目前主流的划分广播域的技术。

4.3.1 以太网技术

V4-6

1. 局域网

20 世纪 70 年代，随着计算机体积减小、价格下降，出现了以个人计算机为主的商业计算模式。商业计算的复杂性要求大量终端设备资源共享和协同操作，这导致对大量计算机设备进行网络化连接的需求，局域网也由此产生。

局域网即局部区域网，是在一个局部的地理范围内（通常网络连接以几千米为限），将各种计算机、外围设备、数据库等互相连接起来组成的计算机通信网。

以太网标准是现有局域网采用的通用的通信协议标准，该标准定义了在局域网中采用的线缆类型和信号处理方法。以太网标准最早由 Xerox 开发，Xerox、DEC 和 Intel 推动形成了 DIX（Digital/Intel/Xerox）标准。1985 年，IEEE 802 委员会将以太网标准纳入了 IEEE 802.3 标准，并对其进行了修改。当今的以太网已形成一系列标准，从早期 10Mbit/s 的标准以太网、100Mbit/s 的快速以太网、1Gbit/s 的吉比特以太网，一直到 10Gbit/s 的万兆以太网，以太网技术不断发展，现已成为局域网技术的主流。

在网络中，如果一个区域中的任意一个节点可以收到该区域中其他节点发出的任何帧，那么该区域为一个冲突域；类似地，如果一个区域中的任意一个节点都可以收到该区域中其他节点发出的广播帧，那么该区域为一个广播域。常见的网络设备包括集线器、交换机、路由器等，如图 4-9 所示。其中，路由器既隔离冲突域又隔离广播域，交换机隔离冲突域而不隔离广播域，集线器既不隔离冲突域也不隔离广播域。

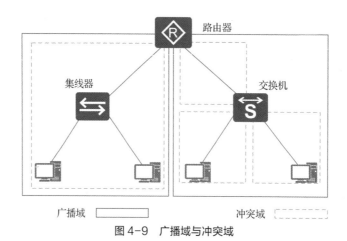

图 4-9　广播域与冲突域

早期的以太网通常使用集线器进行组建，在这样的网络中，所有计算机共享一个冲突域，计算机数量越多，冲突越严重，网络利用效率越低；同时，该网络也是一个广播域，网络中发送信息的计算机数量越多，广播流量耗费的带宽越多。因此，这种共享式的以太网不仅面临冲突域太大和广播域太大两大难题，而且无法保障传输信息的安全。目前，人们使用的以太网都采用交换机进行组建，称为交换式以太网。

2. 以太网帧格式

在以太网的发展历程中，以太网的帧格式出现过多个版本。目前以太网数据帧的封装格式有两个标准：Ethernet Ⅱ帧格式和 IEEE 802.3 帧格式。接下来分别进行介绍。

（1）Ethernet Ⅱ帧格式

Ethernet Ⅱ帧格式如图 4-10 所示。

图 4-10　Ethernet Ⅱ帧格式

各字段解释如下。

① DMAC（Destination MAC）：目的 MAC 地址，用于确定帧的接收者。

② SMAC（Source MAC）：源 MAC 地址，用于标识帧的发送者。

③ Type：2 字节的类型字段，用于标识数据字段中包含的高层协议，即该字段告诉接收设备如何解释数据字段。在以太网中，多种协议可以在局域网中共存。因此，Ethernet Ⅱ帧格式的 Type 字段中设置的相应的十六进制值提供了在局域网中支持多协议传输的机制。

a. Type 字段取值为 0x0800 的帧代表 IP 帧。

b. Type 字段取值为 0x0806 的帧代表 ARP 帧。

④ Data：该字段表明帧中封装的具体数据。Data 字段的最小长度为 46 字节，以保证帧长至少为 64 字节，这意味着传输 1 字节信息也必须使用 46 字节的 Data 字段。如果填入该字段的信息长度小于 46 字节，则必须对该字段的其余部分进行填充。Data 字段的最大长度为 1500 字节。

⑤ 循环冗余校验（Cyclic Redundancy Check，CRC）：该字段提供了一种错误检测机制，每一个发送器都计算一个包含 DMAC 字段、SMAC 字段、Type 字段和 Data 字段的 CRC 码，并将计算出的 CRC 码填入 4 字节的 CRC 字段。

（2）IEEE 802.3 帧格式

IEEE 802.3 帧格式由 Ethernet Ⅱ帧格式发展而来，目前应用得很少。其将 Ethernet Ⅱ帧的 Type 字段用 Length 字段取代，并且占用 Data 字段的 8 字节作为逻辑链路控制（Logical Link Control，LLC）字段和子网访问协议（Sub-Network Access Protocol，SNAP）字段，如图 4-11 所示。

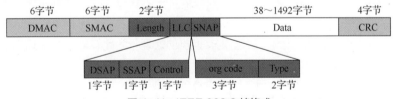

图 4-11　IEEE 802.3 帧格式

各字段解释如下。

① Length：定义了 Data 字段包含的字节数。该字段取值不大于 1500（大于 1500 表示帧格式为 Ethernet Ⅱ帧格式）。

② LLC：由目的服务访问点（Destination Service Access Point，DSAP）、源服务访问点（Source Service Access Point，SSAP）和 Control 字段组成。

③ SNAP：由机构代码（org code）和类型（Type）字段组成。org code 字段的 3 字节取值都为 0，Type 字段的含义与 Ethernet Ⅱ帧中的 Type 字段的含义相同。

④ 其他字段可参见 Ethernet Ⅱ帧的字段说明。

IEEE 802.3 帧根据 DSAP 字段和 SSAP 字段取值的不同又可以分成不同类型，有兴趣的读者可以自行查阅相关资料。

3. 交换机工作原理

交换机的端口在检测到网络中的比特流后，会先把比特流还原成数据链路层中的数据帧，再对数据帧进行相应的操作；同样，交换机端口在发送数据时，会把数据帧转换成比特流，再从端口将其发送出去。因此，交换机属于数据链路层的设备，可通过帧中的信息控制数据转发。交换机通过数据帧中的目的 MAC 地址进行寻址，并学习数据帧的源 MAC 地址来构建自己的 MAC 地址表，该表存放了 MAC 地址与交换机端口的映射关系。交换机针对帧的行为一共有 3 种：泛洪（Flooding）、转发（Forwarding）和丢弃（Discarding），如图 4-12 所示。

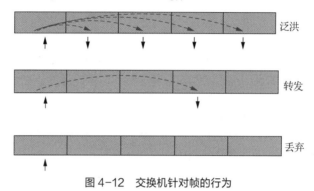

图 4-12　交换机针对帧的行为

① 泛洪：交换机把从某一端口进来的帧通过所有其他端口转发出去。

② 转发：交换机把从某一端口进来的帧通过另一个端口转发出去。

③ 丢弃：交换机把从某一端口进来的帧直接丢弃。

交换机的基本工作原理可以概括如下。

（1）如果进入交换机的是一个单播帧，则交换机会到 MAC 地址表中查找该帧的目的 MAC 地址。

① 如果查不到目的 MAC 地址，则交换机执行泛洪操作。

② 如果查到了目的 MAC 地址，则比较其在 MAC 地址表中对应的端口与帧进入交换机的端口是否相同。如果不相同，则交换机执行转发操作；如果相同，则交换机执行丢弃操作。

（2）如果进入交换机的是一个广播帧，则交换机不会查找 MAC 地址表，而是直接执行泛洪操作。

（3）如果进入交换机的是一个组播帧，则交换机的处理行为比较复杂（超出了本书学习范围，略去不讲）。

另外，交换机还具有学习能力。当一个帧进入交换机后，交换机会检查该帧的源 MAC 地址，并对该源 MAC 地址与该帧进入交换机的那个端口进行映射，并将该映射关系存放到 MAC 地址表中。

交换机的工作过程如下。

（1）初始状态下，交换机并不知道所连接主机的 MAC 地址，所以 MAC 地址表为空。如图 4-13 所示，SW1 为初始状态，在收到 PC1 发送的数据帧之前，MAC 地址表中没有任何项。

（2）PC1 发送数据给 PC3 时，一般会先发送 ARP 请求帧来获取 PC3 的 MAC 地址，此 ARP 请求帧中的目的 MAC 地址是广播地址，源 MAC 地址是本机 MAC 地址。SW1 收到该帧后，会将源 MAC 地址和接收端口的映射关系添加到 MAC 地址表中。默认情况下，S 系列交换机学习到的 MAC 地址表项的老化时间为 300s。如果在老化时间内再次收到 PC1 发送的数据帧，则 SW1 中保存的 PC1 的 MAC 地址和 Port1 端口的映射的老化时间会被刷新。此后，交换机收到源 MAC 地址为 00-01-02-03-04-AA 的数据帧时，都将通过 Port1 端口进行转发，如图 4-14 所示。

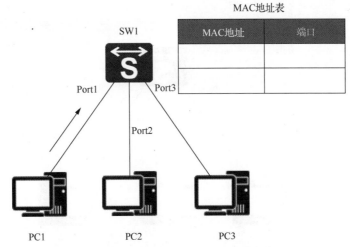

图 4-13　交换机的初始状态

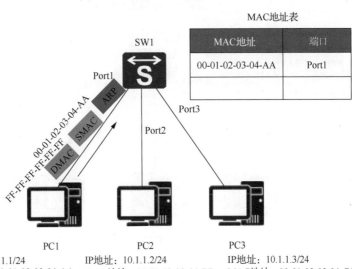

图 4-14　学习 MAC 地址

（3）PC1 发送的数据帧的目的 MAC 地址为广播地址，所以 SW1 会将此数据帧通过 Port2 端口和 Port3 端口转发到 PC2 和 PC3，如图 4-15 所示。

（4）PC2 和 PC3 接收到此数据帧后都会进行查看。但是，PC2 不会回复该数据帧，PC3 会处理该数据帧并回复 ARP 数据帧，此回复数据帧的目的 MAC 地址为 PC1 的 MAC 地址，源 MAC 地址为 PC3 的 MAC 地址。SW1 收到回复数据帧时，会将该数据帧的源 MAC 地址和端口的映射关系添加到 MAC 地址表中。如果此映射关系在 MAC 地址表中已经存在，则其会被刷新。SW1 查询 MAC 地址表，根据数据帧的目的 MAC 地址找到对应的转发端口后，通过 Port1 端口转发此数据帧，如图 4-16 所示，回复应答，完成 PC1 到 PC3 的完整通信流程。

在收到数据帧后，交换机学习数据帧的源 MAC 地址，维护自己的 MAC 地址表，在 MAC 地址表中查询该数据帧的目的 MAC 地址，并将数据帧从对应的端口转发出去。MAC 地址表将继续记录和更新通过交换机通信的其他设备的 MAC 地址与端口的映射关系，保障信息传输。

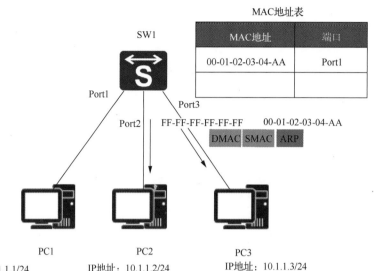

图 4-15　转发数据帧

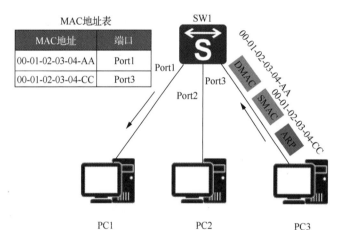

图 4-16　回复应答

4.3.2　VLAN 技术

V4-7

　　为了扩展传统局域网，在接入更多计算机的同时避免冲突的恶化，可以选择使用交换机进行组网，其能有效隔离冲突域。交换机采用交换方式将来自入端口的信息转发到出端口上，解决了共享介质上的访问冲突问题，从而将冲突域缩小到端口级。采用交换机进行组网，通过二层交换解决冲突域问题，但是广播域太大和信息安全问题依旧存在。

　　为了减少广播域，需要在没有互访需求的主机之间进行隔离。路由器是基于三层 IP 地址信息来选择路由的，其连接两个网段时可以有效抑制广播报文的转发，但成本较高。因此，人们提出了在物理局域网中构建多个逻辑局域网的方案，即 VLAN。

VLAN 将一个物理局域网在逻辑上划分成多个广播域（多个 VLAN），VLAN 内的主机间可以直接通信，而各 VLAN 间不能直接通信。这样，广播报文被限制在一个 VLAN 内，提高了网络安全性。

例如，同一座写字楼中的不同企业，若建立各自独立的局域网，企业的网络投资成本将很高；若共用写字楼已有的局域网，又会导致企业信息安全无法保证。采用 VLAN 可以实现各企业共享局域网设施，同时保证各自的网络信息安全。

图 4-17 所示为 VLAN 的典型应用，虚线框表示 VLAN。3 台交换机放置在不同的地点，如写字楼的不同楼层；每台交换机分别连接 3 台计算机，它们分别属于 3 个不同的 VLAN，如不同的企业。

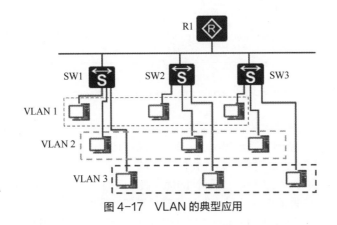

图 4-17　VLAN 的典型应用

4.3.3　VLAN 技术原理

VLAN 为了实现转发控制，在待转发的以太网帧中添加了 VLAN 标签（Tag），并设定了交换机端口对该标签和帧的处理方式，包括丢弃帧、转发帧、添加标签和移除标签。

转发帧时，交换机通过检查以太网帧携带的 VLAN 标签是否为某端口允许通过的标签，判断该以太网帧是否能够从端口转发。在图 4-18 所示的场景中，假设有一种方法，为 PC1 发出的所有以太网帧都加上标签 VLAN 5，SW1 查询二层转发表，根据目的 MAC 地址将该帧转发到 PC2 连接的端口。由于在 SW2 端口上配置了"仅允许 VLAN 1 通过"，因此 PC1 发出的帧将被 SW2 丢弃。这就意味着支持 VLAN 技术的交换机在转发以太网帧时不再仅仅依据目的 MAC 地址，还要考虑该端口的 VLAN 配置情况，从而实现对二层转发的控制。下面围绕 VLAN 技术展开深入讨论。

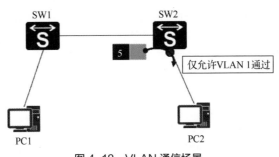

图 4-18　VLAN 通信场景

1. VLAN 的帧格式

IEEE 802.1q 标准对以太网帧格式进行了修改，在 SMAC 字段和 Type 字段之间加入了 4 字节的 IEEE 802.1q Tag，如图 4-19 所示。

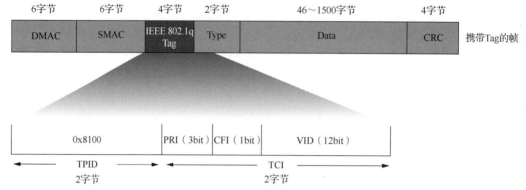

图 4-19 基于 IEEE 802.1q 的以太网帧格式

IEEE 802.1q Tag 包含 4 个字段，其含义如下。

（1）TPID：长度为 2 字节，表示帧类型，取值为 0x8100 时表示 IEEE 802.1q Tag 帧。如果不支持 IEEE 802.1q 的设备收到此类型的帧，会将其丢弃。

（2）PRI（Priority）：长度为 3bit，表示帧的优先级，取值范围为 0～7 的整数，值越大表示优先级越高。当交换机发生拥塞时，会优先发送优先级高的数据帧。

（3）CFI（Canonical Format Indicator，标准格式指示位）：长度为 1bit，表示 MAC 地址是否为经典格式。CFI 为 0 说明是经典格式，CFI 为 1 说明是非经典格式。CFI 用于区分以太网帧、FDDI 帧和令牌环网帧。在以太网中，CFI 的值为 0。

（4）VID（VLAN ID）：长度为 12bit，表示帧所属的 VLAN。可配置的 VID 取值范围为 0～4095 的整数，但是 0 和 4095 在协议中规定为保留的 VID，不能给用户使用。

使用 VLAN 标签后，在交换网络环境中，以太网帧有以下两种格式。

① 没有 IEEE 802.1q Tag 的以太网帧称为标准以太网帧，即 Untagged 数据帧。

② 有 IEEE 802.1q Tag 的以太网帧称为带有 VLAN 标签的帧，即 Tagged 数据帧。

2. VLAN 的划分方式

VLAN 的划分方式共有以下 5 种，其中基于端口划分 VLAN 是极为常用的方式。

（1）基于端口划分 VLAN

基于端口划分 VLAN 即根据交换设备的端口号来划分 VLAN，如图 4-20 所示。网络管理员给交换机的每个端口配置了不同的端口默认 VID（Port Default VLAN ID，PVID）。当一个数据帧进入交换机端口时，如果其没有带 VLAN 标签，且端口上配置了 PVID，那么该数据帧就会被打上 PVID；如果进入的帧已经带有 VLAN 标签，那么交换机不会再增加 VLAN 标签，即使端口已经配置了 PVID。对帧的处理由端口类型决定。

采用基于端口划分 VLAN 的方式可以非常简单地定义分组成员，但是成员移动时需重新配置 VLAN。

（2）基于 MAC 地址划分 VLAN

基于 MAC 地址划分 VLAN 即根据交换机端口所连接设备的 MAC 地址来划分 VLAN。网络管理员配置完成 MAC 地址和 VID 映射关系表后，如果交换机收到的是 Untagged 数据帧（不带 VLAN 标签），则依据 VID 映射关系表添加 VID。

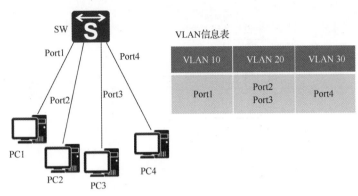

图 4-20　基于端口划分 VLAN

采用基于 MAC 地址划分 VLAN 的方式，当终端用户的物理位置发生改变时，不需要重新配置 VLAN，提高了终端用户的安全性和接入的灵活性。

（3）基于子网划分 VLAN

当交换机收到 Untagged 数据帧，基于子网划分 VLAN 时，根据报文中的 IP 地址信息确定添加的 VID。

采用基于子网划分 VLAN 的方式，通过使指定网段或 IP 地址发出的报文在指定的 VLAN 中传输，减少了网络管理员的任务量，提高了网络管理的便利性。

（4）基于协议划分 VLAN

基于协议划分 VLAN 时，根据端口接收到的报文所属的协议（族）类型及封装格式，给报文分配不同的 VID。

采用基于协议划分 VLAN 的方式，可将网络中提供的服务类型与 VLAN 相绑定，以方便管理和维护。

（5）基于策略划分 VLAN

基于策略划分 VLAN 即基于 MAC 地址、IP 地址、端口组合策略划分 VLAN。使用该方式划分 VLAN 须在交换机上配置终端的 MAC 地址和 IP 地址，并与 VLAN 关联。只有符合条件的终端才能加入指定 VLAN。符合条件的终端加入指定 VLAN 后，严禁修改 IP 地址或 MAC 地址，否则会导致终端从指定 VLAN 中退出。

相较于其他 VLAN 划分方式，基于策略划分 VLAN 是优先级最高的划分方式。

当设备同时支持多种划分方式时，一般情况下的优先使用顺序如下：基于策略（优先级最高）→基于子网→基于协议→基于 MAC 地址→基于端口（优先级最低）。

3. VLAN 的转发流程

VLAN 通过以太网帧中的标签，结合交换机端口的 VLAN 配置，实现对报文转发的控制。假设交换机有端口 A 和 B，端口 A 收到以太网帧，如果转发表显示目的 MAC 地址存在于 B 端口下，则引入 VLAN 后，该帧能否从端口 B 转发出去取决于以下两个关键点。

（1）该帧携带的 VID 是否被交换机创建？

（2）目的端口是否允许携带该 VID 的帧通过？

转发流程如图 4-21 所示。转发过程中，标签操作类型有以下两种。

（1）添加标签：端口收到 Untagged 数据帧时，为数据帧添加 VID 为 PVID 的标签。

（2）移除标签：删除帧中的 VLAN 标签信息，以 Untagged 数据帧的形式发送给对端设备。

注意　正常情况下，交换机不会更改 Tagged 数据帧中的 VID。但某些设备支持的特殊业务，可能会提供更改 VID 的功能，此内容不在本书讨论范围之内。

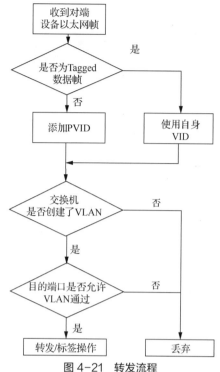

图 4-21　转发流程

4.3.4　VLAN 端口类型

为了提高处理效率，将交换机内部的数据帧一律视为 Tagged 数据帧，以统一方式处理。当一个数据帧进入交换机端口时，如果是 Untagged 数据帧，且端口配置了 PVID，那么该数据帧会被标记上 PVID；如果数据帧已经是 Tagged 数据帧，那么即使端口配置了 PVID，交换机也不会再给数据帧标记 VLAN 标签。由于端口类型不同，交换机对帧的处理过程也不同。下面就 3 种不同的 VLAN 端口（见图 4-22）分别进行介绍。

V4-8

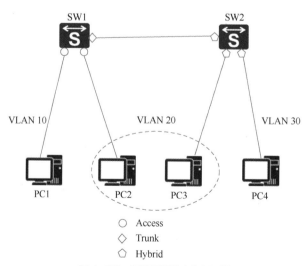

图 4-22　3 种不同的 VLAN 端口

（1）Access 端口：一般用于和不能识别 VLAN 标签的用户终端（如用户主机、服务器等）相连，或者在不需要区分不同 VLAN 成员时使用。Access 端口只能收发 Untagged 数据帧，且只能为 Untagged 数据帧添加唯一的 VLAN 标签。

（2）Trunk 端口：一般用于连接交换机、路由器、AP 以及可同时收发 Tagged 数据帧和 Untagged 数据帧的语音终端。Trunk 端口允许多个数据帧带标签通过，但只允许一个数据帧发出时不带标签（剥除标签）。

（3）Hybrid 端口：既可以用于连接不能识别 VLAN 标签的用户终端（如用户主机、服务器等）和网络设备，也可以用于连接交换机、路由器，还可以用于连接可同时收发 Tagged 数据帧和 Untagged 数据帧的语音终端、AP。Hybrid 端口可以允许多个数据帧带标签通过，且允许发出的帧根据需要配置某些 VLAN 带标签（不剥除标签）、某些不带标签（剥除标签）。

V4-9

Hybrid 端口和 Trunk 端口在很多应用场景下可以通用，但在某些应用场景下必须使用 Hybrid 端口。例如，在一个端口连接不同 VLAN 的场景中，因为一个端口需要给多个 Untagged 报文添加标签，所以必须使用 Hybrid 端口。

对以上 3 种不同的 VLAN 端口进行对比，如表 4-5 所示。

表 4-5　3 种不同的 VLAN 端口对比

端口类型	接收帧		发送帧	
	Untagged 数据帧	Tagged 数据帧		
Access	打上本端口的 PVID 后，接收	检查该帧携带的 VID 是否与 PVID 相同，是则接收，否则丢弃	剥离标签后，发送	
Trunk	打上 PVID 并检查该 PVID 是否为端口允许的 VID，是则直接接收，否则丢弃	检查该帧携带的 VID 是否为端口允许的 VID，是则直接接收，否则丢弃	检查该帧携带的 VID 是否为端口允许的 VID	
			否则丢弃	是则检查该帧携带的 VID 是否与 PVID 相同，是则剥离标签后发送，否则直接发送
Hybrid	同 Trunk	同 Trunk	检查该帧携带的 VID 是否为端口允许的 VID	
			否则丢弃	是则检查是否配置剥离标签，是则剥离标签后发送，否则直接发送

4.4　IP 路由原理

路由与交换是不同的概念，交换发生在数据链路层中，而路由发生在网络层中。它们虽然都表示对数据进行转发，但是所利用的信息及处理方式都不同，本节将讲述路由的工作原理和路由的类型。

4.4.1　认识路由

路由是一个有趣而又复杂的课题，到底什么是路由呢？路由是指导 IP 报文从源路由器发送到目的路由器的路径信息，如图 4-23 所示。另外，路由也可理解为将数据包从源路由器发送到目的路由器的过程。

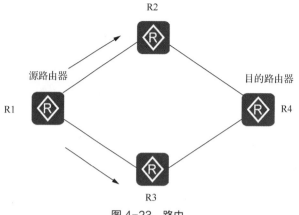

图4-23　路由

数据包在网络中的传输如图4-24所示。数据包在网络中的传输就像是体育运动中的接力赛一样，每一个路由器只负责将数据包在本站通过最优的路径转发，多个路由器一站一站地接力将数据包通过最优路径转发到目的地。当然，也有一些例外的情况，由于一些路由策略的实施，数据包通过的路径并不一定是最优的。需要补充说明的是，若一台路由器通过一个网络与另一台路由器相连，这两台路由器相隔一个网段，则在互联网中认为这两台路由器相邻。图4-24所示的箭头即表示网段，至于每一个网段又由哪几条物理链路构成，路由器并不关心。

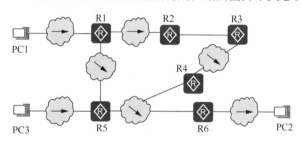

图4-24　数据包在网络中的传输

通过上述简单说明可以发现，路由器对于数据包的传输是逐跳的，每台路由器按照一定的规则将自身收到的数据包发送出去，而对数据包的后续发送则不再过问。可以将其简单理解为，设备对于数据的转发是相互独立的，互不干涉。

4.4.2　路由工作原理

我们已经知道了路由和路由器的概念，下面将从以下两个方面讲解路由的工作原理。

1. 路由表

路由器工作时依赖于路由表进行数据的转发。路由表就像一张地图，包含去往各个目的网络的路径信息（路由条目），每条信息至少应该包括以下内容。

（1）目的网络：表明路由器可以到达的网络的地址。

（2）下一跳：通常情况下，一般指向去往目的网络的下一个路由器的接口地址，该路由器称为下一跳路由器。

（3）出接口：表明数据包从本路由器的哪个接口发送出去。

在路由器中，可以通过执行【display ip routing-table】命令查看路由表，其结果如图4-25所示。

```
[Huawei]display ip routing-table
Route Flags: R - relay,D - download to fib
------------------------------------------------------
Routing Tables: Public
Destinations: 6      Routes: 6
Destination/Mask    Proto   Pre  Cost  Flags  NextHop        Interface
1.1.1.1/32          Direct  0    0     D      127.0.0.1      InLoopBack0
192.168.1.0/24      Direct  0    0     D      192.168.1.1    Ethernet1/0/0
192.168.1.1/32      Direct  0    0     D      127.0.0.1      InLoopBack0
192.168.2.0/24      Static  60   0     RD     192.168.1.254  Ethernet1/0/0
192.168.1.255/32    Direct  0    0     D      127.0.0.1      InLoopBack0
......
```

图 4-25　查看路由表的结果

路由表中包含下列关键项。

（1）Destination：目的地址，用来标识 IP 包的目的地址或目的网络。

（2）Mask：网络掩码，用来与目的地址一起标识目的主机或路由器所在的网段的地址。

（3）Proto（Protocol）：用来生成、维护路由的协议或者方式，如 Static、开放式最短路径优先（Open Shortest Path First，OSPF）、中间系统到中间系统（Intermediate System to Intermediate System，IS-IS）、BGP 等。

（4）Pre（Preference）：路由加入 IP 路由表的优先级。针对同一目的地，可能存在不同下一跳、出接口的若干条路由，这些不同的路由可能是由不同的路由协议发现的，也可能是手动配置的静态路由。优先级高（数值小）者为当前的最优路由。

（5）Cost：路由开销。当到达同一目的地的多条路由具有相同的优先级时，路由开销最小的为当前的最优路由。Pre 用于不同路由协议间路由优先级的比较，Cost 则用于同一种路由协议内部不同路由优先级的比较。

（6）NextHop：下一跳 IP 地址，表明 IP 包所经由的下一个设备。

（7）Interface：输出接口，表明 IP 包将由路由器转发的接口。

2．路由过程

在介绍完路由表之后，接下来通过一个实例加深读者对路由过程的了解。如图 4-26 所示，R1 左侧连接 10.3.1.0 网络，R3 右侧连接 10.4.1.0 网络，当 10.3.1.0 网络中有一个数据包要发送到 10.4.1.0 网络时，IP 路由过程如下。

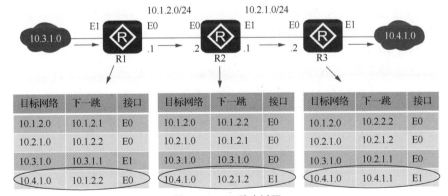

图 4-26　IP 路由过程

首先，10.3.1.0 网络的数据包被发送给与网络直接相连的 R1 的 E1 接口，E1 接口收到数据包后查找自己的路由表，找到去往目的地址的下一跳为 10.1.2.2，接口为 E0，于是数据包从 E0 接口发出，交给下一跳 10.1.2.2。

其次，R2 的 10.1.2.2（E0）接口收到数据包后，同样根据数据包的目的地址查找自己的路由表，查找到去往目的地址的下一跳为 10.2.1.2，接口为 E1，于是数据包从 E1 接口发出，交给下一跳 10.2.1.2。

最后，R3 的 10.2.1.2（E0）接口收到数据后，依旧根据数据包的目的地址查找自己的路由表，查找目的地址是自己的直连网段，并且去往目的地址的下一跳为 10.4.1.1，接口是 E1，故数据包从 E1 接口发出，交给目的地址。

4.4.3　路由类型

路由的类型主要有 3 种，分别是直连路由、动态路由和静态路由，下面将分别进行介绍。

1. 直连路由

直连路由是指与路由器直连的网段的路由条目。直连路由不需要特别配置，只需要在路由器接口上设置 IP 地址，然后由数据链路层发现即可（数据链路层协议 UP，路由表中即可出现相应路由条目；数据链路层协议 DOWN，相应路由条目消失）。

在路由表中，直连路由的 Proto 字段显示为 Direct，如图 4-27 所示。

```
[Huawei-Ethernet1/0/0]ip address 192.168.1.124

[Huawei]display ip routing-table
Route Flags: R - relay,D - download to fib
-------------------------------------------------------------
Routing Tables: Public
Destinations: 7      Routes: 7
Destination/Mask    Proto   Pre   Cost   Flags   NextHop       Interface
127.0.0.0/8         Direct   0     0      D       127.0.0.1     InLoopBack0
127.0.0.1/32        Direct   0     0      D       127.0.0.1     InLoopBack0
127.255.255.255/32  Direct   0     0      D       127.0.0.1     InLoopBack0
192.168.1.0/24      Direct   0     0      D       192.168.1.1   Ethernet1/0/0
192.168.1.1/32      Direct   0     0      D       127.0.0.1     InLoopBack0
192.168.1.255/32    Direct   0     0      D       127.0.0.1     InLoopBack0
255.255.255.255/32  Direct   0     0      D       127.0.0.1     InLoopBack0
```

图 4-27　直连路由

当给接口 Ethernet1/0/0 配置 IP 地址后（数据链路层协议已 UP），路由表中会出现相应的路由条目。

2. 静态路由

静态路由是由管理员手动配置的路由。虽然通过配置静态路由同样可以达到网络互通的目的，但这种配置易出现问题。当网络发生故障后，静态路由不会自动修正，必须由管理员重新修改其配置。因此，静态路由一般应用于小规模网络。

在路由表中，静态路由的 Proto 字段显示为 Static，如图 4-28 所示。

```
[Huawei]display ip routing-table
Route Flags: R - relay,D - download to fib
-------------------------------------------------------------
Routing Tables: Public
Destinations: 7      Routes: 7
Destination/Mask    Proto   Pre   Cost   Flags   NextHop        Interface
127.0.0.0/8         Direct   0     0      D       127.0.0.1      InLoopBack0
127.0.0.1/32        Direct   0     0      D       127.0.0.1      InLoopBack0
127.255.255.255/32  Direct   0     0      D       127.0.0.1      InLoopBack0
192.168.1.0/24      Direct   0     0      D       192.168.1.1    Ethernet1/0/0
192.168.1.1/32      Direct   0     0      D       127.0.0.1      InLoopBack0
192.168.2.0/24      Static   60    0      RD      192.168.1.254  Ethernet1/0/0
192.168.1.255/32    Direct   0     0      D       127.0.0.1      InLoopBack0
255.255.255.255/32  Direct   0     0      D       127.0.0.1      InLoopBack0
```

图 4-28　静态路由

静态路由的优缺点如下。

（1）优点

① 使用简单，容易实现。

② 可精确控制路由走向，对网络进行最优调整。

③ 对设备性能要求较低，不额外占用链路带宽。

（2）缺点

① 网络是否通畅及是否优化，完全取决于管理员的配置。

② 当网络规模扩大时，路由表项的增多将增加配置的繁杂度及管理员的工作量。

③ 当网络拓扑发生变更时，不能自动适应，需要管理员参与修正。

基于上述原因，静态路由一般应用于小规模网络。另外，静态路由也常应用于路径选择的控制，即控制某些目的网络的路由走向。

假设路由器各接口及主机的 IP 地址和掩码如图 4-29 所示，要求采用静态路由，使图中任意两台主机之间都能互通。此时，需要在路由器上配置到达目的地址的静态路由，如 R2 的目的地址为 1.1.1.0、下一跳为 1.1.4.1 的静态路由，R2 的目的地址为 1.1.3.0、下一跳为 1.1.4.6 的静态路由。由此，R1 所属网络与 R3 所属网络通过上述静态路由实现了连通，具体配置和验证过程可参考第 5 章。

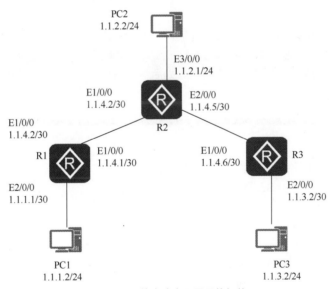

图 4-29　静态路由配置网络拓扑

3．动态路由

动态路由是指由动态路由协议发现的路由。当网络拓扑结构十分复杂时，手动配置静态路由工作量大而且容易出现错误，这时即可使用动态路由协议，使其自动发现和修改路由，无须人工维护。但动态路由开销大，配置复杂。静态路由与动态路由的对比如图 4-30 所示。

网络中存在多种路由协议，如 OSPF 协议、IS-IS 协议、BGP 等，各种路由协议都有其特点和应用环境。

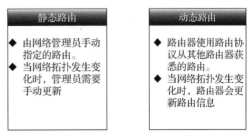

静态路由	动态路由
◆ 由网络管理员手动指定的路由。 ◆ 当网络拓扑发生变化时，管理员需要手动更新	◆ 路由器使用路由协议从其他路由器获悉的路由。 ◆ 当网络拓扑发生变化时，路由器会更新路由信息

图 4-30　静态路由与动态路由的对比

在路由表中，动态路由的 Proto 字段显示为具体的某种动态路由协议，如图 4-31 所示。

```
[Huawei]display ip routing-table
Route Flags: R - relay,D - download to fib
------------------------------------------------------------
Routing Tables: Public
Destinations: 10        Routes: 10
Destination/Mask      Proto   Pre   Cost   Flags   NextHop        Interface
1.1.1.1/32            RIP     100   1              12.12.12.1     Serial1/0/0
11.11.11.11/32        OSPF    10    1562   D       12.12.12.1     Serial1/0/0
12.12.12.0/24         Direct  0     0      D       12.12.12.2     Serial1/0/0
12.12.12.1/32         Direct  0     0      D       12.12.12.1     Serial1/0/0
12.12.12.2/32         Direct  0     0      D       127.0.0.1      InLoopBack0
12.12.12.255/32       Direct  0     0      D       127.0.0.1      InLoopBack0
127.0.0.0/8           Direct  0     0      D       127.0.0.1      InLoopBack0
127.0.0.1/32          Static  0     0      D       127.0.0.1      InLoopBack0
127.255.255.255/32    Direct  0     0      D       127.0.0.1      InLoopBack0
255.255.255.255/32    Direct  0     0      D       127.0.0.1      InLoopBack0
```

图 4-31　动态路由

本章总结

　　本章介绍了网络系统的基础知识，重点介绍了通信网络基础知识、网络地址、VLAN 技术及路由的工作原理等内容。通过本章内容的学习，读者可了解网络系统的基本概念，理解网络地址与寻址，掌握 VLAN 技术和路由的工作原理，为后续学习具体的网络运维打好坚实的理论基础。

课后练习

1. 【多选】以下选项中属于网络拓扑结构的是（　　　）。
   A. 总线型　　　　　B. 网状　　　　　C. 星形　　　　　D. 树形
   E. 扇形
2. 【多选】IP 分层结构由（　　　）两部分组成。
   A. 主机部分　　　　B. 子网部分　　　C. 网络部分　　　D. 掩码部分
3. 【多选】华为设定 VLAN 的接口类型有（　　　）。
   A. Access　　　　　B. Trunk　　　　　C. Hybrid　　　　　D. QinQ
4. 【多选】路由的类型有（　　　）。
   A. 直连路由　　　　B. 交叉路由　　　C. 静态路由　　　D. 动态路由
5. 【多选】静态路由的优点是（　　　）。
   A. 使用简单，容易实现
   B. 可精确控制路由走向，对网络进行最优调整
   C. 网络拓扑发生变更时，可自动适应修正，无须管理员干预
   D. 对设备性能要求较低，不额外占用链路带宽

第5章
网络系统基础操作

网络运维是指为保障通信网络与业务正常、安全、有效运行而采取的生产组织管理活动，也称操作维护管理（Operation Administration and Maintenance，OAM）。由网络运维的定义可知，网络运维主要包括网络系统的基础操作（Operation）、网络系统的资源管理（Administration）及网络系统的维护（Maintenance）3个重要组成部分。关于网络系统的资源管理和维护部分将在第6章中介绍，本章将介绍网络系统的基础操作，具体包括对网络设备进行登录管理、基础配置、用户管理等。

目前市面上主流的网络设备厂商包括华为、思科、Juniper、中兴、锐捷、H3C等，这些厂商生产的设备使用的网络操作系统主要包括3个：华为的通用路由平台（Versatile Routing Platform，VRP）、思科的互联网操作系统（Internetwork Operating System，IOS）和Juniper的网络操作系统（Juniper Operating System，JUNOS）。其中，华为的VRP和Juniper的JUNOS采用单一版本发行方式，而思科的IOS采用多版本发行方式。单一版本是指针对不同的网络设备采用单一的网络操作系统，多版本是指针对不同的网络设备发布多个不同的网络操作系统。较之于多个网络操作系统，单一的网络操作系统在使用上更加方便，还可以简化网络的运营与管理。

为了让读者更好地掌握网络系统的操作，本章从介绍网络系统开始，以华为设备及其网络操作系统VRP为例，介绍如何快速熟悉网络操作系统的CLI，并在此基础上介绍各种设备的管理方式、基础配置、网络配置等。

学习目标

① 了解 VRP 的版本与结构。
② 熟悉 CLI。
③ 掌握设备登录管理。
④ 掌握设备基础配置。
⑤ 掌握设备基本网络配置。
⑥ 掌握远程登录环境搭建。

能力目标

① 能够查询并验证网络设备版本。
② 能够使用命令行进行基础操作。
③ 能够实现网络设备的登录管理。
④ 能够进行网络系统基本配置。

素质目标

① 提高学生真实场景的动手能力。
② 培养学生分析问题的能力。
③ 提升学生的灵活应变能力。

5.1 熟悉 VRP 及 CLI

完整的网络系统中除了有第3章所讲述的硬件设备之外，还有相应的软件，包括网络操作系统。网络操作系统是运行于通信设备上、提供网络接入及互联

V5-1

服务的系统软件。

本节将介绍华为的网络操作系统 VRP 及其 CLI，读者通过本节内容的学习，可了解华为 VRP 及其特点，熟悉并掌握 CLI 的使用方法。

5.1.1 认识华为 VRP

VRP 是华为公司具有完全自主知识产权的网络操作系统，VRP 以 IP 业务为核心，实现了组件化的体系结构，拥有多达 300 项以上的特性。其在提供丰富功能特性的同时，还提供基于应用的可裁剪能力和可伸缩能力。

VRP 是华为公司从低端到核心的全系列路由器、以太网交换机、业务网关等产品的软件核心引擎，实现了统一的用户界面和管理界面；实现了控制平面功能，并定义了转发平面接口规范，以实现各产品转发平面与 VRP 控制平面之间的交互；实现了网络接口层，屏蔽了各产品数据链路层对于网络层的差异。

为了使单一软件平台能运行于各类路由器和交换机之上，VRP 采用了组件化的体系结构，各种协议和模块之间采用了开放的标准接口。VRP 由通用控制平面（General Control Plane，GCP）、业务控制平面（Service Control Plane，SCP）、数据转发平面（Data Forwarding Plane，DFP）、系统管理平面（System Management Plane，SMP）和系统服务平面（System Service Plane，SSP）这 5 个平面组成。

（1）通用控制平面：支持网络协议族，其中包括 IPv4 和 IPv6。其所支持的协议和功能包括 Socket、TCP/IP、路由管理、各类路由协议、VPN、接口管理、数据链路层、MPLS、安全性能，以及对 IPv4 和 IPv6 的 QoS 的支持。

（2）业务控制平面：基于通用控制平面，支持增值服务，包括连接管理、用户认证计费、用户策略管理、VPN、组播业务管理和维护与业务控制相关的转发信息库（Forwarding Information Base，FIB）。

（3）数据转发平面：为系统提供转发服务，由转发引擎和 FIB 维护组成。转发引擎可依照不同产品的转发模式通过软件或硬件实现。数据转发平面支持高速交换、安全转发和 QoS，并可通过开放接口支持转发模块的扩展。

（4）系统管理平面：具有系统管理功能，提供了与外部设备进行交互的接口，用于对系统输出信息统一进行管理。在平台的配置和管理方面，VRP 可灵活地引入一些网络管理机制，如命令行、NMP 和 Web 等。

（5）系统服务平面：支持公共系统服务，如内存管理、计时器、进程间通信（Interprocess Communication，IPC）、装载、转换、任务/进程管理和组件管理。

VRP 还具有支持产品许可证（License）文件的功能，可在不破坏原有服务的前提下根据需要调整各种特性和性能的影响范围。

随着网络技术和应用的飞速发展，VRP 在处理机制、业务能力、产品支持等方面也在持续进化。经过多年的发展与验证，VRP 的版本演进如图 5-1 所示，主要有 VRP 1.x、VRP 3.x、VRP 5.x 和 VRP 8.x 等版本，各版本分别具有不同的业务能力和产品支持能力。

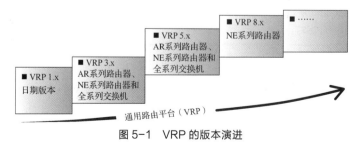

图 5-1　VRP 的版本演进

华为 VRP 系统软件版本分为核心版本（或内核版本）和发行版本两种。其中，核心版本是用来开发具体交换机 VRP 系统的基础版本，即 VRP 1.x、VRP 2.x、VRP 3.x，以及现在的 VRP 5.x 和 VRP 8.x；发行版本则是在核心版本基础上针对具体的产品系列（如 S 系列交换机、AR/NE 系列路由器等）而发布的 VRP 系统软件版本。

VRP 系统的核心版本由一个小数表示，小数点前面的数字表示主版本号，只有发生比较全面的功能或者体系结构修改时才会发布新的主版本；小数点后面第 1 位数字表示次版本号，只有发生重大或者较多功能修改时才会发布新的次版本；小数点后第 2、3 位数字为修订版本号，只要发生修改都会发布新的修订版本。例如，某设备软件版本为 VRP 5.120，则表明主版本号为 5，次版本号为 1，修订版本号为 20。

华为 VRP 系统的发行版本是以 V、R、C 这 3 个字母（代表 3 种不同的版本号）进行标识的，基本格式为"VxxxRxxxCxx"。其中，"x"是一些具体的数字；"V""R"部分为必需部分；"C"根据版本性质确定，可能出现，也可能不出现。

V、R、C 这 3 个字母的说明如下。

（1）V 版本是指产品所基于的软件或者硬件平台版本。"Vxxx"标识了产品/解决方案主力产品平台的变化，称为 V 版本号。其中，"xxx"从 100 开始，并以 100 为单位递增。仅当产品的平台发生变化时，V 版本号才会发生变化。

（2）R 版本是指面向客户发布的通用特性集合，是产品在特定时间的具体体现形式。"Rxxx"标识了面向所有客户发布的通用版本，称为 R 版本号。其中，"xxx"从 001 开始，并以 1 为单位递增。

（3）C 版本是基于 R 版本开发的快速满足不同类型客户需求的客户化版本，称为 C 版本号。在同一 R 版本下，C 版本号中的"xx"从 00 开始并以 1 为单位递增。如果 R 版本号发生变化，则 C 版本号下的"xx"又从 00 开始重新编号。

在设备上可通过执行【display version】命令查看设备版本，例 5-1 是在交换机 S5700 上查看设备版本的示例。

【例 5-1】 查看设备版本

在交换机 S5700 上执行【display version】命令，输出结果如下。其中，"Version 5.120"代表当前交换机运行的 VRP 核心版本为 5.120，而括号里面的"S5700 V200R002C00"则指 S5700 系列交换机的 VRP 发行版本，"V200"表明 V 版本是第 2 版，"R002"表明 R 版本是第 2 版，"C00"则表明 C 版本为第 1 版。从中也可看到对应的 BootROM 软件版本，如其中的"Basic BOOTROM Version：100"表示 BootROM 软件版本号为 100。还可查看其他版本信息，如印制电路板版本（Pcb Version）、复杂可编程逻辑交换机版本（CPLD Version）等。

```
<Huawei>display version
Huawei Versatile Routing Platform Software
VRP (R) software, Version 5.120 (S5700 V200R002C00)
Copyright (C) 2000-2012 Huawei TECH CO., LTD
Huawei S5700-52C-EI Routing Switch uptime is 0 week, 2 days, 1 hour, 24 minutes
EMGE 0(Master) : uptime is 0 week, 2 days, 1 hour, 23 minutes
512M bytes DDR Memory
64M bytes FLASH
Pcb     Version : VER B
Basic  BOOTROM  Version : 100 Compiled at Mar 1 2011, 20:27:16
CPLD   Version : 74
Software Version : VRP (R) Software, Version 5.120 (S5700 V200R002C00)
FANCARD information
```

```
Pcb        Version : FAN VER B
PWRCARD I information
Pcb        Version : PWR VER A
```

5.1.2　认识及使用 CLI

CLI 是交换机、路由器等网络设备提供的人机接口。与图形用户界面（Graphical User Interface，GUI）相比，CLI 对系统资源要求低，容易使用，并且功能扩充更方便。

1.　进入命令行视图

VRP 提供了 CLI，其命令行视图如图 5-2 所示。

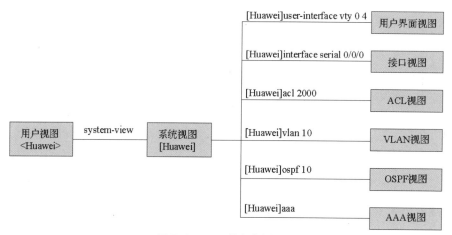

图 5-2　VRP 的命令行视图

用户初始登录设备时，默认进入用户视图。在 VRP 中，用户视图用"< >"表示，如<Huawei>就表示用户视图。在用户视图下，用户只能执行文件管理、查看、调试等命令，不能执行设备维护、配置修改等命令。如果需要对网络设备进行配置，则必须在相应的视图模式下才可以进行。例如，只有在接口视图下才能创建接口的 IP 地址。用户只有进入系统视图后，才能进入其他的子视图。

在用户视图下执行【system-view】命令，可以切换到系统视图；在系统视图下执行【quit】命令，可以切换到用户视图。VRP 的视图切换命令如表 5-1 所示。

表 5-1　VRP 的视图切换命令

操作	命令
从用户视图进入系统视图	system-view
从系统视图返回用户视图	quit
从任意的非用户视图返回用户视图	Return（或按 Ctrl+Z 快捷键）

在系统视图执行相关的业务命令可以进入其他业务视图，在不同的视图下可以执行的命令也不同。例如，进入系统视图后，用户如需对接口 GE0/0/0 进行配置，则可以执行【interface GigabitEthernet0/0/0】命令，进入接口视图。

2.　设置命令级别

VRP 系统中，命令从低到高划分为 4 个级别，如图 5-3 所示，对应级别为 0～3。

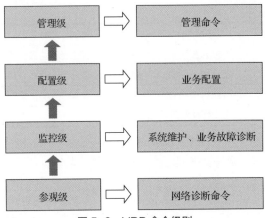

图 5-3　VRP 命令级别

（1）参观级：网络诊断命令（如 ping、tracert）、在本设备访问外部设备的命令[如 Telnet、SSH（Secure Shell，安全外壳）、Rlogin]等。

（2）监控级：用于系统维护、业务故障诊断的命令，如 display、debugging 等。

（3）配置级：业务配置命令，包括路由、各个网络层次的命令，向用户提供直接网络服务。

（4）管理级：用于系统基本运行的命令，对业务提供支撑作用，包括文件系统、FTP、TFTP、Xmodem 下载、配置文件切换命令、备板控制命令、用户管理命令、命令级别设置命令、系统内部参数设置命令等。

为了限制不同用户对设备的访问权限，系统对用户也进行了分级管理。用户的级别与命令级别对应，不同级别的用户登录后，只能使用等于或低于自己级别的命令。默认情况下，命令级别按 0～3 级进行注册，用户级别按 0～15 级进行注册。用户级别与命令级别的对应关系如表 5-2 所示。

表 5-2　用户级别与命令级别的对应关系

用户级别	命令级别	级别名称
0	0	参观级
1	0，1	监控级
2	0，1，2	配置级
3～15	0，1，2，3	管理级

此外，系统还支持自定义命令级别，即可以根据实际需要，对低级别用户授权使用高级别命令。例如，授权 0 级用户使用【save】命令，可通过以下配置实现。

```
<Huawei>system-view
[Huawei]command-privilege level 0 view user save
```

3．编辑命令行

VRP 的 CLI 提供了基本的命令行编辑功能。CLI 支持多行编辑，每条命令的最大长度为 510 个字符，命令关键字不区分大小写，命令参数是否区分大小写则由各命令定义的参数决定。常用的编辑功能键如表 5-3 所示。

表 5-3　常用的编辑功能键

功能键	功能
普通按键	若编辑缓冲区未满，则插入当前光标位置，并向右移动光标，否则响铃告警
Backspace 键	删除光标位置的前一个字符，光标左移。若已经到达命令首，则响铃告警

续表

功能键	功能
←键或 Ctrl+B 快捷键	光标向左移动一个字符位置，若已经到达命令首，则响铃告警
→键或 Ctrl+F 快捷键	光标向右移动一个字符位置，若已经到达命令尾，则响铃告警
Ctrl+A 快捷键	将光标移动到当前行的开头
Ctrl+E 快捷键	将光标移动到当前行的末尾

在编辑命令行时，为提高用户的编辑效率，VRP 系统提供了 Tab 键的补全功能并支持不完整关键字输入，下面将展开讲解。建议读者通过练习熟悉这两个功能，提高自己的命令行编辑效率。

（1）Tab 键的使用

在编辑命令时，输入不完整的关键字后按 Tab 键，系统会自动补全关键字，具体如下。

① 如果与之匹配的关键字唯一，则系统用此完整的关键字替代原输入并换行显示，光标距词尾空一格。

② 如果与之匹配的关键字不唯一，则反复按 Tab 键，可循环显示所有以输入字符串开头的关键字，此时光标距词尾不空格。

③ 如果没有与之匹配的关键字，则按 Tab 键后换行显示，输入的关键字不变。

（2）不完整关键字输入

设备支持不完整关键字输入，即在当前视图下，当输入的字符能够匹配唯一的关键字时，可以不输入完整的关键字。该功能提供了一种快捷的输入方式，有助于提高操作效率。例如，用户查看当前配置时，完整的命令是【display current-configuration】，用户通过输入"d cu""di cu""dis cu"等关键字可以执行此命令，但不能输入"d c"或"dis c"等，因为以"d c"或"dis c"开头的命令不唯一。

4. CLI 在线帮助

用户在使用 CLI 时，可以使用在线帮助功能以获取实时帮助，从而无须记忆大量、复杂的命令。在输入过程中，用户可以随时输入"?"以获得在线帮助。CLI 在线帮助可分为完全帮助和部分帮助，如图 5-4 所示。下面将详细讲述完全帮助和部分帮助的使用方法。

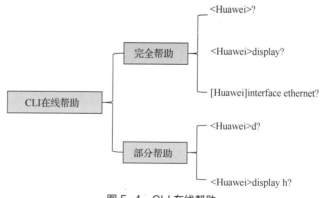

图 5-4　CLI 在线帮助

（1）完全帮助

当用户输入命令时，可以使用命令行的完全帮助功能获取全部关键字或参数的提示。下面给出完全帮助的实例供读者参考。

【例 5-2】　完全帮助

① 在任一命令视图下，输入"?"，即可获取该命令视图下的所有命令及其简单描述，举例如下。

```
<Huawei>?
User view commands:
backup          Backup electronic elabel
cd              Change current directory
check           Check information
clear           Clear information
clock           Specify the system clock
compare         Compare function
...
```

② 输入一条命令关键字,后接以空格分隔的"?",如果该位置为关键字,则列出全部关键字及其简单描述,举例如下。

```
<Huawei>system-view
[Huawei]user-interface vty 0 4
[Huawei-ui-vty0-4]authentication-mode ?
aaa        AAA authentication
password  Authentication through the password of a user terminal interface
[Huawei-ui-vty0-4]authentication-mode aaa ?
<cr>
[Huawei-ui-vty0-4]authentication-mode aaa
```

其中,"aaa""password"是关键字,"AAA authentication""Authentication through the password of a user terminal interface"是对关键字的描述;而"<cr>"表示该位置没有关键字或参数,紧接着的下一个命令行中该命令会被复述,直接按 Enter 键即可执行。

③ 输入一条命令关键字,后接以空格分隔的"?",如果该位置为参数,则列出有关的参数名和参数描述,举例如下。

```
<Huawei>system-view
[Huawei]ftp timeout ?
  INTEGER<1-35791> The value of FTP timeout, the default value is 30 minutes
[Huawei]ftp timeout 35 ?
  <cr>
[Huawei]ftp timeout 35
```

其中,"INTEGER<1-35791>"是参数取值的说明,"The value of FTP timeout, the default value is 30 minutes"是对参数作用的简单描述。

(2)部分帮助

当用户输入命令时,如果只记得命令关键字的开头一个或几个字符,则可以使用 CLI 的部分帮助功能获取以字符串开头的所有关键字的提示。下面给出部分帮助的实例供读者参考。

【例 5-3】 部分帮助

① 输入一个字符串,其后紧接"?",列出以该字符串开头的所有关键字,举例如下。

```
<Huawei>d?
  debugging                    delete
  dir                          display
<Huawei>d
```

② 输入一条命令,后接一个字符串并紧接"?",列出以该字符串开头的所有关键字,举例如下。

```
<Huawei>display b?
bootrom                        bpdu
bpdu-tunnel                    bridge
buffer
```

5. 解读 CLI 的错误信息

在使用 CLI 时，对于用户输入的命令，如果通过语法检查，则正确执行，否则系统将会向用户报告错误信息。常见的错误信息如表 5-4 所示，用户可根据系统报告的错误信息，检查并纠正输入的命令。

表 5-4　常见的错误信息

英文错误信息提示	错误原因
Error: Unrecognized command found at '^' position	没有查找到标识'^'位置的命令
Error: Wrong parameter found at '^' position	标识'^'位置的参数类型错误，参数值越界
Error:Incomplete command found at '^' position	标识'^'位置的输入命令不完整
Error:Too many parameters found at '^' position	标识'^'位置的输入参数太多
Error:Ambiguous command found at '^' position	标识'^'位置的输入命令不明确

6. 使用 undo 命令行

在使用 CLI 时，在命令前加 undo 关键字，即得到 undo 命令行。undo 命令行一般用来恢复默认情况、禁用某个功能或者删除某项配置。绝大多数配置命令有对应的 undo 命令行，下面举例说明。

【例 5-4】　使用 undo 命令行

（1）【undo】命令用来恢复默认配置。

【sysname】命令用来设置设备的主机名，举例如下。

```
<Huawei>system-view                    //进入系统视图
[Huawei]sysname Server                 //设置设备名称为 Server
[Server]undo sysname                   //恢复设备默认名称为 Huawei
[Huawei]
```

（2）【undo】命令用来禁用某个功能，举例如下。

```
<Huawei>system-view                    //进入系统视图
[Huawei]undo stp enable                //禁用 STP
```

（3）【undo】命令用来删除某项配置，举例如下。

```
<Huawei>system-view                    //进入系统视图
[Huawei]interface GigabitEthernet0/0/0 //进入接口视图
[Huawei-GigabitEthernet0/0/0]ip address 10.1.1.1 255.255.255.0
                                       //配置接口 IP 地址
[Huawei-GigabitEthernet0/0/0]undo ip address //删除接口 IP 地址
```

7. 历史命令查询

CLI 会将用户输入的历史命令自动保存起来，用户可以随时调用 CLI 保存的历史命令，并重复执行。默认状态下，CLI 为每个用户最多保存 10 条历史命令。历史命令查询及调用方式如表 5-5 所示。

表 5-5　历史命令查询及调用方式

命令或功能键	功能
display history-command	显示历史命令
↑键或者 Ctrl+P 快捷键	访问上一条历史命令
↓键或者 Ctrl+N 快捷键	访问下一条历史命令

在使用历史命令功能时，需要注意以下几点。

（1）VRP 保存的历史命令与用户输入的命令形式相同，如果用户使用了命令的不完整形式，则保存的历史命令也是不完整形式。

（2）如果用户多次执行同一条命令，则 VRP 的历史命令中只保留最早的一次；如果执行时输入的形式不同，则将其作为不同的命令对待。例如，多次执行【display ip routing-table】命令，历史命令中只保存一条；而执行【display ip routing】命令和【display ip routing-table】命令，会将其都保存为历史命令。

8. 使用命令行的快捷键

用户可以使用系统中的快捷键完成命令的快速输入，从而简化操作。系统中的快捷键分成两类——自定义快捷键和系统快捷键。其中，自定义快捷键共有 4 个，分别如下。

（1）Ctrl+G：默认对应命令【display current-configuration】。

（2）Ctrl+L：默认对应命令【undo idle-timeout】。

（3）Ctrl+O：默认对应命令【undo debugging all】。

（4）Ctrl+U：无默认对应命令。

用户也可以根据自己的需要将这 4 个快捷键与任意命令进行关联，如用户想将 Ctrl+U 快捷键对应的命令设置为【save】，则可通过以下操作实现。

```
<Huawei>system-view                    //进入系统视图
[Huawei]hot-key CTRL_U save            //将 Ctrl+U 快捷键的对应命令设置为 save
```

此外，CLI 还有一些系统快捷键，这些快捷键是系统中固定的，不能由用户自行指定。常见的系统快捷键如表 5-6 所示。

表 5-6　常见的系统快捷键

快捷键	功能
Ctrl+A	将光标移动到当前行的开头
Ctrl+B	将光标向左移动一个字符
Ctrl+C	停止当前正在执行的功能
Ctrl+D	删除当前光标所在位置的字符
Ctrl+E	将光标移动到最后一行的末尾
Ctrl+F	将光标向右移动一个字符
Ctrl+H	删除光标左侧的一个字符
Ctrl+W	删除光标左侧的一个字符串（字）
Ctrl+X	删除光标左侧的所有字符
Ctrl+Y	删除光标所在位置及其右侧的所有字符
Ctrl+K	在连接建立阶段终止呼出的连接
Ctrl+T	输入 "?"
Ctrl+Z	返回用户视图
Ctrl+]	终止呼入的连接或重定向连接
Esc+B	将光标向左移动一个字符串（字）
Esc+D	删除光标右侧的一个字符串（字）
Esc+F	将光标向右移动一个字符串（字）

9. 批量执行特性

在设备实际运行与维护过程中，用户可能需要经常性地连续执行多个命令，此时可以预先将这些命令定义为批量执行的命令行，从而简化对常用命令的输入操作，以提升效率。

VRP 的 CLI 通过维护助手，可设置定时批量自动执行指定的命令行。启用此功能以后，设备能够在无人值守的情况下完成某些操作或配置，主要用来对系统进行定时升级或定时配置，具体操作过程如下。

（1）执行【system-view】命令，进入系统视图。

（2）执行【assistant task *task-name*】命令，创建维护助手任务，最多可创建 5 个。

（3）执行【if-match timer cron *seconds minutes hours days-of-month months days-of-week* [*years*]】命令，配置在指定时间执行维护助手任务。

（4）执行【perform priority batch-file filename】命令，设置维护助手的处理动作。

5.1.3 查询命令行显示信息

1. 查询命令行的配置信息

在完成一系列配置后，可以执行相应的【display】命令查看设备的配置信息和运行信息。

VRP 支持通过命令行查询某个协议或应用的配置信息。例如，在完成 FTP 服务器的各项配置后，可以执行【display ftp-server】命令，查看当前 FTP 服务器的各项参数。

```
[Huawei]display ftp-server
```

同时，系统支持查看当前生效的配置信息和当前视图下的配置信息，命令如下。

（1）查看当前生效的配置信息。

```
[Huawei]display current-configuration
```

对于某些正在生效的配置参数，如果与默认参数相同，则不显示。

（2）查看当前视图下生效的配置信息。

```
[Huawei]display this
```

对于某些正在生效的配置参数，如果与默认参数相同，则不显示。

2. 配置不同级别用户查看指定的配置信息

网络设备提供了让不同级别用户查看指定的配置信息的功能，通过此功能用户可以查看指定的配置信息，具体过程描述如下。

（1）管理员用户执行【command-privilege level】命令，设置低级别用户可以使用的某条命令。

（2）管理员用户执行【set current-configuration display】命令，设置指定低级别用户可以查看的配置信息。

【例 5-5】 配置不同级别用户查看指定的配置信息

管理员希望低级别（如 0 级）用户可以执行【display current-configuration】命令，但是该级别用户只能查看接口的 IP 地址配置信息，配置过程如下。

```
<Huawei>system-view
[Huawei]command-privilege level 0 view cli_8f display current-configuration
[Huawei]set current-configuration display level 0 ip address
```

此时，0 级用户登录设备后执行【display current-configuration】命令查看配置信息，结果大致如下，结果中只有接口及对应的 IP 地址配置信息。

```
<Huawei>display current-configuration
#
interface GigabitEthernet0/0/0
```

```
 ip address 192.168.200.183 255.255.255.0
 #
 interface LoopBack0
 ip address 10.168.1.1 255.255.255.0
 #
 return
```

3. 控制命令行显示方式

所有的命令行都有共同的显示特征，并且可以根据用户的需求灵活控制显示方式。当终端屏幕上显示的信息过多时，可以使用 PageUp 键和 PageDown 键显示上一页信息和下一页信息。当执行某一命令后，如果显示的信息超过一屏，则系统会自动暂停，以方便用户查看。此时，用户可以通过功能键（见表 5-7）控制命令行的显示方式。

表 5-7　控制命令行显示方式的功能键

功能键	功能
Ctrl+C 和 Ctrl+Z 快捷键	停止显示或执行命令。 说明：也可以按 Space 键、Enter 键之外的其他键（可以是数字键或字母键），以停止显示或执行命令
Space 键	继续显示下一屏信息
Enter 键	继续显示下一行信息

4. 过滤命令行显示信息

通过过滤命令行显示信息，用户可以迅速查找到所需要的信息。例如，在执行【display】命令查看显示信息时，可以使用正则表达式（指定显示规则）过滤显示信息。当一次显示信息超过一屏时，可以使用 CLI 提供的暂停功能。在暂停显示时，用户有 3 种过滤方式对应的命令可选择执行，如表 5-8 所示。

表 5-8　过滤命令行显示信息的命令

命令	功能
+regular-expression	等同于管道符|include regular-expression
-regular-expression	等同于管道符|exclude regular-expression
/regular-expression	等同于管道符|begin regular-expression

3 种可选的过滤方式说明如下。

（1）| **begin** regular-expression：输出以匹配指定正则表达式的行开始的所有行，即过滤所有待输出字符串，直到出现指定的字符串（此字符串区分大小写）为止，其后的所有字符串都会显示到界面上。

（2）| **exclude** regular-expression：输出不匹配指定正则表达式的所有行，即若待输出的字符串中没有包含指定的字符串（此字符串区分大小写），则会显示到界面上，否则过滤不显示。

（3）| **include** regular-expression：只输出匹配指定正则表达式的所有行，即若待输出的字符串中包含指定的字符串（此字符串区分大小写），则会显示到界面上，否则过滤不显示。

下面举例说明在命令中指定过滤方式的用法。

【例 5-6】　在命令中指定过滤方式的用法

执行【display interface brief】命令，显示不匹配正则表达式"10GE|40GE"的所有行，"10GE|40GE"表示匹配"10GE"或"40GE"，命令及执行结果如下。由于该命令中使用了过滤方

式"exclude 10GE|40GE"，因此显示的结果中不包含所有10GE及40GE的接口。

```
<Huawei>display interface brief | exclude 10GE|40GE
PHY: Physical
*down: administratively down
^down: standby
(l): loopback
(s): spoofing
(b): BFD down
(e): EFM down
(d): Dampening Suppressed
(p): port alarm down
(dl): DLDP down
InUti/OutUti: input utility rate/output utility rate
Interface          PHY Protocol InUti OutUti  inErrors  outErrors
Eth-Trunk2         down    down     0%    0%         0          0
Eth-Trunk27        up      up    0.01% 0.01%         0          0
MEth0/0/0          up      up    0.01% 0.01%         0          0
NULL0              up      up(s)    0%    0%         0          0
Vlanif2            down    down    --    --          0          0
Vlanif10           down    down    --    --          0          0
Vlanif20           down    down    --    --          0          0
Vlanif200          up      up      --    --          0          0
```

执行【display current-configuration】命令，只显示匹配正则表达式"vlan"的所有行，命令如下。

```
<Huawei>display current-configuration | include vlan
vlan batch 2 9 to 20 77 99 200 222 4091
vlan 19
 mux-vlan
vlan 222
 aggregate-vlan
 access-vlan 1
 instance 2 vlan 2
 carrier-vlan 100
 ce-vlan 10
 port trunk allow-pass vlan 99 200
 igmp-snooping static-router-port vlan 99
 port trunk allow-pass vlan 20
 port default vlan 77
 port trunk allow-pass vlan 20
```

执行【display current-configuration】命令，显示所有匹配正则表达式"vlan"的行数，命令如下。

```
<Huawei>display current-configuration | include vlan | count
Total lines: 14.
```

V5-2

5.2 设备登录管理

与计算机、手机等终端不同，交换机、路由器、防火墙等网络通信设备没有专属的输入/输出（Input/Output，I/O）设备。因此，需要将网络操作系统通过特定的方式连接到计算机上，借助计算机的I/O设备，即键盘、鼠标和显示器等设备，使用网络设备操作系统，对设备进行操作管理与维护。将网络设备操作系统通过特定方式连接到计算机上的过程称为设备的登录管理。

本节将介绍设备常见的登录管理方式，并结合实例详细阐述各种登录管理方式。读者通过学习本节内容，可了解并掌握通过不同的方式对设备进行登录管理的方法。

5.2.1　常见设备登录管理方式

用户对网络设备的操作管理称为网络管理，简称网管。按照用户的配置管理方式，常见的网管方式可分为 CLI 方式和 Web 方式。其中，通过 CLI 方式管理设备指的是用户通过 Console 接口（也称串口）、Telnet 或 STelnet 登录设备，使用设备提供的命令行对设备进行管理和配置。下面将具体介绍如何通过 CLI 方式和 Web 方式登录管理设备。

1. 通过 Console 接口登录

用户使用专门的 Console 通信线缆（也称串口线）连接设备的 Console 接口，如图 5-5 所示。

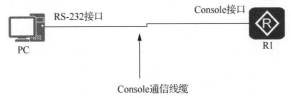

图 5-5　通过 Console 接口登录

通过 Console 接口进行本地登录是登录设备基本的方式，也是其他登录方式的基础。默认情况下，用户可以直接通过 Console 接口进行本地登录，用户级别是 15。该方式仅限于本地登录，通常在以下 3 种场景下应用。

（1）当对设备进行第一次配置时，可以通过 Console 接口登录设备进行配置。

（2）当用户无法远程登录设备时，可通过 Console 接口进行本地登录。

（3）当设备无法启动时，可通过 Console 接口进入 BootLoader 进行诊断或系统升级。

2. 通过 Telnet 登录

Telnet 起源于 ARPANET，是古老的 Internet 应用之一。Telnet 给用户提供了一种通过网络上的终端远程登录服务器的方式。

传统的计算机操作方式是使用直接连接到计算机上的专用硬件终端进行命令行操作。而使用 Telnet 时，用户可以使用自己的计算机，通过网络远程登录到另一台计算机进行操作，从而克服了距离和设备的限制。同样地，用户可以使用 Telnet 远程登录到支持 Telnet 服务的任意网络设备，从而完成远程配置、维护等工作。通过 Telnet 登录可以节省网络管理维护成本，所以其得到了广泛的应用。

Telnet 使用 TCP 作为传输层协议，使用端口 23，Telnet 协议采用客户端/服务器模式。当用户通过 Telnet 登录远程计算机时，实际上启用了两个程序，一个是"Telnet 客户端程序"，其运行在本地计算机上；另一个是"Telnet 服务器程序"，其运行在要登录的远程计算机上。因此，在远程登录过程中，用户的本地计算机是一个客户端，而提供服务的远程计算机则是一个服务器。

客户端和服务器之间的 Telnet 远程登录包含以下交互过程。

（1）Telnet 客户端通过 IP 地址或域名与远程 Telnet 服务器端程序建立连接。该过程实际上是在客户端和服务器之间建立一个 TCP 连接，服务器端程序监听的端口是端口 23。

（2）系统将客户端上输入的命令或字符以网络虚拟终端（Network Virtual Terminal，NVT）格式传输到服务器。登录用户名、密码及以后输入的任何命令或字符，都以 IP 数据报文的形式进行传输。

（3）服务器将输出的 NVT 格式的数据转化为客户端可用的格式并送回客户端，包括输入命令回显和命令执行结果。

（4）客户端发送命令断开连接，远程登录结束。

默认情况下，用户不能通过 Telnet 直接登录设备。如果需要通过 Telnet 登录设备，则可以通过 Console 接口本地登录设备，并完成相应配置（详见 5.3.3 节）。

3. 通过 STelnet 登录

Telnet 缺少安全的认证方式，而且传输过程采用 TCP 进行明文传输，存在很大的安全隐患。单纯提供 Telnet 服务容易导致拒绝服务（Deny of Service，DoS）、主机 IP 地址欺骗、路由欺骗等恶意攻击。随着人们对网络安全越来越重视，传统的 Telnet 通过明文传送密码和数据的方式已经慢慢地不被用户所接受。

SSH 使用的标准协议端口是端口 22。SSH 是一个网络安全协议，通过对网络数据进行加密，在一个不安全的网络环境中提供安全的远程登录和其他安全网络服务，解决了通过 Telnet 远程登录的安全性问题。SSH 通过 TCP 进行数据交互，在 TCP 之上构建了一个安全通道。另外，除了支持标准端口 22 外，SSH 还支持其他服务端口，以提高安全性，防止受到非法攻击。

SSH 支持 Password 认证和 RSA（Rivest-Shamir-Adleman）认证，对数据进行了数据加密标准（Data Encryption Standard，DES）、3DES（Triple DES）、高级加密标准（Advanced Encryption Standard，AES）等加密，有效防止了对密码的窃听，保护了数据的完整性和可靠性，保证了数据的安全传输。特别是对于 RSA 认证的支持、对称加密和非对称加密的混合应用和密钥的安全交换，SSH 最终实现了安全的会话过程。由于数据加密传输，认证机制更加安全，因此 SSH 已经越来越被广泛使用，成了当前重要的网络协议之一。

SSH 协议有两个版本，即 SSH1（SSH 1.5）协议和 SSH2（SSH 2.0）协议，两者是不同的协议，互不兼容。SSH 2.0 在安全、功能和性能上均比 SSH 1.5 有优势。STelnet（Secure Telnet）能使用户从远端安全登录到设备，提供交互式配置界面，所有交互数据均经过加密，可以实现安全的会话。华为网络设备支持 STelnet 的客户端和服务器端，支持 SSH1（SSH 1.5）协议和 SSH2（SSH 2.0）协议。

SSH 采用了传统客户-服务器应用模型，其安全特性通过以下方式保障。

（1）数据加密：通过客户-服务器协商交换生成的 Encryption Key（加密密钥）实现对数据的对称加密，确保数据在传输过程中的机密性。

（2）数据完整性：通过客户-服务器协商交换生成的 Integrity Key（完整性密钥）唯一标识一条会话链路，所有会话交互报文被 Integrity Key 标识。一旦数据被第三方修改，接收方就能够检查出来，并丢弃报文，确保数据在传输过程中的完整性。

（3）权限认证：通过提供多种认证方式，确保唯有认证通过的合法用户才能和服务器进行会话，提高了系统的安全性，同时保障了合法用户的权益。

4. 通过 Web 方式登录

通过 Web 方式登录指的是用户通过 HTTP 或 HTTPS 方式登录设备，此时设备作为服务器，通过内置的 Web 服务器提供图形化操作界面，以便用户直观方便地管理和维护设备。

HTTP 是互联网上应用较为广泛的一种网络协议。设计 HTTP 最初的目的是提供一种发布和接收超文本标记语言（HyperText Markup Language，HTML）页面的方法，其可以使浏览器更加高效。HTTP 的工作原理包括以下两个过程。

（1）客户端的浏览器首先要通过网络与服务器建立连接，该连接是通过 TCP 来完成的，一般 TCP 连接的端口是端口 80。建立连接后，客户端发送一个请求给服务器，请求的格式如下：URL、协议版本号和多用途互联网邮件扩展（Multipurpose Internet Mail Extensions，MIME）信息（包括请求修饰符、客户端信息和许可内容）。

（2）服务器接到请求后，给予相应的响应信息，其格式为一个状态行，包括信息的协议版本号、一个成功或错误的代码和 MIME 信息（包括服务器信息、实体信息和其他可能的内容）。

HTTP 是以明文方式发送信息的，如果黑客截取了 Web 浏览器和服务器之间的传输报文，就可以直接获得其中的信息。鉴于 HTTP 的安全隐患，以安全为目标的 HTTP 通道 HTTPS 应运而生，HTTPS 在 HTTP 的基础上通过传输加密和身份认证保障了传输过程的安全性。HTTPS 在 HTTP 的基础上加入安全套接字层（Secure Socket Layer，SSL）。HTTPS 的安全基础是 SSL，因此加密详细内容时就需要 SSL。HTTPS 使用不同于 HTTP 的默认端口（默认端口 443）及一个加密/身份认证层（在 HTTP 与 TCP 之间）来提供身份认证与加密通信功能。HTTPS 被广泛用于互联网上对安全敏感的通信，如线上交易、在线支付等。

HTTPS 在安全性设计上注重以下 3 点。

（1）数据保密性：保证数据在传输过程中不会被第三方查看。这就像快递员派送包裹一样，包裹进行了封装，别人无法获知里面的内容。

（2）数据完整性：及时发现被第三方篡改的传输内容。这就像快递员虽然不知道包裹里装了什么东西，但他有可能在中途进行调包，数据完整性就是指如果数据被调包，用户能轻松发现并拒收。

（3）身份校验安全性：保证数据到达用户期望的目的地。这就像邮寄包裹时，虽然是一个封装好的未调包的包裹，但必须确定这个包裹不会被送错地方，而身份校验正是用来确保送对地方的。

与 HTTP 相比，HTTPS 有以下 3 个优点。

（1）使用 HTTPS 可认证用户和服务器，确保数据发送到正确的客户端和服务器。

（2）HTTPS 是由 SSL+HTTP 构建的可进行加密传输、身份认证的网络协议，比 HTTP 安全，可防止数据在传输过程中被窃取、篡改，确保数据的完整性。

（3）HTTPS 是现行架构下最安全的解决方案，虽然不是绝对安全，但是其大幅增加了中间人攻击的成本。

当然，在提高了安全性的同时，采用 HTTPS 也有一些缺点。相同网络环境下，HTTPS 会使页面的加载时间延长近 50%，增加 10%～20%的耗电；HTTPS 会影响缓存，增加数据开销和功耗；此外，HTTPS 会增加额外的计算资源消耗，SSL 协议加密算法和 SSL 交互次数将占用一定的计算资源和服务器成本。例如，在大规模用户访问应用的场景下，服务器需要频繁地进行加密和解密操作，几乎对每一字节都需要进行加密和解密，这就产生了服务器成本。

华为的数据通信设备支持以 HTTP/HTTPS 方式登录管理设备。不过 Web 方式仅可实现对设备部分功能的管理与维护，如果需要对设备进行较复杂或精细的管理，则仍然需要使用 CLI 方式。

5.2.2 常见设备登录管理方式案例

【例 5-7】 通过 Console 接口登录管理

1. 拓扑结构

图 5-6 所示为通过 Console 接口登录管理的拓扑结构。所有网络设备都带有 Console 接口，在第一次使用网络设备时，一般使用 Console 接口在本地进行登录管理。

2. 准备工作

在开始通过 Console 接口登录设备之前，需要做好以下两项准备工作。

（1）在 PC 端安装终端仿真程序（如 Windows 自带的超级终端）。

（2）准备好 Console 通信电缆。

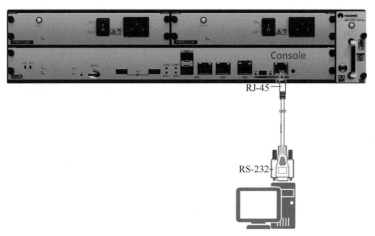

图 5-6　通过 Console 接口登录管理的拓扑结构

3. 操作步骤

（1）准备工作完成后，接下来按以下 5 个步骤完成设备登录。

① 按图 5-6 所示进行物理连接，将 Console 通信电缆的 DB9 插头插入 PC 的串口（COM），再将 RJ-45 插头插入设备的 Console 接口。需要说明的是，如果维护终端（PC）上没有 DB9 串口，则可单独购买一条 DB9 串口转 USB 的转接线，将 USB 口连接到维护终端上。

② 在 PC 上打开终端仿真程序（如超级终端），新建一个连接，如图 5-7 所示，单击"确定"按钮。

③ 设置连接串口，此处按实际连接到维护终端的串口进行设置，本例中设置串口为"COM4"，如图 5-8 所示。

图 5-7　新建连接

图 5-8　设置串口

④ 设置串口通信参数，波特率为"9600"，数据位为"8bits"，校验位为"None"，停止位为"1 bit"，流控为"None"，如图 5-9 所示，单击"确定"按钮。

图 5-9　设置串口通信参数

⑤ 重复按 Enter 键，直到系统提示用户配置验证密码，提示信息如下，系统会自动保存此密码配置。

```
Please configure the login password (maximum length 16)
Enter Password:
Confirm Password:
```

（2）由于 Windows 操作系统从 Windows 7 开始不再自带超级终端，因此这里推荐读者使用第三方软件 PuTTY。PuTTY 是一个免费的、32 位平台下的 Telnet、Rlogin 和 SSH 客户端。

使用 PuTTY 通过 Console 接口登录设备的步骤如下。

① 进行物理连接，与使用超级终端时的操作相同。

② 在 PC 上打开 PuTTY，选择"串口"选项，如图 5-10 所示。

③ 选择正确的连接串口，设置串口参数，连接到的串口为"COM1"，速度/波特率为"9600"，数据位为"8"，停止位为"1"，奇偶校验位为"无"，流量控制为"无"，如图 5-11 所示。

④ 单击"打开"按钮，直到系统提示用户配置验证密码，提示信息如下，系统会自动保存此密码配置。

```
Please configure the login password (maximum length 16)
Enter Password:
Confirm Password:
```

图 5-10　PuTTY 配置

图 5-11　设置串口参数

【例 5-8】　Telnet 登录管理

1. 拓扑结构

图 5-12 所示为 Telnet 登录管理的拓扑结构。在实际网络环境中，Telnet 服务器可以是任何配置了 Telnet 远程登录的网络设备。

图 5-12　Telnet 登录管理的拓扑结构

2. 准备工作

在进行 Telnet 登录之前，需确保 PC 与 Telnet 服务器维护接口三层网络可达，维护接口 IP 地址可按实际需求配置（这里假定为 120.20.20.20/24）。经过授权的 PC 可以通过局域网或互联网对设备进行登录管理，具体配置参见 5.3.4 节。

3. 操作步骤

本例介绍使用 Windows 自带客户端进行 Telnet 登录管理的操作步骤。Telnet 远程登录的用户名为"huawei"，密码为"Huawei@123"。

（1）安装 Windows 自带的 Telnet 客户端，选择"控制面板"→"程序和功能"选项，弹出"程序和功能"窗口，单击"启用或关闭 Windows 功能"，弹出"Windows 功能"窗口，勾选"Telnet 客户端"复选框，单击"确定"按钮，如图 5-13 所示。

图 5-13　安装 Windows 自带的 Telnet 客户端

（2）在 PC 上使用命令提示符窗口登录设备。如图 5-14 所示，在命令提示符窗口中输入"telnet 120.20.20.20"后按 Enter 键，输入用户名"huawei"、密码"Huawei@123"，按 Enter 键，即可成功登录设备，如图 5-15 所示。

图 5-14　使用命令提示符窗口登录设备

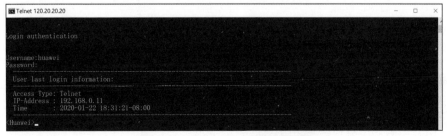

图 5-15　Telnet 方式成功登录设备

169

【例 5-9】 STelnet 登录管理

1. 拓扑结构

图 5-16 所示为 STelnet 登录管理的拓扑结构。在实际网络环境中，STelnet 服务器可以是任何配置了 STelnet 远程登录的网络设备。

图 5-16　STelnet 登录管理的拓扑结构

2. 准备工作

在进行 STelnet 登录之前，需确保 PC 与 STelnet 服务器维护接口三层网络可达。经过授权的 PC 可以通过局域网或互联网对设备进行登录管理，具体配置参见 5.3.4 节。

3. 操作步骤

本例介绍使用第三方客户端进行 STelnet 登录管理的操作步骤。STelnet 远程登录的用户名为 "huawei"，密码为 "Huawei@123"。

（1）打开 STelnet 客户端，此处以 PuTTY 为例，打开 PuTTY 客户端之后，选择 "会话" 选项，设置 "连接类型" 为 "SSH"，如图 5-17 所示。

图 5-17　使用 PuTTY 进行 STelnet 登录

（2）设置 STelnet 登录参数，如图 5-18 所示，设置 "主机名称（或 IP 地址）" 为 "120.20.20.20"，"端口" 为 "22"，PuTTY 默认使用的 SSH 协议版本为 SSH 2.0，单击 "打开" 按钮。

（3）在弹出的登录窗口中依次输入用户名 "huawei"、密码 "Huawei@123"，按 Enter 键，即可成功登录设备，如图 5-19 所示。

【例 5-10】 Web 登录管理

1. 拓扑结构

图 5-20 所示为 Web 登录管理的拓扑结构。

图 5-18　设置 STelnet 登录参数

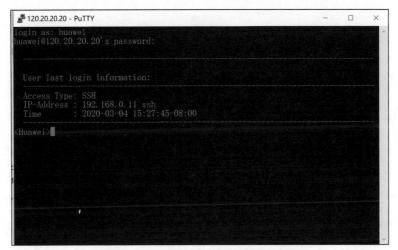

图 5-19　以 STelnet 方式成功登录设备

图 5-20　Web 登录管理的拓扑结构

2. 准备工作

在进行 Web 登录管理之前，需确保 PC 与待登录设备维护接口三层网络可达。经过授权的 PC 可以通过局域网或互联网对设备进行登录管理，具体配置参见 5.3.4 节。

3. 操作步骤

此处以 USG6000V 防火墙为例，介绍以 HTTPS 方式登录的操作步骤。需要说明的是，对于 HTTPS，如果采用默认端口 443，那么访问 URL 不需要指定端口，即本例中 URL 为 https://120.20.20.20。而华为 USG6000V 防火墙默认开启的 HTTPS 的端口为 8443，此时 URL 中需要指定端口，即 https://120.20.20.20:8443。

（1）打开浏览器。

（2）在地址栏中输入防火墙的 URL，即 https://120.20.20.20:8443，按 Enter 键后即可进入 Web 登录管理界面，如图 5-21 所示。

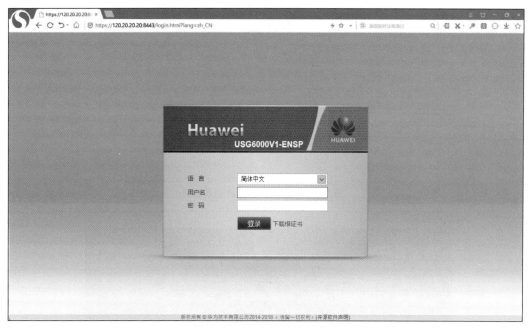

图 5-21　Web 登录管理界面

（3）在 Web 登录管理界面中输入用户名"huawei"、密码"Huawei@123"，单击"登录"按钮，即可成功登录设备，如图 5-22 所示。

图 5-22　以 Web 方式成功登录设备

5.3 网络系统基本配置

为了满足运行维护的需求，在配置网络系统业务之前，还需对设备进行必要的基本配置，包括设备环境基本配置、设备配置文件管理、基础网络配置及远程登录相关配置等。

V5-3

5.3.1 设备环境基本配置

用户在使用网络设备时，可以对设备环境进行设置，以适应用户的使用习惯或满足实际运行环境的需求。设备环境配置可分为系统基本环境配置和用户基本环境配置，下面将进行详细说明。

1. 系统基本环境配置

系统基本环境主要包括语言模式、设备名称、系统时钟、标题文字、命令级别等，其中比较常见的是语言模式、设备名称和系统时钟的设置。

（1）语言模式切换

考虑到用户的语言习惯，华为 VRP 的帮助信息可以显示英文，也可以显示中文，用户可根据需要自行切换。

【例 5-11】　通过【language-mode】命令进行语言模式切换

切换语言模式前，VRP 默认以英文显示帮助信息。在用户视图下，执行【language-mode Chinese】命令可切换为中文模式；同样地，如果要切换回英文模式，则可在用户视图下执行【language-mode English】命令。

```
<Huawei>language-mode  Chinese
Change language mode, confirm? [Y/N]y
 Jan 31 2020 12:07:00-08:00 Huawei %%01CMD/4/LAN_MODE(l)[50]:The user chose Y
when deciding whether to change the language mode.
```

提示：改变语言模式成功。

```
<Huawei>language-mode English
改变当前语言环境，确认切换? [Y/N]y
Info: Succeeded to change language mode.
```

（2）设备名称设置

在实际使用时，网络设备名称可根据用户需求进行配置。为便于日后的运行与维护，所有的网络设备都应该有统一的、明确的命名规范。一般来说，网络设备的名称建议包括所在机房、所在机架、设备功能、设备层次、设备型号、设备编号等信息，具体的命名规范在网络方案设计时根据实际需求指定。

【例 5-12】　设备名称设置

某设备位于核心机房 03 机架，设备层次为汇聚层，用于汇聚生产部门的流量，设备型号为华为 S5700，则可将其命名为 Core03-SC-HJ-S5700。其具体的配置步骤如下。

① 执行【system-view】命令，进入系统视图。

```
<Huawei>system-view
Enter system view, return user view with Ctrl+Z.
```

② 执行【sysname Core03-SC-HJ-S5700】命令，设置设备名称，该设置即刻生效。

```
[Huawei]sysname Core03-SC-HJ-S5700
```

（3）系统时钟设置

系统时钟是系统信息时间戳显示的时间。为了保证与其他设备正常协调工作，用户需要将系统时钟设置准确。在网络设备中，系统时钟=UTC+时区偏移+夏令时偏移，其中 UTC 表示通用协调时间（Universal Time Coordinated）。

由于地域的不同，用户在进行系统时钟设置时，应该先了解本国或本地区的规定，获取时区偏移和夏令时偏移的参数，再据此设置系统时钟。系统时钟设置在用户视图下进行，包括时区设置、当前时间设置和夏令时设置，其相关参数如表 5-9 所示。

表 5-9　系统时钟设置相关参数

参数	功能
clock timezone	设置当前时区
clock datetime	设置当前时间和日期
clock daylight-saving-time	设置采用夏令时（默认不采用）

接下来用两个例子说明系统时钟设置的步骤。

【例 5-13】　时钟设置（不采用夏令时）

假设设备在我国（时区为东 8 区）使用，当前日期和时间为 2020 年 1 月 31 日 17:00:00，我国目前无夏令时，时钟设置过程如下。

① 设置当前时区，其名称为"BeiJing"，时区为东 8 区。

```
<Huawei>clock timezone BeiJing minus 8:00:00
//此处东 12 时区用 minus，表示时间比 UTC 时间早；西 12 时区用 add，表示时间比 UTC 时间迟
```

② 设置当前日期和时间。

```
<Huawei>clock datetime 17:00:00 2020-01-31
```

执行【display clock】命令，查看设置完成后的系统时钟。

```
<Huawei>display clock
2020-01-31 17:00:02
Friday
Time Zone(BeiJing) : UTC-08:00
```

【例 5-14】　时钟设置（采用夏令时）

假设设备在澳大利亚悉尼市（时区为东 10 区）使用，当前日期和时间为 2020 年 1 月 31 日 17:00:00（未使用夏令时）。澳大利亚的夏令时时间比原系统时间早一个小时，从每年 10 月的第一个星期天凌晨 2 点开始到次年 4 月的第一个星期天凌晨 3 点结束。

① 设置当前时区，其名称为"Sydney"，时区为东 10 区。

```
<Huawei>clock timezone Sydney minus 10:00:00
```

② 设置当前日期和时间。

```
<Huawei>clock datetime 17:00:00 2020-01-31
```

此时，执行【display clock】命令，查看系统时钟，当前日期和时间为 2020 年 1 月 31 日 17:00:00。

```
<Huawei>display clock
2020-01-31 17:00:01
Friday
Time Zone(Sydney) : UTC-10:00
```

③ 设置采用夏令时。

```
<Huawei>clock daylight-saving-time Australia repeating 02:00 first Sun OCT
03:00 first Sun Apr 1
```

执行【display clock】命令，查看设置完成后的系统时钟，此时系统已采用夏令时，即比原时间早了一个小时。

```
<Huawei>display clock
2020-01-31 18:01:11 DST
Friday
Time Zone(Australia) : UTC-10:00
Daylight saving time :
        Name          : Australia
        Repeat mode   : repeat
        Start year    : 2000
        End year      : 2099
        Start time    : first Sunday October 02:00:00
        End time      : first Sunday April 03:00:00
        Saving time   : 01:00:00
```

2. 用户基本环境配置

在 VRP 中，用户可以通过切换用户级别、锁定用户界面来配置用户的基本环境，并对设备基本文件进行管理。

用户从高级别切换到低级别时，不需要使用密码；用户从低级别切换到高级别时，必须输入正确的级别切换密码。切换用户级别的环境配置包含两个步骤，一是配置切换用户级别的密码，二是切换用户级别。

接下来举例介绍其操作步骤。

【例 5-15】 Telnet 用户级别切换

假设 Telnet 用户的默认用户级别是 0，则用户使用 Telnet 方式登录设备后，默认只能执行 0 级的命令，不能执行【system-view】命令进入系统视图，如下所示。

```
<Huawei>system-view
          ^
Error: Unrecognized command found at '^' position.
```

在系统视图下执行【super password】命令，配置切换用户级别的密码。例如，执行【super password level 3 cipher Huawei】命令，即配置用户级别（0～2 级）切换到 3 级的密码是"Huawei"。

配置完成后，在设备上执行【super】命令切换用户级别，按系统提示输入密码"Huawei"后按 Enter 键，即可使用户级别从 0 切换到 3，此时用户可以执行所有命令，如下所示。

```
<Huawei>super
  Password:
  Now user privilege is level 3, and only those commands whose level is
  equal to or less than this level can be used.
  Privilege note: 0-VISIT, 1-MONITOR, 2-SYSTEM, 3-MANAGE
<Huawei>system-view
Enter system view, return user view with Ctrl+Z.
```

此外，在用户需要暂时离开操作终端时，为防止未授权的用户操作终端界面，可以将其锁定。其锁定方式非常简单，在用户视图下执行【lock】命令即可。锁定成功后，界面将显示"locked !"。需要说明的是，在锁定终端界面时，用户需要输入并确认密码。解除锁定时，必须输入锁定时设置的正确密码。

5.3.2　设备配置文件管理

VRP 通过文件系统来管理程序和配置文件。文件系统可以对存储设备中的文件、目录进行管理，包括创建文件系统，创建、删除、修改、更名文件和目录，以及显示文件中的内容等。通过文件系统可实现两类功能：管理存储设备、管理保存在存储设备中的文件。存储设备是存储信息的硬件设备，路由器目前支持的存储设备包括闪存、硬盘、内存卡，不同产品实际支持的设备种类有所不同；文件是系统存储信息并对信息进行管理的一种机制；系统目录是一种对整个文件集合进行组织的机制；目录是文件在逻辑上的容器。接下来将介绍目录与文件操作、存储设备管理及配置文件管理。

1. 目录与文件操作

对于文件系统，常用的目录与文件操作如表 5-10 所示，包括对文件的显示、复制、移动、删除等操作。假定设备已做保存操作，即设备中存在配置文件"vrpcfg.zip"，接下来详细说明常用的目录及文件操作。

表 5-10　常用的目录与文件操作

目录与文件操作	命令
显示当前目录	pwd
改变当前目录	cd
显示当前目录下的文件列表	dir
创建目录	mkdir
删除目录	rmdir
压缩文件	zip
解压缩文件	unzip
显示文件中的内容	more
复制文件	copy
移动文件	move
重命名文件	rename
删除文件	delete
彻底删除回收站中的文件	reset recycle-bin
恢复被删除的文件	undelete

【例 5-16】　目录与文件操作

（1）显示当前目录。

```
<Huawei>pwd
flash:
```

（2）创建目录，目录名为"backup"。

```
<Huawei>mkdir backup
Info: Create directory flash:/backup......Done.
```

（3）删除目录"backup"。

```
<Huawei>rmdir backup
Remove directory flash:/backup?[Y/N]:y
%Removing directory flash:/backup...Done!
```

（4）显示当前目录下的文件列表。

```
<Huawei>dir
Directory of flash:/

  Idx    Attr    Size(Byte)   Date          Time       FileName
    0    drw-            -    Jan 29 2020   11:19:01    src
    1    -rw-          447    Jan 29 2020   11:20:06    vrpcfg.zip
    2    -rw-        1,343    Jan 29 2020   11:24:28    vrpconfig.cfg
    3    -rw-        1,343    Jan 29 2020   11:31:10    vrpcfg.txt
    4    -rw-        1,343    Jan 29 2020   11:55:09    backup
    5    drw-            -    Jan 29 2020   11:55:28    backup1
```

（5）解压缩配置文件。

```
<Huawei>unzip vrpcfg.zip flash:/vrpcfg.txt
Extract flash:/vrpcfg.zip to flash:/vrpcfg.txt?[Y/N]:
```

输入 "y"，按 Enter 键，即可成功解压文件。

```
<Huawei>unzip vrpcfg.zip flash:/vrpcfg.txt
Extract flash:/vrpcfg.zip to flash:/vrpcfg.txt?[Y/N]:y

100%  complete
%Decompressed file flash:/vrpcfg.zip to flash:/vrpcfg.txt.
```

（6）显示文件中的内容。

```
<Huawei>more vrpcfg.txt
#
sysname Huawei
#
cluster enable
ntdp enable
ndp enable
#
drop illegal-mac alarm
#
diffserv domain default
#
drop-profile default
#
aaa
 authentication-scheme default
 authorization-scheme default
 accounting-scheme default
 domain default
 domain default_admin
 local-user admin password simple admin
 local-user admin service-type http
#
interface Vlanif1
  ---- More ----
```

（7）复制文件，此时需先创建目录"backup"。

```
<Huawei>copy vrpcfg.txt flash:/ backup/
Copy flash:/vrpcfg.txt to flash:/backup/vrpcfg.txt??[Y/N]:
```

输入"y"，按 Enter 键，即可完成复制操作。

```
<Huawei>copy vrpcfg.txt flash:/backup
Copy flash:/vrpcfg.txt to flash:/backup?[Y/N]:y

100%  complete
Info: Copied file flash:/vrpcfg.txt to flash:/backup...Done.
```

（8）删除文件。

```
<Huawei>delete vrpcfg.txt
Delete flash:/vrpcfg.txt?[Y/N]:
Info: Deleting file flash:/vrpcfg.txt...succeeded.
```

此时，执行【dir】命令，显示当前目录下的文件列表，可发现文件"vrpcfg.txt"已被删除。

（9）恢复被删除的文件。

```
<Huawei>undelete vrpcfg.txt
Undelete flash:/vrpcfg.txt?[Y/N]:y
%Undeleted file flash:/vrpcfg.txt.
```

此时，执行【dir】命令，显示当前目录下的文件列表，可发现之前被删除的文件"vrpcfg.txt"已恢复。

（10）彻底删除回收站中的文件。

```
<Huawei>reset recycle-bin
Squeeze flash:/backup?[Y/N]:y
%Cleared file flash:/backup.
```

2. 存储设备管理

VRP 支持对存储设备进行一些基础管理，包括存储设备的格式化与修复等，如表 5-11 所示。

表 5-11　存储设备管理

操作	命令
格式化存储设备	format
修复文件系统异常的存储设备	fixdisk

【例 5-17】　存储设备管理

格式化存储设备如下所示。

```
<Huawei>format flash:
All data(include configuration and system startup file) on flash: will be lost ,
 proceed with format ? [Y/N]:y.
%Format flash: completed.
```

对于文件系统出现异常的存储设备，可尝试进行修复，如下所示。

```
<Huawei>fixdisk flash:
Fix disk flash: will take long time if needed.
% Fix disk flash: completed.
```

对于存储设备管理命令，建议读者谨慎使用，尤其是【format】命令，一旦使用，存储设备中的所有文件都将被删除。

3. 配置文件管理

（1）起始配置与当前配置

路由器上电时，从默认存储设备中读取配置文件进行路由器的初始化工作，因此该配置文件中的配置称为起始配置（Saved-Configuration）；如果默认存储设备中没有配置文件，则路由器用默认参数进行初始化。与起始配置相对应，路由器运行过程中正在生效的配置称为当前配置（Current-Configuration）。表 5-12 所示为配置文件的常用操作。

表 5-12 配置文件的常用操作

操作	命令
查看设备的起始配置	display saved-configuration
查看设备的当前配置	display current-configuration
保存配置	save
擦除存储设备中的配置文件	reset saved-configuration
比较起始配置与当前配置	compare configuration

【例 5-18】 配置文件常见操作

我们已经知道，用户可通过 CLI 对网络设备进行配置。为了使当前配置作为路由器下次上电时的起始配置，需要执行【save】命令保存当前配置到默认存储设备中，生成起始配置文件，如下所示。

```
<Huawei>save
The current configuration will be written to the device.
Are you sure to continue?[Y/N]Y
Info: Please input the file name ( *.cfg, *.zip ) [vrpcfg.zip]:
Jan 29 2020 12:48:52-08:00 Huawei %%01CFM/4/SAVE(l)[0]:The user chose Y when
deciding whether to save the configuration to the device.
Now saving the current configuration to the slot 0.
Save the configuration successfully.
```

执行【display saved-configuration】命令，查看网络设备的起始配置。

```
[Huawei]display saved-configuration
#
sysname r1
#
undo info-center enable
#
aaa
 authentication-scheme default
 authorization-scheme default
 accounting-scheme default
 domain default
 domain default_admin
 local-user admin password cipher OOCM4m($F4ajUn1vMEIBNUw#
 local-user admin service-type http
#
  ---- More ----
```

执行【display current-configuration】命令，查看网络设备的当前配置。

```
[Huawei]display current-configuration
#
sysname Huawei
#
undo info-center enable
#
aaa
 authentication-scheme default
 authorization-scheme default
 accounting-scheme default
 domain default
 domain default_admin
 local-user admin password cipher -$[1(P>3t>]@13D+mKgUFM@#
 local-user admin service-type http
#
 ---- More ----
```

执行【reset saved-configuration】命令，擦除存储设备中的配置文件。

```
<Huawei>reset saved-configuration
Warning: The action will delete the saved configuration in the device.
The configuration will be erased to reconfigure. Continue? [Y/N]:y
Warning: Now clearing the configuration in the device.
Jan 29 2020 12:51:56-08:00 Huawei %%01CFM/4/RST_CFG(1)[1]:The user chose Y when
deciding whether to reset the saved configuration.
Info: Succeeded in clearing the configuration in the device.
```

执行【compare configuration】命令，比较当前配置文件与存储设备中保存的起始配置文件内容是否一致。例如，修改设备名称为"Test-difference"，执行相应命令后，VRP 将输出信息显示这两个文件中不一致的内容，如下所示。

```
<Test-difference>compare configuration
Warning: The current configuration is not the same as the next startup
configuration file. There may be several differences, and the following are some
configurations beginning from the first:
 ====== Current configuration line 2 ======
sysname Test-difference
#
cluster enable
ntdp enable
ndp enable
#
drop illegal-mac alarm
#
diffserv domain default

 ====== Configuration file line 2 ======
sysname Huawei
#
cluster enable
ntdp enable
ndp enable
```

```
#
drop illegal-mac alarm
#
diffserv domain default
#
drop-profile default
```

（2）启动的配置文件管理

系统启动时需要加载系统软件和配置文件。在管理启动的配置文件前，需明确相关的 3 个概念，包括本次启动的配置文件、下次启动的配置文件和灾备配置文件。在设备中，可以通过执行【display startup】命令查看当前系统的启动配置，如下所示。

```
<Huawei>display startup
MainBoard:
  Configed startup system software:            flash:/sup.bin
  Startup system software:                     flash:/sup.bin
  Next startup system software:                flash:/sup.bin
  Startup saved-configuration file:            flash:/vrpcfg.zip
  Next startup saved-configuration file:       flash:/vrpcfg.zip
  Next startup configuration:                  backup-configuration
```

其中，本次启动的配置文件（Startup saved-configuration file）是本次启动时系统要加载的配置文件，下次启动的配置文件（Next startup saved-configuration file）是下次启动时系统要加载的配置文件，灾备配置文件是下次启动时系统要加载的灾备配置文件。

需要说明的是，灾备配置文件一般在网络安全产品上才支持配置管理，如在 USG 防火墙、AntiDDoS 等产品上。在这些安全产品出现故障时，当原有的当前配置或起始配置无法满足预期需求时，才需要对产品加载灾备配置文件进行配置恢复，即在正常情况下，不会配置灾备配置文件。

接下来通过两个例子分别介绍如何通过 VRP 管理下次启动的配置文件和灾备配置文件。

【例 5-19】 下次启动的配置文件管理

执行【startup saved-configuration *configuration-filename*】命令，可配置设备下次启动的配置文件，操作步骤如下。

① 在用户视图下执行【dir】命令，查看配置文件的文件名，如下所示。设备中存在两个配置文件——"vrpcfg.zip""vrpcfg1.zip"。

```
<Huawei>dir
Directory of flash:/
  Idx    Attr    Size(Byte)   Date          Time(LMT)    FileName
   0     drw-            -    Feb 03 2020   03:15:00     dhcp
   1     -rw-      121,802    May 26 2014   09:20:58     poR1lpage.zip
   2     -rw-        2,263    Feb 03 2020   03:14:55     statemach.efs
   3     -rw-      828,482    May 26 2014   09:20:58     sslvpn.zip
   4     -rw-          656    Feb 03 2020   03:47:42     vrpcfg1.zip
   5     -rw-          656    Feb 03 2020   03:14:53     vrpcfg.zip
```

② 在用户视图下执行【display startup】命令，查看当前启动的配置文件清单。

```
<Huawei>display startup
MainBoard:
  Startup system software:                     null
  Next startup system software:                null
  Backup system software for next startup:     null
```

```
Startup saved-configuration file:                flash:/vrpcfg.zip
Next startup saved-configuration file:           flash:/vrpcfg.zip
```

③ 配置下次启动的配置文件为"vrpcfg1.zip"，重复步骤②，可看到此时下次启动的配置文件已修改为"vrpcfg1.zip"。

```
<Huawei>startup saved-configuration vrpcfg1.zip
This operation will take several minutes, please wait....
Info: Succeeded in setting the file for booting system
<Huawei>display startup
MainBoard:
  Startup system software:                         null
  Next startup system software:                    null
  Backup system software for next startup:         null
  Startup saved-configuration file:                flash:/vrpcfg.zip
  Next startup saved-configuration file:           flash:/vrpcfg1.zip
```

【例5-20】 灾备配置文件管理

灾备配置文件是系统在闪存中生成的一个备份文件，该文件不能被删除、修改、重命名，也不能被【startup saved-configuration】命令指定为下次启动的配置文件。只有格式化闪存，才会使灾备配置文件丢失。

灾备配置文件管理操作步骤如下。

① 在用户视图下执行【dir】命令，查看可用的配置文件，实际运行与维护时可提前将以前备份的配置文件上传到设备中备用。

```
<SRG>dir
13:45:28  2020/02/03
Directory of flash:/
    0    -rw-          61  Feb 03 2020 13:33:50   private-data.txt
    1    -rw-         986  Feb 03 2020 13:33:50   vrpcfg.zip
    2    -rw-         986  Feb 03 2020 13:36:19   backupcfg.zip
```

② 在用户视图下执行【backup-configuration backupcfg.zip】命令，将"backupcfg.zip"指定为灾备配置文件。

```
<SRG>backup-configuration backupcfg.zip
```

③ 执行【startup backup-configuration】命令，设置灾备配置文件为下次启动的灾备配置文件。

```
<SRG>startup backup-configuration
```

④ 在用户视图下执行【display startup】，查看当前启动的配置文件清单，确认灾备配置文件已设置完成。

```
<Huawei>startup saved-configuration vrpcfg1.zip
This operation will take several minutes, please wait....
Info: Succeeded in setting the file for booting system
<Huawei>display startup
MainBoard:
  Startup system software:                         null
  Next startup system software:                    null
  Backup system software for next startup:         null
  Startup saved-configuration file:                flash:/vrpcfg.zip
  Next startup saved-configuration file:           flash:/vrpcfg1.zip
  Next startup configuration:                      backup-configuration
```

另外，设置下次启动的灾备配置文件后，可以使用以下两种方式取消下次启动的灾备配置文件设置。

① 修改配置后，在用户视图下执行不带参数的【save】命令，系统将使用保存后的配置文件作为下次启动的配置文件，即取消下次启动的灾备配置文件设置。

② 执行【undo startup backup-configuration】命令，取消将灾备配置文件作为下次启动的配置文件。

5.3.3 基础网络配置

基础网络配置包含一些简单的业务配置，如 IP 地址配置、VLAN 的创建与配置及静态路由配置等。接下来将通过案例说明基础网络的具体配置过程。

1. IP 地址配置

IP 地址是分配给连接在互联网上的主机或接口的一个唯一的 32bit 地址。IP 地址是实现网络连接的基础。为了使接口运行 IP 业务，需要为接口配置 IP 地址。接口的 IP 地址可以手动配置，在 IP 地址比较缺乏或者只是偶尔使用时，也可以采用地址借用的方式。

对于有三层接口的网络设备来说，可直接为其配置 IP 地址。对于没有三层接口的网络设备来说，如果需要运行 IP 业务，则需要创建 VLAN 虚拟接口（VLANIF），并在 VLAN 虚拟接口中配置 IP 地址。另外，在同一设备上，不同接口的 IP 地址不能配置在同一网段内。

IP 地址的配置包括以下 3 个步骤。

（1）执行【system-view】命令，进入系统视图。

（2）执行【interface *interface-type interface-number*】命令，进入接口视图。

（3）执行【ip address *ip-address* { *mask* | *mask-length* }】命令，配置接口的 IP 地址。

【例 5-21】 IP 地址配置

将接口 GE0/0/3 的 IP 地址配置为 10.1.1.1/24。

```
<Huawei>system-view
[Huawei]interface GigabitEthernet0/0/3
[Huawei-GigabitEthernet0/0/3]ip address 10.1.1.1 24
```

当 IP 地址比较缺乏或者只是偶尔使用时，可配置接口借用其他已经存在的 IP 地址，以节约 IP 地址资源。需要注意的是，在配置接口借用 IP 地址时，有以下几个限制条件。

（1）Loopback 接口、以太网接口的 IP 地址可被其他接口借用，但不能借用其他接口的 IP 地址。

（2）被借用方接口的 IP 地址本身不能为借用来的地址。

（3）被借用方的地址可以借给多个接口。

（4）如果被借用接口有多个 IP 地址，则只能借用主 IP 地址。

配置 IP 地址借用的命令是【ip address unnumbered interface interface-type *interface-number*】。

【例 5-22】 IP 地址借用配置

对于隧道接口（Tunnel 接口）的 IP 地址配置，为节省 IP 地址，这里借用物理接口 GE0/0/3 的 IP 地址，操作步骤如下。

（1）执行【display ip interface brief】命令，显示所有三层接口的 IP 地址。

```
[USG-GigabitEthernet0/0/3]display ip interface brief
*down: administratively down
(s): spoofing
Interface                IP Address     Physical    Protocol  Description
GigabitEthernet0/0/3     10.2.1.1       up          up        USG
LoopBack1                unassigned     up          up(s)     USG
Tunnel0                  unassigned     up          down      USG
```

（2）配置隧道接口 Tunnel 0 借用 GE0/0/3 的 IP 地址。

```
[USG]interface Tunnel 0
[USG-Tunnel0]ip address unnumbered interface GigabitEthernet0/0/3
```

（3）显示借用 IP 地址后的接口 IP 地址。

```
[USG-Tunnel0]display ip interface brief
*down: administratively down
(s): spoofing
Interface               IP Address        Physical      Protocol Description
GigabitEthernet0/0/3    10.2.1.1          up            up       USG
LoopBack1               unassigned        up            up(s)    USG
Tunnel0                 10.2.1.1          up            up       USG
```

2. VLAN 的创建与配置

基于端口划分 VLAN 是简单、有效且常见的 VLAN 划分方式。下面就通过该方式介绍 VLAN 的基本配置。表 5-13 所示为常用的 VLAN 相关命令。

表 5-13　常用的 VLAN 相关命令

常用命令	视图	作用
vlan *vlan-id*	系统	创建 VLAN 并进入 VLAN 视图
vlan batch {*vlan-id1* [to *vlan-id2*]} &<1-10>	系统	批量创建 VLAN
interface interface-type *interface-number*	系统	进入指定的接口视图
port link-type {access | hybrid | trunk | dot1q-tunnel}	系统	配置接口的链路类型
port default vlan *vlan-id*	接口	配置接口的默认 VLAN 并同时加入该 VLAN
port interface-type {*interface-number1* [to *interface-number2*]}	VLAN	批量将指定的多个接口加入指定 VLAN
port trunk allow-pass vlan {{*vlan-id1* [to *vlan-id2*]}&<1-10>|all}	接口	配置 Trunk 接口加入的 VLAN
port trunk pvid vlan *vlan-id*	接口	配置 Trunk 接口的默认 VLAN
port hybrid untagged vlan {{*vlan-id1* [to *vlan-id2*]}&<1-10>|all}	接口	配置 Hybrid 接口加入的 VLAN，这些 VLAN 的帧以 Untagged 方式通过接口
port hybrid tagged vlan {{*vlan-id1* [to *vlan-id2*]}&<1-10>|all}	接口	配置 Hybrid 接口加入的 VLAN，这些 VLAN 的帧以 Tagged 方式通过接口
undo port hybrid vlan {{*vlan-id1* [to *vlan-id2*]}&<1-10>|all}	接口	删除 Hybrid 接口加入的 VLAN
port hybrid pvid vlan *vlan-id*	接口	配置 Hybrid 接口的默认 VLAN ID
display vlan [*vlan-id* [verbose]]	所有	查看所有 VLAN 的相关信息
display interface [interface-type [*interface-number*]]	所有	查看接口信息
display port vlan [interface-type [*interface-number*]]	所有	查看 VLAN 中包含的接口信息
display this	所有	查看当前视图下的相关配置

【例 5-23】　VLAN 基本配置

（1）网络拓扑

图 5-23 所示为 VLAN 基本配置的拓扑结构。交换机 SW1 的接口 E0/0/24 与交换机 SW2 的接口 E0/0/24 相连。根据图 5-23 所示的组网拓扑，完成基于端口的 VLAN 配置。

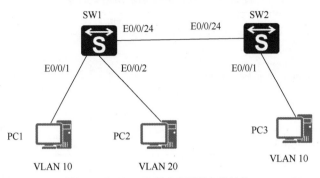

图 5-23　VLAN 基本配置的拓扑结构

（2）组网需求

① SW1 的两个下行接口分别加入 VLAN 10 和 VLAN 20。

② SW2 的一个下行接口加入 VLAN 10。

要求 VLAN 10 内的 PC 能够互相访问，VLAN 10 与 VLAN 20 内的 PC 不能够互相访问。

（3）配置思路

采用以下思路配置 VLAN。

① 创建 VLAN，规划 PC 所属的 VLAN。

② 配置端口属性，确定设备连接对象。

③ 关联端口和 VLAN。

（4）配置步骤

① 配置 SW1。

a. 创建 VLAN 10 和 VLAN 20。

```
[SW1]vlan batch 10 20
```

b. 配置端口属性。

```
[SW1]interface Ethernet0/0/1
[SW1-Ethernet0/0/1]port link-type access
[SW1-Ethernet0/0/1]port default vlan 10
[SW1-Ethernet0/0/1]quit
[SW1]interface Ethernet0/0/2
[SW1-Ethernet0/0/2]port link-type access
[SW1-Ethernet0/0/2]port default vlan 20
[SW1-Ethernet0/0/2]quit
[SW1]interface Ethernet0/0/24
[SW1-Ethernet0/0/24]port link-type trunk
[SW1-Ethernet0/0/24]port trunk allow-pass vlan 10 20
```

② 配置 SW2。

参考 SW1 的配置，过程略。

在设备上完成以上配置后，为各个 PC 配置 IP 地址，保证各 IP 地址在同一网段内即可。此时，VLAN 10 内的 PC 可以互通，而 VLAN 10 与 VLAN 20 的 PC 不可互通。

3．静态路由配置

常用的静态路由相关命令如表 5-14 所示。

表 5-14　常用的静态路由相关命令

常用命令	视图	作用
ip route-static ip-address {*mask*|*mask-length*} {*nexthop-address*|*interface-type interface-number* [*nexthop-address*]} [preference *preference*|tag *tag*]	系统	配置单播静态路由
display ip interface [brief] [*interface-type interface-number*]	所有	查看接口与 IP 相关的配置及统计信息或者简要信息
display ip routing-table	所有	查看路由表

【例 5-24】　静态路由配置

（1）网络拓扑

图 5-24 所示为静态路由配置的拓扑结构，拓扑中已标注路由器各个接口及主机的 IP 地址和掩码。本例需要进行静态路由配置，使得图 5-24 中的任意两个节点之间都能互通。

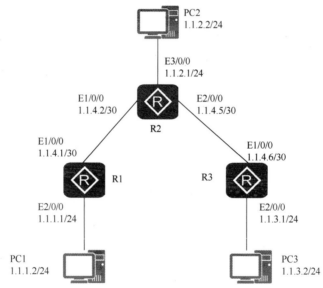

图 5-24　静态路由配置的拓扑结构

（2）配置思路

本例的配置思路如下。

① 配置各路由器各接口的 IPv4 地址，使网络互通。

② 在路由器上配置到目的地址的 IPv4 静态路由及默认路由。

③ 在各主机上配置 IPv4 默认网关，使任意两台主机都可以互通。

（3）数据准备

为满足此配置案例的要求，需结合第 4 章讲解的静态路由的工作原理，理解并准备好以下数据。

① R1 的下一跳为 1.1.4.2 的默认路由。

② R2 的目的地址为 1.1.1.0、下一跳为 1.1.4.1 的静态路由。

③ R2 的目的地址为 1.1.3.0、下一跳为 1.1.4.6 的静态路由。

④ R3 的下一跳为 1.1.4.5 的默认路由。

⑤ 主机 PC1 的默认网关为 1.1.1.1，主机 PC2 的默认网关为 1.1.2.1，主机 PC3 的默认网关为 1.1.3.1。

（4）配置步骤

① 配置各接口的 IP 地址（参考前文 IP 地址配置）。

② 配置静态路由。

a. 在 R1 上配置 IPv4 默认路由。

```
[R1]ip route-static 0.0.0.0 0.0.0.0 1.1.4.2
```

b. 在 R2 上配置两条 IPv4 静态路由。

```
[R2]ip route-static 1.1.1.0 255.255.255.0 1.1.4.1
[R2]ip route-static 1.1.3.0 255.255.255.0 1.1.4.6
```

c. 在 R3 上配置 IPv4 默认路由。

```
[R3]ip route-static 0.0.0.0 0.0.0.0 1.1.4.5
```

③ 配置主机。分别配置主机 PC1、PC2、PC3 的默认网关为 1.1.1.1、1.1.2.1、1.1.3.1。

完成配置后，可以执行【display ip routing-table】命令来检查静态路由配置结果。

（5）结果验证

完成以上配置后，可以在路由器 R1 上执行【display ip routing-table】命令，查看 IP 路由表，检查配置的静态路由是否正确添加到了路由表中。

```
[R1]display ip routing-table
Route Flags: R - relay, D - download to fib
------------------------------------------------------------------
Routing Tables: Public
        Destinations : 8      Routes : 8
Destination/Mask      Proto   Pre Cost  Flags NextHop         Interface
      0.0.0.0/0       Static  60  0     RD    1.1.4.2         Ethernet1/0/0
      1.1.1.0/24      Direct  0   0     D     1.1.1.1         Ethernet2/0/0
      1.1.1.1/32      Direct  0   0     D     127.0.0.1       InLoopBack0
      1.1.4.0/30      Direct  0   0     D     1.1.4.1         Ethernet1/0/0
      1.1.4.1/32      Direct  0   0     D     127.0.0.1       InLoopBack0
      1.1.4.2/32      Direct  0   0     D     1.1.4.2         Ethernet1/0/0
    127.0.0.0/8       Direct  0   0     D     127.0.0.1       InLoopBack0
    127.0.0.1/32      Direct  0   0     D     127.0.0.1       InLoopBack0
```

确认静态路由配置正确后，使用【ping】命令验证连通性。

```
[R1]ping 1.1.3.1
  PING 1.1.3.1: 56  data bytes, press CTRL_C to break
    Reply from 1.1.3.1: bytes=56 Sequence=1 ttl=254 time=62 ms
    Reply from 1.1.3.1: bytes=56 Sequence=2 ttl=254 time=63 ms
    Reply from 1.1.3.1: bytes=56 Sequence=3 ttl=254 time=63 ms
    Reply from 1.1.3.1: bytes=56 Sequence=4 ttl=254 time=62 ms
    Reply from 1.1.3.1: bytes=56 Sequence=5 ttl=254 time=62 ms
  --- 1.1.3.1 ping statistics ---
    5 packet(s) transmitted
    5 packet(s) received
    0.00% packet loss
round-trip min/avg/max = 62/62/63 ms
```

在 PC 上也可使用【ping】命令验证路由器的连通性，操作方法与在路由器上的类同。

5.3.4 远程登录相关配置

V5-4

5.2.1 节中提到，网络设备支持多种登录管理方式，包括通过 Console 接口登录、通过 Telnet 登录、通过 STelnet 登录及通过 Web 方式登录等。在这些不同的登录管理方式中，通过 Console 接口登录是基本的方式，是其他几种登录管理方式的基础，即使用其他登录管理方式时必须先通过 Console 接口登录设备并进行必要的配置。本节主要介绍 Telnet 远程登录和 STelnet 远程登录的相关配置。

1. Telnet 远程登录相关配置

根据图 5-12 所示的 Telnet 登录管理的拓扑结构，先要确保终端 PC 和 Telnet 服务器之间通信正常，即从配置终端能够 ping 通 Telnet 服务器维护网口的 IP 地址；再设置用户登录时使用的信息，包括登录用户的验证方式、登录用户级别等。

登录用户的验证方式有 3 种，包括不验证（None）、密码（Password）验证和认证、授权、计费（Authentication Authorization Accounting，AAA）验证。系统默认采用不验证的方式，即用户远程登录到服务器后，不需要输入任何信息；采用密码验证方式时，用户需要输入正确的密码才能完成登录；采用 AAA 验证方式时，用户需要输入正确的用户名和密码才能完成登录。

【例 5-25】 Telnet 远程登录配置

由于 STelnet 远程登录的验证方式只能是 AAA 验证方式，因此本例在讲解 Telnet 远程登录相关配置时采用密码验证方式，AAA 验证方式在下文 STelnet 远程登录相关配置中讲解。登录用户的默认级别是 0，登录密码为 "Huawei@123"，下面给出详细的配置过程。

（1）执行【system-view】命令，进入系统视图。

```
<Huawei>system-view
```

（2）执行【user-interface vty *first-ui-number*   *last-ui-number*】命令，进入 VTY 用户界面视图。

```
[Huawei]user-interface vty 0 4
```

（3）执行【protocol inbound telnet】命令，配置 VTY 用户界面支持 Telnet 协议。

```
[Huawei-ui-vty0-4]protocol inbound telnet
```

（4）执行【authentication-mode password】命令，设置验证方式为密码验证。

```
[Huawei-ui-vty0-4]authentication-mode password
```

（5）执行【set authentication password cipher|simple Huawei@123】命令，设置登录密码。

```
[Huawei-ui-vty0-4]set authentication password cipher Huawei@123
```

（6）执行【user privilege level 0】命令，设置登录用户的默认级别。

```
[Huawei-ui-vty0-4]user privilege level 0
```

2. STelnet 远程登录相关配置

由于通过 STelnet 登录设备需配置用户界面支持的协议是 SSH，因此必须设置 VTY 用户界面验证方式为 AAA 验证，否则执行【protocol inbound ssh】命令配置 VTY 用户界面支持 SSH 协议将不会成功。

此外，SSH 用户用于 STelnet 登录，在配置 VTY 用户界面的验证方式为 AAA 验证的基础上，还需要配置 SSH 用户的验证方式。SSH 用户支持密码验证、RSA（Rivest-Shamir-Adleman）算法验证、椭圆曲线加密（Elliptic Curves Cryptography，ECC）验证、密码-RSA（Password-RSA）验证、密码-椭圆曲线（Password-ECC）验证和所有（ALL）验证。

（1）密码验证：一种基于"用户名+密码"的验证方式。通过 AAA 验证为每个 SSH 用户配置相应的密码，在通过 SSH 登录时，输入正确的用户名和密码就可以实现登录。

（2）RSA 算法验证：一种基于客户端私钥的验证方式。RSA 是一种公开密钥加密体系，基于非对称加密算法。RSA 密钥由公钥和私钥两部分组成，在配置时需要将客户端生成的 RSA 密钥中的公钥部分复制到服务器中，服务器用此公钥对数据进行加密。设备作为 SSH 客户端时最多只能存储 20 个密钥。

（3）ECC 验证：一种椭圆曲线算法，与 RSA 算法相比，在相同安全性能下，其密钥长度短、计算量小、处理速度快、存储空间小、带宽要求低。

（4）Password-RSA 验证：SSH 服务器对登录的用户同时进行密码验证和 RSA 验证，只有在两者同时满足的情况下才能验证通过。

（5）Password-ECC 验证：SSH 服务器对登录的用户同时进行密码验证和 ECC 验证，只有在两者同时满足的情况下才能验证通过。

（6）ALL 验证：SSH 服务器对登录的用户进行密码验证、RSA 算法验证或 ECC 验证，只要满足其中任何一个即可验证通过。

【例 5-26】 STelnet 远程登录配置

假定 STelnet 登录用户名为"huawei"，密码为"Huawei@123"，SSH 用户验证方式为密码验证，登录用户的默认级别为 0，下面给出具体的配置过程。

（1）进入 AAA 视图，创建远程登录用户。

```
[Huawei]aaa
[Huawei-aaa]local-user Huawei password cipher Huawei@123
[Huawei-aaa]local-user Huawei privilege level 0
[Huawei-aaa]local-user Huawei service-type telnet ssh
```

（2）进入用户界面视图，配置验证方式为 AAA 验证，用户级别为 0，支持 SSH 协议。

```
[Huawei]user-interface vty 0 4
[Huawei-ui-vty0-4]authentication-mode aaa
[Huawei-ui-vty0-4]user privilege level 0
[Huawei-ui-vty0-4]protocol inbound ssh
```

（3）配置 SSH 用户的验证方式，此处为简单起见，将其配置为密码验证。RSA 验证涉及密钥创建，有兴趣的读者可自行查阅产品手册。

```
[Huawei]ssh user Huawei authentication-type password
```

（4）配置 SSH 服务器功能。

```
[Huawei]stelnet server enable
[Huawei]rsa local-key-pair create
The key name will be: Host
% RSA keys defined for Host already exist.
Confirm to replace them? (y/n)[n]:y
The range of public key size is (512 ～ 2048).
NOTES: If the key modulus is greater than 512,
       It will take a few minutes.
Input the bits in the modulus[default = 512]:
Generating keys...
...................+++++++++++
................++++++++++
....++++++++
.........................................................+++++++
```

3. Web 登录相关配置

一般情况下，设备支持以 HTTP 或 HTTPS 方式登录管理设备，但出于安全考虑，建议采用 HTTPS 方式登录管理设备。

配置 Web 登录管理设备一般包含如下 3 个步骤。

（1）配置维护接口。

（2）配置 Web 登录用户。

（3）开启 HTTPS，配置协议参数。

接下来以案例形式分别介绍在 AR 路由器及 USG6000V 防火墙上配置 Web 登录的详细过程。

【例 5-27】 AR 路由器 Web 登录配置

Web 登录 AR 路由器拓扑如图 5-25 所示。

GE0/0/0
120.20.20.20/24

PC

R1（Web服务器）

图 5-25 Web 登录 AR 路由器拓扑

通过 Console 接口登录设备后，使用 CLI 按如下步骤完成 Web 登录相关配置。

（1）配置维护接口的 IP 地址。

```
<Huawei>system-view
[Huawei]interface GigabitEthernet0/0/0
[Huawei-GigabitEthernet0/0/0]ip add 120.20.20.20 24
```

（2）配置 Web 登录用户，用户名为"huawei"，密码为"Huawei@123"。

```
[Huawei]aaa
[Huawei-aaa]local-user Huawei password cipher Huawei@123
[Huawei-aaa]local-user Huawei service-type web
```

（3）开启 HTTPS，配置相关参数，AR 路由器上 HTTPS 默认使用端口 443，此处配置端口为 8443。

```
[Huawei]http server  enable
[Huawei]http secure-server port 8443
```

完成以上配置后，在 PC 上打开浏览器，访问 URL"https://120.20.20.20:8443"，即可登录管理路由器。

【例 5-28】 USG6000V 防火墙 Web 登录配置

Web 登录 USG6000V 防火墙拓扑如图 5-26 所示。

GE0/0/0
120.20.20.20/24

PC

Firewall1（Web服务器）

图 5-26 Web 登录 USG6000V 防火墙拓扑

通过 Console 接口登录设备后，使用 CLI 按如下步骤完成 Web 登录相关配置。

（1）配置维护接口，并将接口划分到某个安全区域（如 trust 区域）中。

```
<USG6000V>system-view
[USG6000V]interface GigabitEthernet 0/0/0
[USG6000V-GigabitEthernet0/0/0]ip add 120.20.20.20 24
[USG6000V1]firewall zone trust
[USG6000V-zone-trust]add interface GigabitEthernet 0/0/0
```

（2）配置 Web 登录用户，用户名为"huawei"，密码为"Huawei@123"。

```
[USG6000V]aaa
[USG6000V-aaa]local-user Huawei password cipher Huawei@123
[USG6000V-aaa]local-user Huawei service-type web
```

（3）开启 HTTPS，配置相关参数，USG6000V 防火墙上的 HTTPS 默认使用端口 8443。

```
<USG6000V>system-view
[USG6000V]interface GigabitEthernet 0/0/0
[USG6000V1-GigabitEthernet0/0/0]service-manage  https permit
```

完成以上配置后，在 PC 上打开浏览器，访问 URL"https://120.20.20.20:8443"，即可登录管理防火墙。

 本章总结

网络基本操作是网络运维的重要组成部分之一，本章以华为的网络设备为例，介绍了网络设备常见的基本操作。5.1 节先介绍了华为数据通信产品的网络操作系统 VRP，再重点介绍了 CLI 的一些使用技巧；5.2 节介绍了网络设备的常见登录管理方式，包括 CLI 方式和 Web 方式，其中 CLI 方式又可以细分为通过 Console 接口登录、通过 Telnet 登录和通过 STelnet 登录这 3 种方式；5.3 节介绍了如何通过 CLI 方式对设备进行一些基本操作，包括设备环境基本配置、设备配置文件管理、基础网络配置及远程登录相关配置等。

通过本章内容的学习，读者应该对网络操作系统有所了解，掌握华为 VRP 及 CLI 的使用方法，熟悉并掌握网络设备的登录管理方式，掌握网络运维过程中的一些基本操作，能够按照设计需求或使用习惯对设备进行必要的配置。

课后练习

1. VRP 是（　　）的缩写。
   - A. Versatile Routine Platform
   - B. Virtual Routing Platform
   - C. Virtual Routing Plane
   - D. Versatile Routing Platform

2.【多选】VRP 对于 Telnet 用户支持（　　）。
   - A. 参观级
   - B. 监控级
   - C. 配置级
   - D. 管理级

3. 对于华为路由器，用户要从用户视图进入系统视图，需要执行的命令是（　　）。
   - A. system-view
   - B. enable
   - C. configure terminal
   - D. interface system

4.【多选】以 Telnet 方式登录路由器时，可以选择（　　　）方式。

    A．密码验证　　　　　　　　　　　　　　B．AAA 验证

    C．MD5 验证　　　　　　　　　　　　　　D．不验证

5.【多选】相对于 Telnet 而言，SSH 具有的优点是（　　　）。

    A．可以对所有传输的数据进行加密，以免受到"中间人"攻击

    B．能够防止 DNS 和 IP 欺骗

    C．传输的数据是经过压缩的，所以可以加快传输速度

    D．基于 UDP 连接，适合大规模使用

第 6 章

网络系统基础运维

在网络系统运行过程中，运维人员需要根据业务需求，对网络系统中的硬件和软件资源进行管理，同时监测和定期维护网络系统中的交换机、路由器、无线 AC/AP、防火墙、服务器等设备，在网络出现故障时能快速、有效地搜集故障信息，分析故障原因，并及时修复故障。

本章将先介绍网络系统资源管理，包括硬件资源管理和软件资源管理，其中硬件资源管理包括对网络设备的电子标签、CPU、内存、单板等资源的管理，而软件资源管理包括对 License、系统软件、配置文件等资源的管理；再介绍网络系统的例行维护和故障处理，其中例行维护的目的是发现和消除网络设备的运行隐患，而故障处理的目的则是在发生故障后快速分析、定位故障并修复故障，进而恢复业务。

学习目标

1. 了解网络系统资源的管理。
2. 了解网络系统的维护。
3. 掌握硬件资源的管理能力。
4. 掌握软件资源的管理能力。
5. 熟悉机房例行维护。
6. 掌握常见故障处理能力。

能力目标

1. 能够有效管理硬件资源。
2. 能够进行软件资源管理。
3. 能够进行例行维护并处理常见故障。

素质目标

1. 搭建学生的结构化知识体系。
2. 培养学生的爱国情怀和工匠精神。
3. 树立学生正确的职业理想。

6.1 网络系统资源管理

在进行网络系统的管理和维护前，运维人员应该先搜集整个网络系统的规划和数据信息，包括网络拓扑、数据规划、远程登录的用户名和密码等，以便后期随时进行查询、对照及维护。

网络系统的资源管理包括对整个网络系统中的硬件和软件资源进行管理和维护。其中，硬件资源的管理主要指的是对设备系统资源（CPU、内存）、线缆、单板、风扇等的管理，软件资源的管理则包括设备 License 管理、系统软件和补丁管理、配置文件的备份与恢复、用户信息管理等。

V6-1

6.1.1 硬件资源管理

硬件资源管理是指通过命令行对设备的硬件资源进行操作和管理，如复位单板、备份电子标签、打开或关闭电源等。在设备运行过程中，对硬件资源进行必要的管理可减少对设备硬件资源实际的插拔或加载/卸载等操作，方便快捷，同时可以提高硬件资源的可靠性。下面将详细介绍常见的硬件资源管理。

1. 备份电子标签

电子标签又称射频标签，也就是平常所称的设备序列号，在处理网络故障以及批量更换硬件等工作中，电子标签具有非常重要的作用。

当网络出现故障时，通过电子标签能很方便、准确地获得相关的硬件信息，提高维护工作的效率。同时，通过对故障硬件的电子标签信息进行统计分析，能够更加准确、高效地进行硬件故障的分析。另外，批量更换硬件时，通过建立在客户设备档案系统中的电子标签信息，能够准确地获得全网硬件分布情况，便于评估更换硬件所造成的影响并制定相应策略，从而提高批量更换硬件的效率。

华为的网络设备支持将电子标签备份到文件服务器或设备存储介质中。在备份电子标签到文件服务器中时，需确保设备与文件服务器之间网络互通并有可达的路由。当前支持的文件服务器有 FTP 服务器和 TFTP 服务器。

执行【backup elabel】命令，可对电子标签进行备份。电子标签有以下 3 种备份方式。

（1）执行【backup elabel *filename* [*slot-id*]】命令，可将电子标签备份到设备的存储介质中。

（2）执行【backup elabel ftp *ftp-server-address filename username password* [*slot-id*]】命令，可将电子标签备份到 FTP 服务器中。

（3）执行【backup elabel tftp *tftp-server-address filename* [*slot-id*]】命令，可将电子标签备份到 TFTP 服务器中。

接下来以 AR3260 路由器为例，介绍备份电子标签的具体过程。

【例 6-1】 电子标签的备份

方式 1：备份到存储介质中，这种方式最简单。假设备份电子标签的文件名为"ar3260_elabel"，直接执行【backup elabel ar3260_elabel】命令即可，具体如下。

```
<Huawei>backup elabel  ar3260_elabel
It is executing, please wait...
Backup elabel successfully!
```

方式 2：备份到 FTP 服务器中，网络拓扑如图 6-1 所示。FTP 服务器的 IP 地址为 192.168.0.11，用户名为"user1"，密码为"pass1"，确保用户具有上传文件权限。其具体命令及执行结果如下。

```
<Huawei>backup elabel ftp 192.168.0.11 ar3260_elabel user1 pass1
It is executing, please wait...
Backup elabel successfully!
```

GE0/0/0
192.168.0.1/24

R1

FTP服务器
IP地址：192.168.0.11/24

图 6-1 备份到 FTP 服务器中的网络拓扑

进行如上操作后，可以在 FTP 服务器的根目录下找到备份的文件"ar3260_elabel"，表明电子标签备份成功。

方式 3：备份到 TFTP 服务器中，网络拓扑如图 6-2 所示。其具体命令及执行结果如下。

```
<Huawei>backup elabel tftp 192.168.0.11 ar3260_elabel
 It is executing, please wait...
Info: Transfer file in binary mode.
Uploading the file to the remote TFTP server. Please wait...
TFTP: Uploading the file successfully.
    915 bytes send in 1 second.
```

图 6-2　备份到 TFTP 服务器中的网络拓扑

进行如上操作后，TFTP 服务器中会显示文件传输过程，如图 6-3 所示，此时 TFTP 服务器的根目录下会出现新文件"ar3260_elabel"，表明电子标签备份成功。

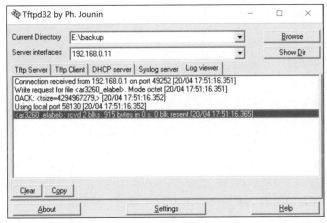

图 6-3　TFTP 服务器中的文件传输过程

2. 配置 CPU 占用率告警阈值

CPU 是设备的核心部分，当系统中存在大量路由信息时，会占用大量 CPU 资源，这将会极大地影响系统性能，导致数据处理不及时或高丢包率等状况。在设备处理数据的过程中，如果能够对设备 CPU 出现高占用率的情况进行及时告警，就可以更有效地监控 CPU 的使用情况，优化系统性能，保证系统一直处于良性运作状态。

CPU 占用率告警阈值包括告警过载阈值（Threshold）和告警恢复阈值（Restore），其配置包括以下 3 个步骤。

（1）执行【display cpu-usage configuration】命令，查看设备 CPU 占用率的配置信息。

（2）执行【system-view】命令，进入系统视图。

（3）执行【set cpu-usage threshold *threshold-value* [restore *restore-threshold-value*] [slot *slot-id*] 】命令，配置 CPU 占用率的告警过载阈值和告警恢复阈值。

默认情况下，CPU 占用率的告警过载阈值是 80%，告警恢复阈值是 75%。

3. 配置内存占用率告警阈值

内存占用率是衡量设备性能的重要指标之一。在网络设备运行过程中，内存占用率如果过高，就会导致业务异常。在设备处理数据的过程中，如果能够对内存出现高占用率的情况进行及时告警，就可以更有效地监控内存的使用情况，优化系统性能，保证系统一直处于良性运作状态。配置内存占用率告警阈值的操作步骤如下。

（1）执行【display memory-usage threshold】命令，查看设备内存占用率的配置信息。

（2）执行【system-view】命令，进入系统视图。

（3）执行【set memory-usage threshold *threshold-value*】命令，配置内存占用率告警阈值。

4．单板管理

框式设备有很多插槽，可以用来接插很多冗余的网卡。单板管理指的就是针对单个槽位上的板卡进行操作管理。在设备运行过程中，通过单板管理可以在尽可能不影响业务的前提下对设备进行维护或故障处理。华为网络设备支持单板管理，包括单板的复位、单板的上下电、主控板的主备倒换等。

（1）单板的复位

在实际运维过程中，为更好地提供业务，可能需要升级单板。在升级过程中，单板可能会出现故障，此时可以对单板进行复位以尝试修复故障。执行【reset slot *slot-id*】命令，可以复位 slot-id 对应槽位上的单板。下文以 AR3260 路由器为例，介绍复位单板的操作步骤。

【例 6-2】 复位单板操作

① 执行【display device】命令，查看单板的状态信息，执行结果如下。

```
[Huawei]display device
AR3260's Device status:
Slot  Sub Type        Online    Power    Register    Alarm    Primary
- - - - - - - - - - - - - - - - - - - - - - - - - - - - - - - - - - - - - -
2     -   2E1/T1-F    Present   PowerOn  Registered  Normal   NA
3     -   2E1/T1-F    Present   PowerOn  Registered  Normal   NA
4     -   1GEC        Present   PowerOn  Registered  Normal   NA
6     -   8FE1GE      Present   PowerOn  Registered  Normal   NA
15    -   SRU80       Present   PowerOn  Registered  Normal   Master
16    -   FAN         Present   PowerOn  Registered  Normal   NA
```

② 复位单板，如复位槽位 2 上对应的 2E1/T1-F 单板，具体命令及执行结果如下。

```
<Huawei>reset slot 2
Are you sure you want to reset board in slot 2 ? [y/n]:y
Feb 7 2020 14:56:40-08:00 Huawei %%01DEV/4/ENTRESET(l)[0]:Board[2] is reset,
The reason is: Reset by user command.
INFO: Resetting board[2] succeeded.
```

此外，对于支持双主控板的设备，也可以在不影响设备正常运行的情况下复位备用主控板，此时仅需在系统视图下执行【slave restart】命令。

（2）单板的上下电

实际网络都具有一定的业务冗余，包括网络级冗余、设备级冗余和单板级冗余，即在实际网络中，设备上可能会有一些单板处于空闲状态。此时可以在不影响业务的情况下给指定的空闲单板下电，这既有利于系统的稳定运行，又能节约能源。当后期业务扩张需要使用被下电的空闲单板时，可以实时给指定的单板上电，不影响业务扩张。下面仍以 AR3260 路由器为例，介绍给单板下电和上电的操作步骤。

① 单板下电。

执行【power off】命令可给单板下电，例 6-3 展示了给空闲单板下电的过程。

【例 6-3】 单板下电操作

以 AR3260 路由器为例，单板下电的操作步骤如下。

a．执行【disp device】命令，查看单板的状态信息。网络设备尤其是框式设备上一般有很多插槽，可以用来接插很多冗余的网卡。

```
<Huawei>disp device
AR3260's Device status:
Slot Sub Type         Online     Power      Register      Alarm      Primary
- - - - - - - - - - - - - - - - - - - - - - - - - - - - - - - - - - - - - - - - -
2    -   2E1/T1-F     Present    PowerOn    Registered    Normal     NA
3    -   2E1/T1-F     Present    PowerOn    Registered    Normal     NA
4    -   1GEC         Present    PowerOn    Registered    Normal     NA
6    -   8FE1GE       Present    PowerOn    Registered    Normal     NA
15   -   SRU80        Present    PowerOn    Registered    Normal     Master
16   -   FAN          Present    PowerOn    Registered    Normal     NA
```

b. 假设槽位 3 上的单板此时不承载任何业务，处于空闲状态。进入用户视图，执行【power off slot 3】命令，即可给该单板下电。

```
<Huawei>power off slot 3
  Feb  7 2020 15:56:02-08:00 Huawei %%01DEV/4/ENTPOWEROFF(l)[0]:Board[3] is
power off, The reason is: Power off by user command.
```

② 单板上电。

与单板下电对应，设备也支持对单板进行上电操作。当后期业务扩张，需要用到被下电的空闲单板时，执行【power on】命令可给单板重新上电。

【例 6-4】 单板上电操作

同样以 AR3260 路由器为例，单板上电的操作步骤如下。

a. 执行【disp device】命令，查看单板的状态信息。

```
<Huawei>disp device
AR3260's Device status:
Slot Sub Type         Online     Power      Register      Alarm      Primary
- - - - - - - - - - - - - - - - - - - - - - - - - - - - - - - - - - - - - - - - -
2    -   2E1/T1-F     Present    PowerOn    Registered    Normal     NA
3    -   2E1/T1-F     Present    PowerOff   Registered    Normal     NA
4    -   1GEC         Present    PowerOn    Registered    Normal     NA
6    -   8FE1GE       Present    PowerOn    Registered    Normal     NA
15   -   SRU80        Present    PowerOn    Registered    Normal     Master
16   -   FAN          Present    PowerOn    Registered    Normal     NA
```

b. 在用户视图下执行【power on slot 3】命令，给槽位 3 上的单板重新上电。

```
<Huawei>power on slot 3
  Info: Power on slot [3] successfully.
  Feb  7 2020 16:02:42-08:00 Huawei %%01DEV/4/ENTPOWERON(1)[8]:Board[3] is power on.
```

（3）主控板的主备倒换

对于一些支持双主控热备份的设备来说，在进行软件升级或者系统维护时，运维人员可以手动进行主用主控板和备用主控板的倒换，该操作称为主备倒换。进行主备倒换后，设备正在运行的主用主控板将重新启动，启动后成为备用主控板；而设备正在运行的备用主控板将成为主用主控板。

需要特别注意的是，在设备进行主备倒换期间，禁止插拔或复位所有主用主控板、备用主控板、业务接口板、电源模块或风扇模块，否则将有可能导致设备整机重新启动或出现故障。

主控板的主备倒换仅适用于一些支持双主控热备份的设备，具体操作步骤如下。

① 执行【display switchover state】命令，查看主用主控板或备用主控板是否满足主备倒换的条件。必须再次强调的是，只有主控板处于实时备份阶段时，用户才可以进行主备倒换操作。

② 执行【system-view】命令，进入系统视图。

③ 执行【switchover enable】命令，使能主备倒换功能。默认情况下，主备倒换功能处于使能状态。

④ 执行【slave switchover】命令，进行主备倒换。

5. 接口管理

设备中的接口包括管理接口、物理接口和逻辑接口等。其中，管理接口不承担业务传输工作，主要用于为用户提供配置管理支持，用户通过此类接口可以登录设备，并进行配置和管理操作，管理接口如 Console、MiniUSB 和 Meth 等接口；物理接口是真实存在、有器件支持的接口，承担业务传输工作，如以太网接口、GE 接口、Serial 接口等；逻辑接口则指能够实现数据交换功能，但物理上不存在、需要通过配置建立的接口，如 Loopback、Eth-Trunk、VLANIF、Tunnel 等接口。

接口管理包括基本参数配置、物理接口配置、逻辑接口配置等。其中，基本参数配置指的是对接口描述信息、带宽、流量统计等进行配置；物理接口配置指的是对真实存在的二层、三层接口进行配置，包括 VLAN 配置、IP 地址配置等；逻辑接口配置指的是对 Null0、Loopback、Tunnel 等接口进行配置，主要是配置 IP 地址。下面主要介绍设备接口的基本参数配置，关于 VLAN 及 IP 地址的配置可参考第 4 章和第 5 章的内容。

（1）配置接口描述信息

为了方便管理和维护设备，实际运维时可以配置接口的描述信息，如接口所属的设备、接口类型和对端网元设备等信息。

【例 6-5】 接口描述信息配置

假设当前接口连接到设备 B 的 GE0/0/1 接口，那么可以配置描述信息为"To_DeviceB_GE0/0/1"，具体配置如下。

```
[Huawei-GigabitEthernet0/0/0]description To_DeviceB_GE0/0/1
```

（2）配置接口带宽和网管带宽

以太网接口支持带宽设置和网管带宽设置。

【speed】命令用来配置以太网接口在非自协商模式下的传输速率。默认情况下，以太网接口在非自协商模式下工作时，传输速率为接口支持的最大传输速率，因此在使用【speed】命令修改带宽前必须关闭接口自协商功能。

【bandwidth】命令用来设置网管在管理信息库（Management Information Base，MIB）上获取的接口带宽。默认情况下，网管在 MIB 上获取的接口带宽与接口类型有关，配置网管获取的接口带宽并不改变接口的实际带宽。例如，GE 接口的实际带宽是 1000Mbit/s，可以在该 GE 接口视图下执行【bandwidth 10】命令，将网管获取的接口带宽配置为 10Mbit/s。

【例 6-6】 接口带宽配置

下面将 GE 接口的带宽改为 10Mbit/s。

```
<Huawei>system-view
[Huawei]interface GigabitEthernet0/0/0
[Huawei-GigabitEthernet0/0/0]undo negotiation auto
[Huawei-GigabitEthernet0/0/0]speed 10
```

（3）接口流量统计时间间隔配置

通过配置接口的流量统计时间间隔，用户可以对感兴趣的报文进行统计与分析。同时，通过预先查看接口的流量统计，及时采取流量控制措施，可以避免网络拥塞和业务中断。默认情况下，接口流量统计时间间隔是 300s，当用户发现网络有拥塞情况时，可以将接口的流量统计时间间隔配置为小于 300s（拥塞加剧时，设置为 30s），观察接口在短时间内的流量分布情况。对于导致拥塞的数据报文，可采取流量控制措施。当网络带宽充裕，业务运行正常时，可以将接口的流量统计时间间隔配置为大于 300s。一旦发现有流量参数异常的情况出现，就要及时修改流量统计时间间隔，以便于实时观察相应流量参数的变化趋势。

华为的网络设备支持在系统视图和接口视图下执行【set flow-stat interval *interval-time*】命令，以对流量统计时间间隔进行配置。在系统视图下配置的流量统计时间间隔对接口下的时间间隔为默认值的所有接口都生效；在接口视图下配置的流量统计时间间隔只对相应接口生效，不影响其他接口，优先级高于在系统视图下配置的时间间隔。

【例 6-7】 接口流量统计时间间隔配置

下面将接口 GE0/0/0 的流量统计时间间隔配置为 100s，将其他时间间隔配置为 200s，配置示例如下。

```
<Huawei>system-view
[Huawei]set flow-stat interval  200
[Huawei]interface GigabitEthernet0/0/0
[Huawei-GigabitEthernet0/0/0]set flow-stat interval 100
```

① 配置开启或关闭接口。

当修改了接口的工作参数配置，且新的配置未能立即生效时，可以依次执行【shutdown】和【undo shutdown】命令，或执行【restart】命令，关闭和重启接口，使新的配置生效。

默认情况下，所有接口都处于开启状态，当接口处于闲置状态（没有连接电缆或光纤）时，最好使用【shutdown】命令关闭该接口，以防止由于干扰导致接口异常。需要特别说明的是，一些逻辑接口（如 Null0 接口、Loopback 接口）一旦被创建，将一直保持开启状态，无法通过命令关闭。

② 清除接口统计信息。

如果需要统计接口在一段时间内的流量信息，则必须在统计开始前清除其原有的统计信息，重新进行统计。【reset counters interface】命令用来清除指定接口的统计信息，其格式为【reset counters interface { *interface-type* [*interface-number*] } 】，其中"*interface-type*"表示接口类型，"*interface-number*"表示接口编号。如果不指定接口类型，则表示清除所有类型接口的统计信息；如果指定接口类型但不指定编号，则表示清除该类型接口的所有统计信息。

使用【reset counters interface】命令清除的是接口输入、输出报文的统计信息，且清除后无法恢复，而流量计费的依据就是各个接口的报文统计。清除接口的统计信息后，会对流量计费的结果产生影响。因此，在正常的应用环境中，不要随意进行清除接口统计信息的操作。

6. 光模块告警管理

华为的网络设备支持华为认证的光模块和非华为认证的光模块，但是需要说明的是，在华为的网络设备上使用非华为认证的光模块时，这些光模块的功能有可能无法正常使用。如果使用的光模块为非华为认证的光模块，则系统会产生大量告警，试图提醒用户将其更换为华为认证的光模块，以便管理和维护。另外，华为早期生产的光模块可能没有记录厂商信息，在使用时也会产生非华为认证光模块告警。

在设备上，可以通过执行【display transceiver】命令查看光模块的常规、制造和告警信息。对于华为认证的光模块，可以通过配置光模块告警功能，选择一个最合适的光模块告警产生方式；对于非华为认证的模块，为了充分利用资源，可以继续在设备中使用，但是建议通过命令关闭告警开关。

对于华为认证的光模块，其告警管理的操作步骤如下。

（1）执行【display transceiver】命令，查看设备接口上的光模块的常规、制造和告警信息。

（2）配置光模块告警开关。在系统视图下，可通过执行【set transceiver-monitoring enable】命令打开光模块告警开关；执行【set transceiver-monitoring disable】命令，关闭光模块告警开关。

默认情况下，光模块告警开关是打开的。

（3）配置光模块发送功率告警阈值。进入需要配置的光接口视图，分别执行【set transceiver transmit-power upper-threshold *upper-value*】和【set transceiver transmit-power lower-threshold *lower-value*】命令，设置光模块发送功率的上、下限。当发送功率超出光模块发送功率上、下限时，会产生告警。

（4）配置光模块接收功率告警阈值。进入需要配置的光接口视图，分别执行【set transceiver receive-power upper-threshold *upper-value*】和【set transceiver receive-power lower-threshold *lower-value*】命令，设置光模块接收功率的上、下限。当接收功率超出光模块接收功率上、下限时，会产生告警。

默认情况下，非华为认证的光模块的告警功能处于开启状态。为了使这些模块在设备上正常使用而不产生大量告警，应关闭非华为认证的光模块的告警功能。关闭光模块告警功能的操作方式是在系统视图下执行【transceiver phony-alarm-disable】命令。

7. 节能管理

随着网络规模的不断扩大，设备的能源消耗费用占运营成本的比例越来越高。"绿色""节能"已成为网络建设与运行的主要关注内容。网络系统中的设备支持采用多项节能技术来减少能源消耗，以达到绿色节能的目的。

华为网络设备支持的节能管理技术包括风扇自动调速、激光器自动关断（Automatic Laser Shutdown，ALS）和能效以太网（Energy Efficient Ethernet，EEE）等，这 3 种节能管理技术的具体介绍如下。

（1）风扇自动调速

设备采用智能风扇调速策略，监测设备关键器件温度。当设备内部某敏感器件温度高于设定值时提高风扇转速，当设备内部某敏感器件温度低于设定值时降低风扇转速，最终控制设备保持稳定的温度，达到节能降噪的目的。

（2）激光器自动关断

激光器自动关断功能指通过检测光接口的输入信号丢失（Loss of Signal，LoS）来控制光模块激光器的发光。激光器自动关断功能为用户提供安全保护的同时，也能帮助用户减少能源消耗。倘若设备未使能或不支持激光器自动关断功能，则当接口光纤不在位或光纤链路发生故障时，虽然数据通信中断，但是设备的光接口没有被关闭，光模块激光器的发光功能是打开的。光模块激光器在数据通信中断时的持续发光不仅会造成能源浪费，而且有一定的危险性，因为激光不慎射向人眼会造成一定的危害。相反的，如果设备使能激光器自动关断功能，当接口光纤不在位或光纤链路出现故障时，系统检测到光接口的 LoS 信号后，则可判定此时业务已经中断，系统将自动关闭光模块激光器；当接口插上光纤或光纤链路恢复后，系统检测到光接口的 LoS 信号被清除，会自动打开光模块激光器，从而恢复业务。

（3）能效以太网

能效以太网是一种根据网络流量动态调节电接口功率的节能管理技术。如果设备没有配置电接口的功率自调节功能，则系统会以恒定的功率为每个接口供电。即使接口处于业务空闲状态，也需要消耗同样的能量。反之，如果设备配置了电接口的功率自调节功能，当接口处于业务空闲状态时，系统将会自动降低给该接口的供电功率，这样就能够减少系统的总体能源消耗；当接口开始正常传输数据时，会恢复正常供电，不影响正常业务。

下文分别介绍这 3 种节能管理技术相关的配置过程。

（1）风扇自动调速配置

风扇的转速会影响设备的温度，合理地调节风扇转速，可以使设备保持稳定的温度。默认情况下，系统使能风扇自动调速功能，即系统会根据设备状态自动调节风扇转速。正常情况下，风扇运行于自动状态时噪声小、节能且不影响系统的正常功能。建议在配置风扇转速前，首先确认当前设备的状态，然后根据当前设备的状态合理调整风扇转速，即如果当前温度过高，则可以提高风扇转速，反之可以降低风扇转速。其具体操作步骤如下。

① 执行【display temperature all】命令，查看设备温度信息。

② 执行【display fan】命令，查看风扇当前状态。

③ 在系统视图下执行【set fan-speed fan *slot-id* percent *percent*】命令，调整风扇转速。例如，执行【set fan-speed fan 0 percent 100】命令，可将槽位 0 上的单板风扇转速调至最大，如果该单板有多个风扇，则所有风扇都会被调至最大转速。

（2）激光器自动关断配置

激光器自动关断功能仅在光接口下适用，电接口不支持。下面介绍激光器自动关断配置的具体操作步骤。

【例 6-8】 激光器自动关断配置

在图 6-4 所示的拓扑中，R1 的接口 GE1/0/0 与 R2 的接口 GE1/0/0 之间通过光纤互连。用户希望在链路发生故障时，光接口的光模块激光器能够自动关闭发光功能，在链路故障恢复后能够恢复发光，以实现节能的目的。为满足这个需求，需要配置两个路由器互连的接口都使能激光器自动关断功能，使链路出现故障时自动关闭接口激光器的发光功能；同时配置接口的激光器重启模式为自动重启，使链路恢复时激光器自动恢复发光。

GE1/0/0   GE1/0/0

R1   R2

图 6-4 激光器自动关断配置示例拓扑

① 使能 R1 的接口 GE1/0/0 的激光器自动关断功能，配置激光器的重启模式为自动重启，具体命令如下。

```
<Huawei> system-view
[Huawei] sysname R1
[R1] interface GigabitEthernet1/0/0
[R1-GigabitEthernet1/0/0] als
[R1-GigabitEthernet1/0/0] als restart mode automatic
[R1-GigabitEthernet1/0/0] return
```

② 使能 R2 的接口 GE1/0/0 的激光器自动关断功能，配置激光器的重启模式为自动重启，具体命令如下。

```
<Huawei> system-view
[Huawei] sysname R2
[R2 interface GigabitEthernet1/0/0
[R2-GigabitEthernet1/0/0] als
[R2-GigabitEthernet1/0/0] als restart mode automatic
[R2-GigabitEthernet1/0/0] return
```

③ 验证配置结果，在 R1、R2 上分别查看接口激光器自动关断的配置情况，具体命令及执行结果如下。

```
<R1> display als interface GigabitEthernet1/0/0
Interface                Mode      Pulse Interval Pulse Width
GigabitEthernet1/0/0     AUTO      100            2
<R2> display als interface gigabitethernet 1/0/0
```

Interface	Mode	Pulse Interval	Pulse Width
GigabitEthernet1/0/0	AUTO	100	2

（3）能效以太网配置

默认情况下，网络设备以恒定的功率为每个接口供电。即使接口处于业务空闲状态，也需要消耗同样的能量。配置电接口的能效以太网功能后，可以根据网络流量动态调节电接口功率。当接口处于业务空闲状态时，系统会自动调节给接口的供电，进入低功耗模式，即休眠状态，这样能够减少系统的总体能源消耗，从而达到节能的目的；当接口开始正常传输数据时，恢复正常供电。能效以太网机制只能在速率为 100Mbit/s 以上的电接口上配置，光接口、光电复用的 Combo 接口及协商速率为 10Mbit/s 的电接口不支持能效以太网配置。默认情况下，电接口的能效以太网功能未使能，使能电接口的能效以太网的操作步骤如下。

① 执行【 system-view 】命令，进入系统视图。

② 执行【 interface *interface-type interface-number* 】命令，进入接口视图。

③ 执行【 energy-efficient-ethernet enable 】命令，使能电接口的能效以太网功能。

6.1.2　软件资源管理

V6-2

在运维过程中，运维人员不仅需对硬件资源进行管理，而且需对软件资源进行管理，主要包括 License 管理和系统管理等内容。

1. License 管理

License 是供应商与客户对所销售/购买的产品使用范围、期限等进行授权/被授权的一种合约形式。通过 License，客户可获得供应商所承诺的相应服务。客户购买设备后，可以使用设备的基本功能。当客户因业务拓展需要使用增值特性或者对设备进行扩容时，必须购买设备对应功能或资源的 License。这种基于 License 的功能或资源控制，可以让客户根据需要灵活地选择合适的 License，无须额外购置设备即可使用设备定制的增值特性，从而有效降低客户的成本。

License 根据用途可以分为商用 License（COMM）和非商用 License（DEMO）两类。正常情况下，依据合同规定购买的 License 都是商用 License，大部分商用 License 一般永久有效，部分商用 License 有固定期限限制；而用于测试、试用等特殊用途的临时 License 则是非商用 License，非商用 License 一般有严格的期限限制。

License 在物理形式上表现为 License 授权证书和 License 文件。License 的应用具有便利、安全和容灾的特点。所谓便利，指的是 License 的安装是一个不中断的过程，不需要重启设备，不影响正在运行的其他业务。而安全则体现在 License 文件和设备序列号（Equipment Serial Number，ESN）的绑定上，即 License 文件具有唯一性，和设备一一对应。如果 License 文件内容被手动修改，则文件会即刻失效，从而有效防止 License 被盗用。另外，如果遭遇不可预料的突发事件，如地震等，还可以将由传统 License 机制激活的 License 转换为容灾状态。容灾状态下，资源型 License 不再控制相应动态资源的大小，开放产品可以支持的最大资源，保证产品全力工作，以最大限度满足业务需求，因而具有一定的容灾机制。

在进行 License 管理时，需要注意以下几个概念。

（1）License 文件

License 文件是控制软件版本的容量、功能和时间的授权文件，该文件根据合同信息，通过专门的加密工具生成，一般以电子文件形式发放。

实际应用时，一个设备只能加载一个 License 文件。若当前加载的 License 文件中包含的功能或者资源数目不够，就需要增加相应功能或者资源数目，即为 License 扩容。华为电子软件交付平台（Electronic Software Delivery Platform，ESDP）会自动将相同设备上的所有 License 项进行合并，生成最终的 License 文件，设备重新加载此合并后的 License 文件即可完成 License 扩容。

（2）License 授权证书

License 授权证书也称 License 证书，记录了 License 的产品名、授权 ID、客户名称和有效期等。License 授权证书以邮件方式发送给客户，还可以纸面件（A4 大小）或 CD 件的方式随产品一起提供给客户。只有商用 License 才有 License 授权证书。

（3）ESN

ESN 是用于唯一标识设备的字符串，是保证将 License 授权给指定设备的关键，又称"设备指纹"。

（4）License 序列号

License 序列号（License Serial Number，LSN）唯一标识了 License 文件。

（5）失效码

在网元上执行失效命令后获取的一段字符串称为失效码（Revoke Code）。该字符串是登录 License 网站后进行自助 ESN 变更、调整的凭证。在网元上执行失效命令后，网元上的 License 文件即刻失效。

（6）失效期

对于有固定期限限制的 License，当 License 文件过了运行截止日期后，就会进入失效试用阶段，此时的试用天数称为失效期，一般是 60 天。在失效试用阶段，License 文件中的功能可以继续正常运行；失效期结束后，License 文件中的功能将不能正常使用。

对于 License 的管理，一般包括申请、安装、查看、卸载等，接下来举例说明常见的 License 管理的操作步骤。

（1）申请 License

License 的申请包括商用 License 的申请和临时 License 的申请。其中，临时 License 适用于临时性测试，如市场拓展阶段的概念验证（Proof of Concept，PoC）测试、品牌展示，以及产品上市前研发测试的业务场景等，如用户需申请，则需要联系华为技术支持人员。下面主要介绍商用 License 的申请。

申请商用 License 有两种方式：授权激活方式和密码激活方式。使用授权激活方式时，可以输入查询条件（如合同号、订单号、授权 ID）查询授权，根据查询结果选择授权后再激活；使用密码激活方式时，必须从 License 授权证书中获取激活密码，通过激活密码进行激活，目前密码激活方式只支持企业网用户使用。

【例 6-9】 商用 License 申请

申请商用 License 有授权激活和密码激活两种方式，通过密码激活方式申请 License 的具体操作步骤如下。

① 在 License 授权证书中获取授权 ID 或激活密码。License 授权证书如图 6-5 所示。

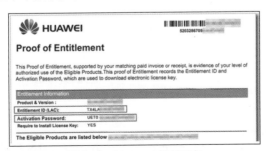

图 6-5　License 授权证书

② 登录到设备，在任意视图下执行【display esn】命令，获取设备的 ESN。

③ 登录 ESDP 网站。

④ 激活 License。

a. 在导航栏中选择"License 激活"→"密码激活"选项，在"激活密码"文本框中输入授权 ID 或激活密码，确认后勾选"我已了解以上信息"复选框，单击"下一步"按钮，如图 6-6 所示。

图 6-6　使用密码方式激活 License——输入授权 ID 或激活密码

b. 绑定 ESN。可以直接输入 ESN，也可以选择已添加的设备（网元）获得 ESN，单击"下一步"按钮，如图 6-7 所示。

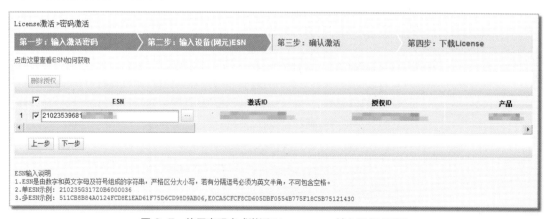

图 6-7　使用密码方式激活 License——输入设备 ESN

c. 进入确认激活界面，确认激活信息是否正确，如图 6-8 所示。如果正确，则单击"确认激活"按钮，进入下一步操作；否则单击"上一步"按钮，进行修改。

图 6-8　使用密码方式激活 License——确认激活信息

d. 激活成功后，进入下载 License 界面，如图 6-9 所示。单击"下载"按钮，将 License 文件下载到本地。

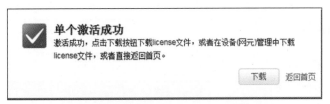

图 6-9　使用密码方式激活 License——下载 License

（2）安装 License

License 申请成功后，需在设备上进行安装后方可使用。下面以 AR3260 路由器为例，介绍 License 安装的操作步骤。

【例 6-10】　License 安装

完成 License 申请后，可将其下载到本地，假设下载的 License 文件名为"LICAR3200all_201404110L1Q50.dat"（注意，License 文件名中不能包含空格），具体安装步骤如下。

① 以 FTP 或 TFTP 方式将 License 文件上传到设备上。

② 执行【license active *filename*】命令，激活 License 文件，获取相应授权。其具体命令及执行结果如下。

```
<Huawei> license active LICAR3200all_201404110L1Q50.dat
 Info: The License is being activated. Please wait for a moment.
 GTL Verify License passed with minor errors on MASTER board:
     This item LAR0CM00 License File value more than maximum value.
     This item LAR0CT00 License File value more than maximum value.
 Warning: If this operation is performed, the trial license may replace the
 current license, and resources and functions in the current license may reduce.
 Continue? (y/n)[n]:y
 Info: Succeeded in activating the License file on the master board.
```

（3）查看 License

安装完激活的 License 文件后，执行【display license】命令，可以查看当前系统中已激活的 License 文件详细信息，包括 License 文件名称及其存储路径、License 文件状态、License 失效码等。

如果只需要查看主控板 License 状态，则可执行【display license state】命令。该命令的执行结果及其描述如表 6-1 所示。

表 6-1 【display license state】命令的执行结果及其描述

执行结果	描述
Master board license state（主控板 License 状态）	Normal：正常激活状态。 Demo：演示状态。 Trial：过期并进入失效试用期状态，此状态下的 License 文件在试用期内依然有效。 Emergency：紧急状态。 Default：默认状态
The remain days（剩余天数）	License 剩余的有效天数

另外，执行【display license resource usage】命令，可以查看 License 文件中定义的资源项的使用情况。该命令的执行结果及其描述如表 6-2 所示。

表 6-2 【display license resource usage】命令的执行结果及其描述

执行结果	描述
ActivatedLicense	激活的 License 文件的名称及其路径
FeatureName	特性名称
ConfigureItemName	控制项名称
ResourceUsage	资源使用比例

（4）卸载 License

对于设备上已安装的多余 License 文件，可以将其卸载，以节省设备存储空间。其具体操作步骤如下。

① 在用户视图下执行【license revoke】命令，使当前需要卸载的 License 文件变为试用状态。

② 上传并激活新的 License 文件，具体操作步骤可参考安装 License 部分。

③ 在用户视图下执行【delete *filename*】命令，卸载 License 文件，其中"*filename*"为需要卸载的 License 文件的名称。

（5）合并 License

在运维过程中，如果需要暂时停用某些设备（如遇到设备需要维修等情形），可以将这些设备的 License 合并到其他设备的 License 上，这样可以充分利用现有 License 资源，确保业务能力不受影响。合并 License 的操作步骤如下。

① 获取停用设备和目标设备的 License 失效码。

a. 在用户视图下执行【license revoke】命令，使当前 License 变为试用状态，并获得 License 失效码。

b. 使当前 License 变为试用状态后，也可以执行【display license revoke-ticket】命令，获取 License 失效码。

② 将 License 失效码提供给华为技术支持人员，由华为技术支持人员进行 License 合并操作。

2. 系统管理

系统管理指的是对设备软件、配置文件和补丁的管理。

其中，设备软件包括 BootROM 软件和系统软件。设备上电后，先运行 BootROM 软件，初始化硬件并显示设备的硬件参数，再运行系统软件。系统软件一方面提供了硬件的驱动和适配功能，另一方面实现了业务特性。BootROM 软件与系统软件是设备启动、运行的必备软件，可为整个设备提供支撑、管理等功能。

配置文件是命令行的集合。用户可将当前配置保存到配置文件中，以便设备重启后，这些配置能够继续生效。另外，通过配置文件，用户可以非常方便地查阅配置信息，也可以将配置文件上传到其他设备，以实现设备的批量配置。

补丁是一种与设备系统软件兼容的软件，用于处理设备系统软件少量且急需解决的问题。在设备的运行过程中，有时需要对设备系统软件进行一些适应性和排错性的修改，如修正系统中存在的缺陷、优化某特定功能以适应业务需求等。补丁通常以补丁文件的形式发布，一个补丁文件中可能包含一个或多个补丁，不同的补丁具有不同的功能。当补丁文件被用户从存储介质加载到内存补丁区中时，补丁文件中的补丁将被分配在此内存补丁区中唯一的单元序号，用于标识、管理和操作。

在设备运行过程中，基于安全的考虑，运维人员需要对设备的配置文件进行备份。如果需要在设备上部署一些新的特性，运维人员还需要对系统软件的版本进行升级或者安装新的系统补丁。下面将介绍对设备进行软件升级、补丁管理及配置文件备份与恢复的方法。

（1）软件升级

在设备运行过程中，基于用户需求可能会出现需要增加新特性、优化原有特性的情况，此时需要对设备软件进行升级，从而满足用户需求。升级设备软件可以实现设备原有性能的优化、新性能的增加，以及解决当前运行版本更新不及时的问题。

为保证软件顺利升级，应做好以下准备工作。

① 用户根据需求进行相关硬件准备，如清理设备内存空间，用于存放新的版本配套文档等。

② 确认是否需要申请新的 GTL License 文件，如果需要，应从华为的正规渠道申请。

③ 获取所需的升级软件。从华为的正规渠道获取所要升级的新版本系统软件及相应的版本配套文档。

④ 在用户视图下执行【display version】命令，查看设备当前运行的软件版本。如果版本一致或当前版本软件的性能优于待升级版本的软件，则不用升级。

⑤ 通过一系列的命令检查设备的运行状态。

a. 在用户视图下执行【display memory-usage】命令，查看设备主控板内存使用率，从而保证主控板工作正常。

b. 在用户视图下执行【display health】命令，记录显示信息。若在升级过程中出现无法定位的问题，则应将这些信息发送给华为的技术支持人员进行故障定位。

⑥ 搭建升级环境，此处可以采用 Web 方式或 CLI 方式。如果采用 CLI 方式搭建升级环境，则可以采用 FTP、TFTP、XModem 等传输文件。

⑦ 备份待升级软件的设备存储介质中的重要数据。

⑧ 检查待升级软件的设备存储介质中的剩余空间，保证有足够的空间存放待上传升级的软件及配套的文档。

下面以 AR2220 路由器为例进行介绍，软件升级拓扑结构如图 6-10 所示。下面分别介绍以Web、FTP、TFTP 等方式进行系统软件升级的操作过程。

图 6-10　软件升级拓扑结构

【例 6-11】　系统软件升级（Web 方式）

Web 方式指的是用户通过 HTTP 或 HTTPS 方式登录设备，此时设备作为服务器，通过内置的 Web 服务器提供图形化的操作界面，用户可直观、方便地管理和维护设备。以 Web 方式进行软件升级的操作步骤如下。

① 以 Web 方式登录设备（具体参见 5.2 节、5.3 节相应部分内容）。

② 依次选择"系统管理"→"升级维护"选项，选择"系统软件"选项卡，进入系统软件升级维护界面，如图 6-11 所示。

图 6-11　系统软件升级维护界面

③ 单击"选择文件"按钮，选择待上传的系统软件。

④ 单击"加载"按钮，把系统软件上传到设备，指定上传的系统软件为设备下次启动时使用的系统软件。

重启设备后，指定的系统软件即可生效，升级过程完成。

【例 6-12】　系统软件升级（FTP 方式）

通过 Telnet 或 STelnet 方式登录设备，终端和设备之间采用 FTP 传输系统软件，此时设备可以作为 FTP 客户端或服务器。

① 设备作为 FTP 客户端时，操作步骤如下。

在维护终端（PC）上开启 FTP 服务器，并将准备阶段已通过正规渠道获取的新版本系统软件放置在 FTP 服务器的根目录下，维护终端即 FTP 服务器的 IP 地址是 192.168.0.11，如图 6-12 所示。

以 Telnet 或 STelnet 方式登录设备（具体参见 5.2 节、5.3 节相应部分内容），进行如下操作。

a. 在用户视图下执行【 ftp *host* [*port-number*] 】命令，登录 PC 端的 FTP 服务器。其中，"*host*"是维护终端的 IP 地址，"*port-number*"是 FTP 服务器的端口（如果是默认端口 21，则可以不填）。输入正确的用户名、密码并按 Enter 键之后，即可成功登录 FTP 服务器。

```
<Huawei>ftp 192.168.0.11
Trying 192.168.0.11 ...
Press CTRL+K to abort
Connected to 192.168.0.11.
220 欢迎访问 Slyar FTPserver!
User(192.168.0.11:(none)):user1
331 Please specify the password.
Enter password:
230 Login successful.
```

图 6-12　在 PC 上开启 FTP 服务器

b. 执行【binary】命令，设置文件传输方式为二进制方式。

```
[Huawei-ftp]binary
```

c. 执行【get *remote-filename* [*local-filename*]】命令，从 FTP 服务器端下载系统文件。其中，
"*remote-filename*"是 FTP 服务器上需要下载的新版本系统软件的文件名，"*local-filename*"是下
载到本地的文件名（如果不需更改，则可以不用指定）。

```
[Huawei-ftp]get ar2200new.cc
200 Port command successful.
150 Opening BINARY mode data connection for file transfer.
 1%_ 2%_ 3%_ 4%_ 5%_ 6%_ 7%_ 8%_ 9%_10%_11%_12%_13%_14%_15%_16%_17%_18%_19%_20%_
21%_22%_23%_24%_25%_26%_27%_28%_29%_30%_31%_32%_33%_34%_35%_36%_37%_38%_39%_40%_
41%_42%_43%_44%_45%_46%_47%_48%_49%_50%_51%_52%_53%_54%_55%_56%_57%_58%_59%_60%_
61%_62%_63%_64%_65%_66%_67%_68%_69%_70%_71%_72%_73%_74%_75%_76%_77%_78%_79%_80%_
81%_82%_83%_84%_85%_86%_87%_88%_89%_90%_91%_92%_93%_94%_95%_96%_97%_98%_99%_100%
Transfer complete
FTP: 181886978 byte(s) received in 297.370 second(s) 611.66Kbyte(s)/sec.
```

d. 系统软件的文件下载成功后，执行【bye】或【quit】命令，终止与服务器的连接。

```
[Huawei-ftp]bye
```

e. 在用户视图下执行【dir】命令，确认路由器当前存储目录下已存在新版本系统软件的
文件。

f. 在用户视图下执行【startup system-software *filename*】命令，设置下次启动时加载的系统
软件，其中"*filename*"是设备上新版本的系统软件的文件名。

```
<Huawei>startup system-software ar2200new.cc
```

g. 在用户视图下执行【reboot】命令，重启设备后升级完成。

```
<Huawei>reboot
```

② 设备作为 FTP 服务器时，操作步骤如下。

a. 以 Telnet 或 STelnet 方式登录设备（具体参见 5.2 节、5.3 节相应部分内容）。

b. 在系统视图下执行【ftp server enable】命令，启动 FTP 服务器。

```
[Huawei]ftp server enable
```

c. 执行【aaa】命令，进入 AAA 视图。

```
[Huawei]aaa
```

d. 创建 FTP 用户，用户名为"huawei"，密码为"Huawei@123"。

（a）执行【local-user *user-name* password cipher *password*】命令，配置本地用户名和密码。其中，"*user-name*""*password*"分别是用户自行设定的用户名和密码。

（b）执行【local-user *user-name* privilege　level *level-number*】命令，设置用户级别。其中，"*user-name*"是用户创建的用户名，此处为"huawei"；"*level-number*"是用户级别编号，此处可设置为 3。

（c）执行【local-user *user-name* service-type ftp】命令，配置本地用户的服务类型为 FTP。其中，"*user-name*"是用户创建的用户名，此处为"huawei"。

```
[Huawei-aaa]local-user huawei password cipher Huawei@123
[Huawei-aaa]local-user huawei privilege level 3
[Huawei-aaa]local-user huawei service-type ftp
```

e. 执行【local-user *user-name* ftp-directory *directory*】命令，配置 FTP 用户的授权目录。其中，"*user-name*"是用户创建的用户名，与步骤 d 中的相同；"*directory*"是设备上 FTP 服务器的根目录，如设为"flash:"，则表明 FTP 的根目录为闪存的根目录。

```
[Huawei-aaa]local-user huawei ftp-directory flash:
```

f. 执行【display ftp-server】命令，查看设备 FTP 服务器的配置信息。

```
[Huawei]display ftp-server
    FTP server is running
    Max user number              5
    User count                   1
    Timeout value(in minute)     30
    Listening port               21
    Acl number                   0
    FTP server's source address  0.0.0.0
```

g. 在 PC 上打开 FTP 客户端，登录设备上的 FTP 服务器。执行【binary】命令，设置文件传输方式为二进制方式；执行【put *remote-filename*】命令，将已获取的新版本系统软件上传到设备，其中"*remote-filename*"是 PC 上新版本系统软件的文件路径及文件名，如图 6-13 所示。

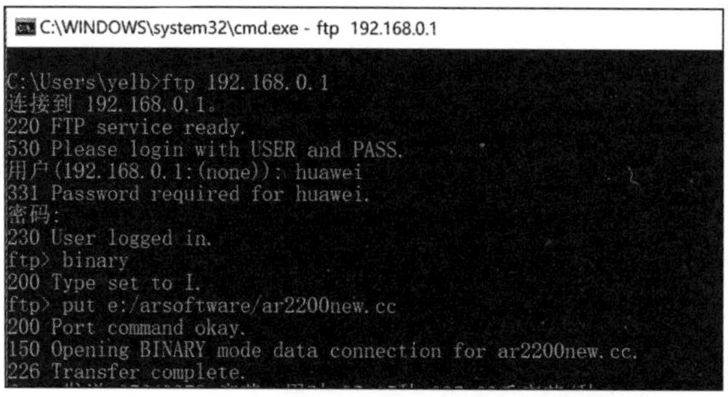

图 6-13　将 PC 作为 FTP 客户端上传系统软件

h. 在用户视图下执行【startup system-software *filename*】命令，设置下次启动时加载的系统软件。其中，"*filename*"是设备上新版本系统软件的文件名。

```
<Huawei>startup system-software ar2200new.cc
```

i. 在用户视图下执行【reboot】命令，重启设备后升级完成。

```
<Huawei>reboot
```

【例 6-13】 **系统软件升级（TFTP 方式）**

采用 TFTP 传输文件时，设备只支持作为 TFTP 客户端，具体操作步骤如下。

① 在 PC 上打开 TFTP 服务器软件，设置 TFTP 服务器的根目录为新版本系统软件所在目录，如图 6-14 所示。

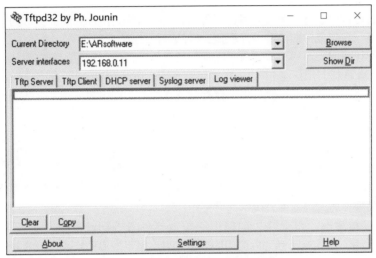

图 6-14 设置 TFTP 服务器的根目录

② 以 Telnet 或 STelnet 方式登录设备（具体参见 5.2 节、5.3 节相应部分内容）。

③ 在用户视图下执行【tftp *tftp-server* get *source-filename* [*destination-filename*]】命令，从 PC 端下载系统软件的文件。其中，"*tftp-server*"是 TFTP 服务器的 IP 地址，"*source-filename*"是需要下载的新版本系统软件目录及文件名，"*destination-filename*"是下载到设备的文件名（如果不需更改，则可以不指定）。

```
<Huawei>tftp 192.168.0.11 get ar2200new.cc
```

④ 在用户视图下执行【startup system-software *filename*】命令，设置下次启动时加载的系统软件。其中，"*filename*"是设备上新版本系统软件的文件名。

```
<Huawei>startup system-software ar2200new.cc
```

⑤ 在用户视图下执行【reboot】命令，重启设备后升级完成。

```
<Huawei>reboot
```

（2）补丁管理

补丁管理包括系统补丁的安装、卸载等。通过安装补丁，可以在不中断业务的情况下实现系统升级，如果补丁文件不需要马上生效，则可以在系统中指定下次启动后执行；通过卸载补丁，可以激活不符合系统要求的补丁，或者删除系统不需要的补丁文件，从而释放设备主控板补丁区的内存空间。

① 安装补丁。由于同一时刻系统中只能有一个补丁文件运行，因此在安装补丁前需要执行【display patch-information】命令，检查当前所有的补丁信息，包括运行的补丁文件。如果信息中

显示有正在运行的补丁文件，则应进行卸载补丁操作。

用户在进行加载补丁的操作之前，需要先通过华为 Support 网站获取补丁文件，并将其上传到设备中，具体步骤可参考软件升级部分。如果想马上安装并加载新的补丁文件，则可在用户视图下执行【patch load *patch-name* all run】命令，其中"*patch-name*"是新补丁的文件名，系统会马上安装并激活补丁；如果想让系统在下次启动时加载新的补丁文件，则可在用户视图下执行【startup patch *patch-name*】，其中"*patch-name*"是新补丁的文件名，系统将在下次启动时加载新的补丁文件。

② 卸载补丁。如果补丁未能满足系统要求，或者补丁区的内存空间不足，用户可以执行卸载补丁的操作。在用户视图下执行【patch delete all】命令，即可卸载系统中所有的补丁。

（3）配置文件备份与恢复

在设备运行过程中，可能会因为各种原因出现运行异常，从而影响业务。为了确保快速修复异常，恢复业务，日常维护时需要做好配置文件的备份工作。

在设备运行正常时，可通过多种方式实现配置文件的备份，常见的有以下几种。

① 直接屏幕复制。用户通过 CLI 方式登录设备，执行【display current-configuration】命令，并复制所有显示信息到文本文件中，保存该文本文件，即可将配置文件备份到维护终端的硬盘中。

② 备份配置文件到闪存等存储介质中。以下给出了将配置文件备份到闪存的命令。

```
<HUAWEI> save config.cfg
<HUAWEI> copy config.cfg backup.cfg
```

③ 通过 FTP 或 TFTP 等协议备份。通过 FTP 或 TFTP，用户可以将配置文件传输到维护终端的硬盘中，具体操作方式与软件升级中的方式类似。

在设备出现故障时，可以将之前备份的配置文件传输到设备上。执行【startup saved-configuration】命令，指定重新启动后使用的配置文件（指定为传输到设备上的备份配置文件的名称），再执行【reboot】命令重新启动设备，即可恢复配置，修复故障。

6.2 例行维护与故障处理

V6-3

网络系统的维护即网络维护，指的是为使网络系统正常运行、提高网络系统的稳定性和安全性而对网络系统采取管理上和技术上的统一协调的行动。网络维护主要包括例行维护和故障处理两部分，其中例行维护指的是在网络正常运行的情况下，对网络进行例行检查与维护，以消除设备的运行隐患；而故障处理则指在网络出现故障时对网络进行应急处理的过程。

6.2.1 网络维护概述

在进行网络维护时，网络运维人员需要熟悉网络核心部件（路由器、交换机等各类网络设备）的使用，了解其性能、配置、命令、功能的实现；对主要网络设备的配置及相应参数的变更情况进行跟进处理，并在出现故障时及时采取相应技术手段修复故障，恢复业务。

运维人员在进行网络维护时必须遵循以下注意事项。

（1）发生故障时应先评估是否为紧急故障，若是紧急故障，则使用预先制定的紧急故障处理方法尽快恢复故障模块，进而恢复业务。

（2）严格遵守操作规程和行业安全规程，确保人身安全与设备安全。

（3）更换和维护设备部件过程中，要做好防静电措施，如佩戴防静电腕带。

（4）在故障处理过程中，若遇到任何问题，都应详细记录各种原始信息。

（5）所有的重大操作，如重启设备、擦除数据库等均应进行记录，并在操作前仔细确认操作的可行性，在做好相应的备份、应急和安全措施后，方可由有资质的操作人员执行。

6.2.2 例行维护

网络系统的稳定运行一方面依赖于完备的网络规划，另一方面需要通过日常的例行维护发现并消除设备的运行隐患。网络系统的例行维护主要包括设备运行环境检查、设备基本信息检查、设备运行状态检查、接口内容检查及业务检查等。

设备运行环境正常是设备正常运行的前提，在日常例行维护过程中，要定期检查机房的温度、湿度、空调运行状态、供电状况等。设备运行环境检查项目如表 6-3 所示。

表 6-3　设备运行环境检查项目

编号	检查项目	评估标准	检查结果
1	设备位置摆放是否合理、牢固	设备应放在通风、干燥的环境中，且放置位置牢固、平整，远离热源。设备周围不得有杂物堆积	□合格 □不合格 □不涉及
2	机房温度状况	机房温度：0～40℃	□合格 □不合格 □不涉及
3	机房湿度状况	机房相对湿度：5%～90%	□合格 □不合格 □不涉及
4	机房内空调运行是否正常	空调可持续稳定运行，使机房的温度和湿度保持在设备规定范围内	□合格 □不合格 □不涉及
5	清洁状况	① 注意防尘网的清洁状况，及时清洗或更换，以免影响机柜门和风扇框的通风、散热。 ② 设备本身应无明显灰尘附着。 ③ 采取有效的防护措施，避免小动物（如蟑螂等）进入	□合格 □不合格 □不涉及
6	接地方式及接地电阻是否符合要求	① 一般要求机房的工作接地、保护接地、建筑防雷接地分开设置。因机房条件限制，可采用联合接地。 ② 设备的接地线连接至接地排的接线柱上时，接地电阻应小于 5Ω。 ③ 设备的接地线连接至接地体上时，接地电阻应小于 10Ω。 ④ 当环境不具备接地条件时，可将设备的接地线相连，保持几台设备的带电压差一致	□合格 □不合格 □不涉及
7	电源连接是否正常可靠	① 电源线应正确地连接到设备的指定位置上，且连接牢固。设备的电源指示灯应为绿色且常亮。 ② 电源插线板质量可靠，有 CCC 安全认证	□合格 □不合格 □不涉及
8	供电系统是否正常	要求供电系统运行稳定。 ① 直流额定电压范围：-60～-48V。 ② 交流额定电压范围：100～240V	□合格 □不合格 □不涉及

续表

编号	检查项目	评估标准	检查结果
9	酸碱状况	无金属生锈、PCB 腐蚀，连接器没有锈蚀	□合格 □不合格 □不涉及
10	防雷状况	① 串口电缆不存在室外走线。 ② 以太网电缆不存在室外走线	□合格 □不合格 □不涉及
11	安装规范性	① 没有插接口模块的槽位安装有假拉手条。 ② 接口模块、假拉手条、电缆拧紧固定螺钉。 ③ 各种电缆的绝缘层避免接触高温物体。 ④ 各种电缆分类整齐且绑扎固定，并保证一定的自由度，能够防止误插拔。 ⑤ 电源线不能和信号线绑扎在一起。 ⑥ 未使用的光接口有防尘塞	□合格 □不合格 □不涉及

设备基本信息检查主要检查设备运行的版本、补丁信息、系统时间等是否正确。设备基本信息检查项目如表 6-4 所示。

表 6-4 设备基本信息检查项目

编号	检查项目	检查方法	评估标准	检查结果
1	设备运行的版本	执行【display version】命令	单板 PCB 版本号、软件版本号与要求相符	□合格 □不合格 □不涉及
2	软件包	执行【display startup】命令	下述系统文件名正确。 ① 当前启动大包的名称。 ② 下次启动大包的名称。 ③ 备份大包的名称。 ④ 配置、许可文件、补丁、语音的当前启动文件的名称和下次启动文件的名称	□合格 □不合格 □不涉及
3	License 信息	依次执行【display license】和【display license state】命令	① GTL License 文件名、版本及配置项符合要求。 ② "Master board license state"项为"Normal"。当"Master board license state"项为"Demo"或"Trial"时，需确认 License 仍在有效期内	□合格 □不合格 □不涉及
4	补丁信息	执行【display patch-information】命令	① 补丁必须与实际要求一致，建议加载华为发布的与产品版本对应的最新补丁。 ② 补丁必须已经生效，即补丁的总数量和正在运行的补丁数量一致	□合格 □不合格 □不涉及
5	系统时间	执行【display clock】命令	① 系统时间应与当地实际时间一致（时间差不大于 5min），以便于出现故障时通过系统时间精确定位。 ② 如果不合格，则可在用户视图下执行【clock datetime】命令修改系统时间	□合格 □不合格 □不涉及

续表

编号	检查项目	检查方法	评估标准	检查结果
6	Flash 空间	在用户视图下执行【 dir flash: 】命令	Flash 空间里的文件必须都是有用的，否则应在用户视图下执行【 delete/ unreserved 】命令将其删除	□合格 □不合格 □不涉及
7	SD 卡空间	在用户视图下执行【 dir sd0: 】或【 dir sd1: 】命令	SD 卡里的文件必须都是有用的，否则应在用户视图下执行【 delete/unreserved 】命令将其删除	□合格 □不合格 □不涉及
8	信息中心	执行【 display info-center 】命令	"Information Center" 项为 "enabled"	□合格 □不合格 □不涉及
9	配置正确性	执行【 display current-configuration 】命令	设备配置正确	□合格 □不合格 □不涉及
10	debug 开关	执行【 display debugging 】命令	设备正常运行时，debug 开关应该全部关闭	□合格 □不合格 □不涉及
11	配置是否保存	在用户视图下执行【 compare configuration 】命令	当前的配置和下次启动的配置文件中的配置一致	□合格 □不合格 □不涉及
12	网络连通性	分别执行【 ping 】命令和【 tracert 】命令	设备之间互通正常	□合格 □不合格 □不涉及

在设备运行过程中，还需检查其运行状况（如单板运行状态、设备复位情况、设备温度等）是否正常。设备运行状态检查项目如表 6-5 所示。

表 6-5　设备运行状态检查项目

编号	检查项目	检查方法	评估标准	检查结果
1	单板运行状态	执行【 display device 】命令	单板在位信息及状态信息正常： "Online" 状态为 "Present"； "Power" 状态为 "PowerOn"； "Register" 状态为 "Registered"； "Alarm" 状态为 "Normal"	□合格 □不合格 □不涉及
2	设备复位情况	在诊断视图下执行【 display reset-reason 】命令	无异常复位操作	□合格 □不合格 □不涉及
3	设备温度	执行【 display temperature all 】命令	各模块当前的温度应该在上限、下限之间，即 "Temperature" 的值在 "Upper" "Lower" 之间	□合格 □不合格 □不涉及
4	风扇状态	执行【 display fan 】命令	"Present" 项为 "YES"	□合格 □不合格 □不涉及

续表

编号	检查项目	检查方法	评估标准	检查结果
5	电源状态	执行【display power】命令	"State"项为"Supply"	□合格 □不合格 □不涉及
6	FTP 网络服务端口	执行【display ftp-server】命令	不使用的 FTP 网络服务端口要关闭	□合格 □不合格 □不涉及
7	告警信息	执行【display alarm active】命令	无告警。如果有告警，则需要记录，对于严重以上级别的告警需立即进行分析并处理	□合格 □不合格 □不涉及
8	CPU 状态	执行【display cpu-usage】命令	各模块的 CPU 占用率正常。如果 CPU 占用率超过 80%，则应重点关注	□合格 □不合格 □不涉及
9	内存占用率	执行【display memory-usage】命令	内存占用率正常。如果内存占用率超过 60%，则应关注	□合格 □不合格 □不涉及
10	日志信息	执行【display logbuffer】和【display trapbuffer】命令	不存在异常信息	□合格 □不合格 □不涉及

例行维护时，还需对网络设备接口内容及一些基本业务进行检查。常见的接口内容检查包括接口配置项、接口状态等的检查，业务检查则检查包括 IP、组播、路由等在内的业务是否正常。接口内容检查和 IP 业务检查项目如表 6-6 所示，建议维护周期为一周。

表 6-6 接口内容检查和 IP 业务检查项目

编号	检查项目		检查方法	评估标准	检查结果
1	接口内容	接口错包	执行【display interface】命令	业务运行时，接口无错包，包括 CRC 错包等	□合格 □不合格 □不涉及
		接口配置项	执行【display interface】命令	接口的配置项合理，如接口双工模式、协商模式、速率、环回配置等	□合格 □不合格 □不涉及
		接口状态	执行【display interface brief】命令	接口的 Up/Down 状态满足规划要求	□合格 □不合格 □不涉及
		PoE 供电	执行【display poe power-state interface *interface-type interface-number*】命令	支持 PoE 供电的接口状态正常，"Port power ON/OFF"为"ON"的接口，"Port power status"为"Delivering-power"	□合格 □不合格 □不涉及
		接口统计数据	执行【display ip interface】命令，分两次隔 5min 后收集数据，并进行比较	正常情况下，两次的数据没有增长，且基数不大于 500	□合格 □不合格 □不涉及

续表

编号	检查项目		检查方法	评估标准	检查结果
2	IP 业务	IP 流量统计信息	执行【display ip statistics】命令，分两次间隔 5s 后收集数据，并进行比较	① 单次采集的错包和 TTL 超时报文数小于 100。② 正常情况下，两次采集的错包数和 TTL 超时报文数没有增长	□合格 □不合格 □不涉及
		ICMP 流量统计信息	执行【display icmp statistics】命令	"destination unreachable""redirects"项都不超过 100	□合格 □不合格 □不涉及

6.2.3　故障处理

正确地维护网络使其尽量不出现故障，并确保出现故障之后能够迅速、准确地定位并排除，对网络维护和管理人员来说是一个挑战。这不但要求网络维护和管理人员对网络协议和技术有深入的理解，更重要的是要建立一个系统化的故障处理思想并将其合理应用于实际中，以将复杂的问题隔离、分解或缩减排错范围，从而及时修复网络故障。

1. 故障处理的基本步骤

故障处理的基本步骤是观察现象、收集信息、判断分析、原因排查，其基本思想是系统地将导致故障的所有可能原因缩减或隔离成几个小的子集，从而使故障的复杂度迅速下降。一般来说，故障处理过程可以分为 3 个阶段，分别是故障信息采集阶段、故障定位与诊断阶段和故障处理阶段，下面将分别介绍各个阶段需要进行的处理和操作。

（1）故障信息采集阶段

在发生故障时，首先应该收集故障相关的信息，包括以下内容。

① 发生故障的时间、故障点的网络拓扑结构（故障设备连接的上下游设备、所处的网络位置）、导致故障的操作、发生故障后已采取的措施和结果、故障现象和影响的业务范围（故障导致哪些端口的哪些业务不正常）等。

② 发生故障的设备的名称、版本、当前配置、接口信息等。

③ 发生故障时产生的日志信息。

故障信息一般通过两种方式获取，一种是通过执行【display】命令，另一种是通过查看设备日志和告警信息。其中，【display】命令是网络维护和故障处理的重要命令，可用于了解设备的当前状况、检测相邻设备、总体监控网络、定位网络故障等。设备提供了多条【display】命令用于查看硬件及软件的状态信息，分析这些状态信息有助于定位网络故障。常用的【display】命令如表 6-7 所示。

表 6-7　常用的【display】命令

信息项	使用命令	使用说明
设备信息	display device	用于在某单板运行不正常时查看该单板的状态。如果"Status"为"Abnormal"，则说明状态异常
接口信息	display interface	用于查看接口的各种信息，常用于查看设备接口对接故障、报文丢包统计
版本信息	display version	用于获取设备软件、BootROM、主控板、接口板及风扇模块的版本信息，同时可以获取各种存储介质的信息

续表

信息项	使用命令	使用说明
补丁信息	display patch-information	用于获取当前系统的补丁包信息，包括补丁包版本号、补丁包名称等基本信息
电子标签信息	display elabel	用于查看单板上的电子标签信息
设备状态信息	display health	用于查看设备的温度、电源、风扇、功率、CPU 和内存占用率，以及存储介质使用等信息
系统当前配置信息	display current-configuration	用来显示当前设备上的所有配置信息。可使用正则表达式对配置信息进行过滤，以便查找当前所需要的信息
系统保存的配置信息	display saved-configuration	如果设备成功上电并进入系统后工作不正常，则可以执行此命令查看设备的启动配置，即通过【startup saved-configuration】命令查看指定的配置文件。 ①【display saved-configuration last】命令用来查看上次保存的系统配置信息。 ②【display saved-configuration time】命令用来查看上次保存的系统配置的时间
时间信息	display clock	用于显示系统当前日期和时间
用户日志信息	display logfile buffer	在诊断视图下执行此命令，可以查看日志文件缓冲区中的用户日志信息
诊断日志信息	display diag-logfile buffer	在诊断视图下执行此命令，可以查看日志文件缓冲区中的诊断日志信息
告警信息	display trapbuffer	用于查看信息中心 Trap 缓冲区记录的信息
内存使用信息	display memory-usage	【display memory-usage [slot *slot-id*] 】命令 说明：若指定参数"slot *slot-id*"，则显示的是指定接口板的内存使用情况；若不指定，则显示的是主控板的内存使用情况
CPU 使用信息	display cpu-usage	【display cpu-usage [slot *slot-id*] 】命令 说明：若指定参数"slot *slot-id*"，则显示的是指定接口板的 CPU 使用情况；若不指定，则显示的是主控板的 CPU 使用情况

此外，通过【display diagnostic-information [*file-name*] 】命令可以一键获取设备的诊断信息，包括设备的启动配置、当前配置、接口、时间、系统版本等信息。如果不指定"*file-name*"参数，则诊断信息会在终端显示；如果指定"*file-name*"参数，则诊断信息会直接存储到指定的 TXT 文件中。建议将诊断信息输出到指定的 TXT 文件中，默认情况下，TXT 文件的保存路径为 flash:/。在用户视图下执行【dir】命令，可以确认 TXT 文件是否正确生成。

【例 6-14】 一键获取诊断信息并输出到 TXT 文件

一键获取诊断信息并输出到 TXT 文件，具体命令及执行结果如下。

```
<Huawei>display diagnostic-information t0212.txt
    This operation will take several minutes, please wait.......................
    ...........................................................................
    ....
Info: The diagnostic information was saved to the device successfully.
<Huawei>dir
```

```
Directory of flash:/
  Idx    Attr    Size(Byte)    Date         Time(LMT)    FileName
    0    drw-           -      Feb 12 2020   05:31:54     dhcp
    1    -rw-     121,802      May 26 2014   09:20:58     portalpage.zip
    2    -rw-       2,263      Feb 12 2020   05:31:49     statemach.efs
    3    -rw-     828,482      May 26 2014   09:20:58     sslvpn.zip
    4    -rw-     135,168      Feb 12 2020   07:39:14     t0212.txt
    5    -rw-         724      Feb 12 2020   05:31:47     vrpcfg.zip
1,090,732 KB total (784,328 KB free)
```

故障信息还可以通过查看收集设备的日志和告警信息获取。当设备发生故障时，系统会自动生成一些系统日志和告警信息，搜集分析这些信息有助于用户了解设备运行过程中发生的情况，定位故障点。获取日志文件中的日志和告警信息的操作步骤如下。

① 在用户视图下执行【save logfile】命令，手动将日志文件缓存区中的信息保存到日志文件中。

② 将"flash:/syslogfile/"（V200R005C00 及后续版本是 flash:/logfile/）"flash:/resetinfo/"目录下的所有文件通过 FTP/TFTP 方式传输到终端。

（2）故障定位与诊断阶段

故障定位的目的是找出出现故障的原因，是故障处理中的核心工作，其依赖于前面收集到的故障信息。故障信息收集得越完整、越准确，越可以准确、快速地定位故障。

网络出现故障的原因较多。在刚完成配置的情况下，网络出现故障的原因可能包括以下几种。

① 配置错误或不完整。

② 访问规则配置过于严格。

③ 设备/协议兼容性存在问题。

对于实际运行网络中出现的故障，常见的原因可能有以下几种。

① 设备变更，如配置修改、版本升级、板卡增删。

② 网络中链路出现故障，周边设备配置改动。

③ 流量异常，如突发超高流量。

④ 硬件故障。

在实际出现网络故障时，网络管理和维护人员可根据故障信息采集阶段收集的故障信息，结合恰当的网络诊断工具，对出现故障的可能原因进行合理的分析与定位，为下一步的故障处理打好坚实基础。

（3）故障处理阶段

故障处理的目的是消除故障，使网络恢复正常运转，同时防止引起其他故障。处理故障时一般有以下 3 个步骤。

① 通过收集到的故障信息列举可能的原因，该步骤通常需要运维人员具有较高的技术水平和丰富的经验。

② 制定故障排查方案。制定故障排查方案时，运维人员需根据网络状况、故障严重程度综合考虑多种因素，包括确定故障原因排查顺序、确定排查方法和工具、预估故障排查时间、确定故障原因后的处理方式等。故障排查方案可能有多种。

③ 按照步骤②制定的方案进行故障排查。故障排查时，在进行下一方案之前，需要将网络恢复到实施上一方案前的状态。如果保留上一方案对网络的改动，则可能会对故障的定位产生干扰并且可能导致新的故障。

2．常见故障案例

（1）电源模块故障

电源模块故障一般有两种情形，一种是设备不上电，此时设备的系统指示灯和电源指示灯都不亮；另一种是电源指示灯为红色且常亮。

如果设备的系统指示灯和电源指示灯都不亮，则其可能的原因包括以下3种。

① 未打开设备电源开关。

② 设备电源线缆没有插牢。

③ 设备电源模块（可插拔的电源模块、外接电源适配器或内置电源模块）有故障。

相应的故障处理如下。

① 将设备电源开关打开。

② 将设备电源线缆插牢。

③ 确认设备电源模块是否出现故障。如果是可插拔的电源模块，则可通过更换其他可以正常供电的可插拔电源模块来确认。如果设备可以正常上电，则可以确认是设备的可插拔电源模块有故障，此时应收集故障信息并联系技术支持人员，更换新的电源模块。如果设备采用的是外接电源适配器，则可通过更换其他可以正常供电的外接电源适配器来确认。如果设备可以正常上电，则可以确认是设备的外接电源适配器有故障，此时应收集故障信息并联系技术支持人员，更换新的外接电源适配器。

④ 完成以上3个步骤后，若设备仍然不能正常上电，则可以确认是设备本身有故障，此时应收集故障信息并联系技术支持人员，更换新的设备。

对于电源指示灯红色且常亮的故障情形，其产生原因可能包括以下3种。

① 设备上的电源线缆没有插牢。

② 设备上的可插拔电源模块有故障。

③ 设备的外接电源适配器有故障。

针对以上3种故障原因，可依次采取对应的处理来修复故障。

① 将设备上的电源线缆插牢。

② 更换设备上的可插拔电源模块。

③ 更换设备的外接电源适配器。

（2）风扇模块故障

常见风扇模块的故障现象有风扇全速转动、噪声很大、风扇"STATUS"指示灯处于红色快闪状态，其可能的故障原因有以下4种。

① 风扇模块没有完全插入风扇槽位。

② 风扇叶被异物卡住导致堵转。

③ 风扇软件版本不是最新版本。

④ 风扇模块本身有故障。

风扇模块故障一般可按以下处理进行修复。

① 重新插拔风扇模块，确保风扇模块可靠插入设备背板，拧紧风扇模块面板上的松不脱螺钉。

② 拔出风扇模块，清除堵住风扇叶的异物，重新将风扇模块插入机框。

③ 升级风扇软件版本。

④ 将相同型号、可正常工作的风扇模块插入风扇槽位。

【例6-15】 风扇软件版本升级

风扇模块出现故障可能的原因之一是风扇软件版本过低，下面以AR3260路由器为例，介绍风扇软件版本升级的操作步骤。

① 风扇全速转动时，执行【display fan】命令，查询风扇模块状态。如果风扇模块异常，则此时"Speed"状态应为"NA"。

```
<Huawei> display fan
FanId    FanNum    Present    Register    Speed    Mode
16       [1-3]     YES        YES         NA       MANUAL
```

② 重新插拔风扇模块，执行【display version】命令，查询风扇软件版本。如果风扇软件版本低于 V200R003C01SPC300，则需要升级风扇软件版本。

```
<Huawei> display version
Huawei Versatile Routing Platform Software VRP (R) software,
Version 5.120 (AR3200 V200R003C01SPC300)
Copyright (C) 2011-2013 HUAWEI TECH CO., LTD
Huawei AR3260 Router uptime is 1 week, 5 days, 2 hours, 40 minutes
BKP 0 version information:
1. PCB       Version    : AR01BAK3A VER.B
2. If Supporting PoE : No
3. Board     Type       : AR3260
4. MPU Slot Quantity : 2
5. LPU Slot Quantity : 10
```

③ 收集故障信息并联系技术支持人员，获取对应的软件版本。

④ 参照 6.1.2 节中的升级软件部分，使用 FTP 或 TFTP 方式将软件版本加入设备存储介质中。

⑤ 在诊断视图下执行【upgrade fan-software startup】命令，升级风扇软件版本。

```
<Huawei> system-view
Enter system view, return user view with Ctrl+Z
[Huawei] diagnose
Now you enter a diagnostic command view for developer's testing,some commands
may affect operation by wrong use,please carefully use it with HUAWEI engineer's
direction
[Huawei-diagnose] upgrade fan-software startup
Info: Now Loading the upgrade file to fan-board, please wait a moment
Info: Upgrade the fan-board successfully.The new version is 108, while the old
version is 103
```

⑥ 如果在风扇软件版本升级过程中风扇模块被插拔或者升级失败，则会出现以下信息。此时，可重新插拔风扇模块，返回步骤⑤，重新升级风扇软件版本。

```
[Huawei-diagnose] upgrade fan-software startup
Info: Now Loading the upgrade file to fan-board, please wait a moment
Load app get response fail! Index = 0xaa
Load Tx fail!
Error: Load the upgrade file to fan-board fail
```

（3）单板故障

设备在运行过程中，单板可能出现无法上电、无法注册或异常复位等故障。

① 无法上电。

对于单板无法上电的故障，可能的原因一般有以下两种。

a. 单板没有插牢。

b. 软件版本不支持。

单板故障一般可按以下处理进行修复。

a. 将单板插牢。

b. 更换支持的软件版本。

② 无法注册。

系统在软件升级时，原来可正常注册的单板可能会出现无法注册的情形，执行【display device】命令，会发现单板的"Register"状态为"Unregistered"，表示注册失败。出现这种故障的原因一般包括如下两种。

a. 升级前后单板被插拔过，单板未插紧会导致单板注册失败。

b. 进行设备软件升级时，先升级系统软件，再升级单板软件。如果在系统软件升级后，单板软件升级过程中出现设备掉电，则会导致单板软件更新错误。

相应的故障处理如下。

a. 重新插拔单板，检查机箱内背板连接器是否有倒针，如果有倒针，则修复倒针后再插入单板，确保单板被可靠插入背板。

b. 收集故障信息并联系技术支持人员，恢复单板软件。

③ 异常复位。

此外，设备在运行过程中也有可能出现单板异常复位的状况。一般来说，导致单板异常复位的原因有以下 4 种。

a. 系统电源未可靠连接。

b. 单板与设备背板之间未插紧。

c. 电网电压不稳定。

d. 雷雨天气。

对于单板异常复位的故障，相应的处理如下。

a. 关闭设备电源开关，插紧电源线缆和电源模块，重新上电。

b. 重新插拔单板，确保单板与设备背板之间可靠连接。

c. 使用稳压器或者不间断电源供电。

d. 将设备上的接地点与室内等电位连接端子连接在一起。

（4）端口类故障

端口类故障一般表现为端口无法"UP"，此时设备上相应端口的指示灯异常。常见的端口包括以太网接口、光接口、E1 接口等，下面以以太网接口和光接口为例介绍端口无法"UP"时的处理步骤。

① 以太网接口。

以太网接口无法"UP"时，端口指示灯不亮，物理层或协议层不能"UP"，可能的原因包括以下 4 种。

a. 网线有问题。

b. 网口配置有问题。

c. 自协商兼容性有问题。

d. 单板有故障。

相应的处理如下。

a. 更换一根确认可用的网线。

b. 修改配置，确认网线两端对接设备网口配置参数一致。

c. 将两端端口都尝试设置成强制方式。

d. 更换原故障单板。

② 光接口。

光纤连接后，光接口无法"UP"时，一般对应光接口的"LINK"指示灯不亮。其可能的故障原因包括以下 4 种。

a. 光纤有问题。

b. 光模块存在问题。

c. 线路上光衰减选择不合适。

d. 对于电接口和光接口复用的接口，可能是没有将接口配置为光接口。

针对光接口无法"UP"的故障情形，一般的处理如下。

a. 更换能正常工作的光纤。

b. 使用华为认证的光模块。

c. 使光模块速率与光接口速率一致。

d. 使光模块的工作波长与对端使用的光模块工作波长一致。

e. 使光模块的使用距离与标称距离相当。

f. 对于光电复用接口，在相应的接口视图下执行【display this】命令，查看当前接口是否设置为光接口。

g. 执行【display transceiver verbose】命令，查看光模块信息，检查是否有告警信息，根据告警信息做相应处理。例如，当提示接收信号过高时，可适当增加接收回路的光衰减。

h. 以上故障均排除后，如问题仍不能解决，则应收集故障信息并联系技术支持人员。

（5）存储类故障

常见的存储类故障包括内存占用率告警、无法使用 SD 卡、无法使用 U 盘等。

内存占用率是指程序已经使用的内存占总内存的比例。内存占用率是衡量设备性能的重要指标之一。默认情况下，内存占用率超过 95% 时会产生告警。如果内存占用率持续增长，则最终会导致系统自动复位，造成业务中断。在设备运行过程中，可能有应用程序长时间占用内存而不释放，致使占用的内存空间不断累积增长，最终导致系统内存耗尽。内存占用率持续增长，这种故障现象称为内存泄漏。

发生内存泄漏时，应收集设备总的内存占用率、2 号分区大小块、指定块、各个 PID 和指定 PID 的内存使用情况，并将收集到的信息提供给技术支持人员。

更为常见的存储类故障是无法读写 SD 卡、U 盘等，SD 卡、U 盘损坏或者接触不良都可能导致此类故障。出现这种故障时，一般可通过更换正常的 SD 卡、U 盘或重新插拔来修复；如果依旧无法修复，则可收集故障信息并联系技术支持人员。

✎ 本章总结

本章主要介绍了网络系统的资源管理与维护的相关内容，其中网络系统的资源管理包括对硬件资源和软件资源的管理，网络系统维护则包括例行维护和故障处理。

通过本章内容的学习，读者可了解到网络系统资源管理和网络系统维护的主要内容，掌握常见的资源管理方式和具体步骤，熟悉网络系统的例行维护范畴，具备一定的故障处理能力。

✎ 课后练习

1. 在框式设备中，在用户视图下执行（　　　）命令，可复位槽位 1 上的单板。

　　A. reset system　　　B. reset slot 1　　　C. reset slot 2　　　D. reboot

2.【多选】华为网络设备支持的节能管理技术包括（　　　）。

    A. 能效以太网   B. 风扇自动调速

    C. 激光器自动关断   D. 变频技术

3.【多选】License 按用途可以分为（　　　）。

    A. 商用 License   B. 非商用 License

    C. 临时 License   D. 永久 License

4.【多选】电子标签可通过（　　　）方式备份。

    A. 备份到存储介质   B. 备份到 FTP 服务器

    C. 复制粘贴   D. 备份到 TFTP 服务器

5.【多选】故障处理过程可分为（　　　）。

    A. 故障信息采集阶段   B. 故障定位与诊断阶段

    C. 业务恢复阶段   D. 故障处理阶段